T0222195

Projekt- und Teamarbeit in der digitalisierten Arbeitswelt

Susanne Mütze-Niewöhner · Winfried Hacker ·
Thomas Hardwig · Simone Kauffeld ·
Erich Latniak · Manuel Nicklich · Ulrike Pietrzyk
(Hrsg.)

Projekt- und Teamarbeit in der digitalisierten Arbeitswelt

Herausforderungen, Strategien und Empfehlungen

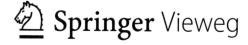

Hrsg.

Susanne Mütze-Niewöhner
Institut für Arbeitswissenschaft, RWTH Aachen
Aachen, Deutschland

Thomas Hardwig
Kooperationsstelle Hochschulen und
Gewerkschaften
Georg-August-Universität Göttingen
Göttingen, Deutschland

Erich Latniak
Institut Arbeit und Qualifikation
Universität Duisburg-Essen
Duisburg, Deutschland

Ulrike Pietrzyk
Arbeitsgruppe „Wissen-Denken-Handeln"
TU Dresden
Dresden, Deutschland

Winfried Hacker
Arbeitsgruppe „Wissen-Denken-Handeln"
TU Dresden
Dresden, Deutschland

Simone Kauffeld
Institut für Psychologie, TU Braunschweig
Braunschweig, Deutschland

Manuel Nicklich
Nuremberg Campus of Technology (NCT)
FAU Erlangen-Nürnberg
Nürnberg, Deutschland

ISBN 978-3-662-62230-8   ISBN 978-3-662-62231-5   (eBook)
https://doi.org/10.1007/978-3-662-62231-5

Die Deutsche Nationalbibliothek verzeichnet diese Publikation in der Deutschen Nationalbibliografie; detaillierte bibliografische Daten sind im Internet über http://dnb.d-nb.de abrufbar.

© Der/die Herausgeber bzw. der/die Autor(en) 2021. Dieses Buch ist eine Open-Access-Publikation.
Open Access Dieses Buch wird unter der Creative Commons Namensnennung 4.0 International Lizenz (http://creativecommons.org/licenses/by/4.0/deed.de) veröffentlicht, welche die Nutzung, Vervielfältigung, Bearbeitung, Verbreitung und Wiedergabe in jeglichem Medium und Format erlaubt, sofern Sie den/die ursprünglichen Autor(en) und die Quelle ordnungsgemäß nennen, einen Link zur Creative Commons Lizenz beifügen und angeben, ob Änderungen vorgenommen wurden.
Die in diesem Buch enthaltenen Bilder und sonstiges Drittmaterial unterliegen ebenfalls der genannten Creative Commons Lizenz, sofern sich aus der Abbildungslegende nichts anderes ergibt. Sofern das betreffende Material nicht unter der genannten Creative Commons Lizenz steht und die betreffende Handlung nicht nach gesetzlichen Vorschriften erlaubt ist, ist für die oben aufgeführten Weiterverwendungen des Materials die Einwilligung des jeweiligen Rechteinhabers einzuholen.
Die Wiedergabe von allgemein beschreibenden Bezeichnungen, Marken, Unternehmensnamen etc. in diesem Werk bedeutet nicht, dass diese frei durch jedermann benutzt werden dürfen. Die Berechtigung zur Benutzung unterliegt, auch ohne gesonderten Hinweis hierzu, den Regeln des Markenrechts. Die Rechte des jeweiligen Zeicheninhabers sind zu beachten.
Der Verlag, die Autoren und die Herausgeber gehen davon aus, dass die Angaben und Informationen in diesem Werk zum Zeitpunkt der Veröffentlichung vollständig und korrekt sind. Weder der Verlag, noch die Autoren oder die Herausgeber übernehmen, ausdrücklich oder implizit, Gewähr für den Inhalt des Werkes, etwaige Fehler oder Äußerungen. Der Verlag bleibt im Hinblick auf geografische Zuordnungen und Gebietsbezeichnungen in veröffentlichten Karten und Institutionsadressen neutral.

Planung/Lektorat: Alexander Grün
Springer Vieweg ist ein Imprint der eingetragenen Gesellschaft Springer-Verlag GmbH, DE und ist ein Teil von Springer Nature.
Die Anschrift der Gesellschaft ist: Heidelberger Platz 3, 14197 Berlin, Germany

Grußwort

Die Digitalisierung beeinflusst heutzutage nahezu jede Form der Erwerbsarbeit. Der Einsatz digitaler Technologien ermöglicht die Flexibilisierung und Vernetzung der Arbeit und hat damit Auswirkungen auf die Arbeitsorganisation, die Arbeitsbedingungen, auf Geschäftsmodelle, die Produktivität und die Wertschöpfung. Die Fragen nach den Konsequenzen für Erwerbstätige und Unternehmen sind Gegenstand vielfältiger Forschungstätigkeiten. Hierauf aufbauend gilt es, die digitale Transformation auch als soziale Innovation zu gestalten. Dabei sind unter Einbeziehung aller Akteure ganzheitliche Konzepte zu entwickeln, zu erproben und zu evaluieren. Das Ziel ist, dass die Menschen in unserer Gesellschaft weiterhin unter guten Bedingungen arbeiten und leben können.

Mit dem Ziel, den Herausforderungen des digitalen Wandels proaktiv zu begegnen, hat das Bundesministerium für Bildung und Forschung (BMBF) den Förderschwerpunkt „Arbeit in der digitalisierten Welt" initiiert. In 29 Verbundprojekten werden die technologischen Veränderungen, deren Auswirkungen und bestehende Handlungsbedarfe analysiert und darauf aufbauend geeignete Handlungs- und Lösungsansätze entwickelt und erprobt. Die Forschungs- und Entwicklungsvorhaben werden mit Mitteln des Bundes und des Europäischen Sozialfonds (ESF) gefördert.

Das Verbundprojekt TransWork begleitet und vernetzt den Förderschwerpunkt und unterstützt den Transfer der Ergebnisse in Wirtschaft und Wissenschaft. Eines der hierbei entstandenen Produkte ist der vorliegende Sammelband der Schwerpunktgruppe „Projekt- und Teamarbeit in der digitalisierten Welt", der 10 Beiträge der beteiligten Verbundprojekte enthält. Ziel der Schwerpunktgruppe war es, offenzulegen, unter welchen technologischen und organisatorischen Bedingungen betriebliche Projekt- und Teamarbeit heute stattfindet, welche Herausforderungen sich daraus für die Beschäftigten, die Unternehmen und die Arbeitsgestaltung ergeben und wie diesen begegnet werden kann. Die Mitglieder der Schwerpunktgruppe liefern in ihren Beiträgen Antworten auf diese Fragen, indem sie die Ergebnisse ihrer Untersuchungen darlegen, Unterstützungsinstrumente und Lösungsansätze präsentieren sowie Empfehlungen für die Gestaltung, Organisation, Führung oder Regulation kooperativer Arbeit formulieren.

Die Bekanntmachung „Arbeit in der digitalisierten Welt" ist Teil des Forschungs- und Entwicklungsprogramms „Zukunft der Arbeit" (2014–2020). Der Fokus liegt auf sozialen, innovativen Lösungsansätzen für die Arbeitswelt, von denen sowohl Beschäftigte als auch Unternehmen profitieren. Das Programm ist eine Säule des Dachprogramms "Innovation für die Produktion, Dienstleistung und Arbeit von morgen", die den Erhalt und Ausbau von Arbeitsplätzen in Deutschland in den Mittelpunkt rückt. Insgesamt wird ein wichtiger Beitrag geleistet, um den Wirtschaftsstandort Deutschland nachhaltig zu stärken und zugleich zukunftsfähige und gute digitale Arbeitsplätze zu schaffen.

Karlsruhe   Dr. Paul Armbruster
im Sommer 2020   Projektträger Karlsruhe (PTKA)
                                                                              Produktion, Dienstleistung und Arbeit
                                                                              Karlsruher Institut für Technologie (KIT)

Förderhinweis

Im Förderschwerpunkt „Arbeit in der digitalisierten Welt" werden u. a. die Projekte CollaboTeam (FKZ:02L15A060 ff), diGAP (FKZ: 02L15A300 ff), GADIAM (FKZ: 02L15A200 ff), KAMiiSO (FKZ: 02L15A250 ff), SOdA (FKZ: 02L15A090 ff) und vLead (FKZ: 02L15A080 ff) vom Bundesministerium für Bildung und Forschung und dem Europäischen Sozialfonds gefördert und vom Projektträger Karlsruhe betreut. Diese Projekte bilden die Schwerpunktgruppe „Projekt- und Teamarbeit in der digitalisierten Arbeitswelt" und werden durch das Projekt TransWork (FKZ: 02L15A162) begleitet, das vom Bundesministerium für Bildung und Forschung gefördert und vom Projektträger Karlsruhe betreut wird. Die Verantwortung für den Inhalt der einzelnen Beiträge liegt bei den Autoren.

GEFÖRDERT VOM

Bundesministerium
für Bildung
und Forschung

Europäischer Sozialfonds
für Deutschland

EUROPÄISCHE
UNION

Zusammen.
Zukunft.
Gestalten.

Inhaltsverzeichnis

Autorenverzeichnis

Prof. Dr. Conny H. Antoni, Abteilung für ABO-Psychologie, Universität Trier

Julian Baschin, Institut für Konstruktionstechnik, Technische Universität Braunschweig

Valeria Bernardy, Abteilung für ABO-Psychologie, Universität Trier

Michael Gühne, Fakultät Psychologie, Arbeitsgruppe Wissen-Denken-Handeln, Technische Universität Dresden

Prof. Dr. rer. nat. habil. Dr. phil. h.c. Winfried Hacker, Fakultät Psychologie, Arbeitsgruppe Wissen-Denken-Handeln, Technische Universität Dresden

Dr. Thomas Hardwig, Kooperationsstelle Hochschulen und Gewerkschaften, Georg-August-Universität Göttingen

Markus Harlacher, Institut für Arbeitswissenschaft der RWTH Aachen University

Prof. Dr. Ulrike Hellert, iap Institut für Arbeit & Personal, FOM Hochschule für Oekonomie& Management gemeinnützige Gesellschaft mbH, Essen

Dr.-Ing. David Inkermann, Institut für Maschinenwesen, Technische Universität Clausthal

Prof. Dr. Simone Kauffeld, Abteilung für Arbeits-, Organisations- und Sozialpsychologie, Institut für Psychologie, Technische Universität Braunschweig

Dr. Erich Latniak, Institut Arbeit und Qualifikation (IAQ), Universität Duisburg-Essen

Rebekka Mander, iap Institut für Arbeit & Personal, FOM Hochschule für Oekonomie & Management gemeinnützige Gesellschaft mbH, Essen

Prof. Dr. Frank Müller, iap Institut für Arbeit & Personal, FOM Hochschule für Oekonomie & Management gemeinnützige Gesellschaft mbH, Essen

Rebecca Müller, Abteilung für ABO-Psychologie, Universität Trier

Prof. Dr.-Ing. Susanne Mütze-Niewöhner, Institut für Arbeitswissenschaft der RWTH Aachen University

Judith Neumer, Institut für sozialwissenschaftliche Forschung München

Dr. Manuel Nicklich, Institut für Soziologie, FAU Erlangen-Nürnberg

Prof. Dr.-Ing. Verena Nitsch, Institut für Arbeitswissenschaft der RWTH Aachen University

Dr. rer. nat. Ulrike Pietrzyk, Fakultät Psychologie, Arbeitsgruppe Wissen-Denken-Handeln, Technische Universität Dresden

Nine Reining, Abteilung für Arbeits-, Organisations- und Sozialpsychologie, Institut für Psychologie, Technische Universität Braunschweig

Anna T. Röltgen, Abteilung für ABO-Psychologie, Universität Trier

Jennifer Schäfer, Institut Arbeit und Qualifikation (IAQ), Universität Duisburg-Essen

Prof. Dr.-Ing. Thomas Vietor, Institut für Konstruktionstechnik, Technische Universität Braunschweig

Dr. Marliese Weißmann, Soziologisches Forschungsinstitut Göttingen e. V.

Victoria Zorn, Abteilung für Arbeits-, Organisations- und Sozialpsychologie, Institut für Psychologie, Technische Universität Braunschweig

Projekt- und Teamarbeit in der digitalisierten Arbeitswelt

Susanne Mütze-Niewöhner, Erich Latniak, Thomas Hardwig,
Manuel Nicklich, Winfried Hacker, Markus Harlacher, Ulrike Pietrzyk
und Simone Kauffeld

Die Beweggründe, sich aktuell mit Projekt- und Teamarbeit zu befassen, sind vielfältig. Hinsichtlich der Verbreitung von Teams ermittelte die Beschäftigtenbefragung

S. Mütze-Niewöhner (✉) · M. Harlacher
Institut für Arbeitswissenschaft, RWTH Aachen University, Aachen, Deutschland
E-Mail: s.muetze@iaw.rwth-aachen.de

M. Harlacher
E-Mail: m.harlacher@iaw.rwth-aachen.de

E. Latniak
Institut Arbeit und Qualifikation (IAQ), Universität Duisburg-Essen, Duisburg, Deutschland
E-Mail: erich.latniak@uni-due.de

T. Hardwig
Kooperationsstelle Hochschulen und Gewerkschaften, Georg-August-Universität Göttingen,
Göttingen, Deutschland
E-Mail: thardwi@gwdg.de

M. Nicklich
Institut für Soziologie, FAU Erlangen-Nürnberg, Nürnberg, Deutschland
E-Mail: manuel.nicklich@fau.de

W. Hacker · U. Pietrzyk
Technische Universität Dresden, Dresden, Deutschland
E-Mail: winfried.hacker@tu-dresden.de

U. Pietrzyk
E-Mail: ulrike.pietrzyk@tu-dresden.de

S. Kauffeld
Abteilungs für Arbeits-, Organisations- und Sozialpsychologie, Institut für Psychologie,
Technische Universität Braunschweig, Braunschweig, Deutschland
E-Mail: s.kauffeld@tu-braunschschweig.de

© Der/die Autor(en) 2021

S. Mütze-Niewöhner et al. (Hrsg.), *Projekt- und Teamarbeit in der digitalisierten Arbeitswelt*, https://doi.org/10.1007/978-3-662-62231-5_1

des European Working Conditions Surveys 2015 (Eurofound 2015), dass in Deutschland 53 % der Befragten in einer Form von Teamarbeit tätig sind. In der Repräsentativumfrage zum DGB-Index Gute Arbeit 2016 gaben 33 % der Beschäftigten an, mit verschiedenen Personen über das Internet an gemeinsamen Projekten zu arbeiten (Institut DGB-Index Gute Arbeit 2016). Damit sind Projekt- und Teamarbeit für große Teile der Beschäftigten relevante Organisationsformen von Arbeit und müssen damit – quasi zwangsläufig – Gegenstand arbeitswissenschaftlicher Analyse und Gestaltung sein. Mögliche negative Auswirkungen dieser Arbeitsorganisationsformen auf die Beschäftigten sind zu ermitteln und durch korrigierende Maßnahmen zu vermindern, wenn möglich zu beseitigen oder besser noch durch eine proaktive Arbeitsgestaltung zu vermeiden.

Nun sind teambasierte Formen der Arbeitsorganisation schon seit vielen Jahren Gegenstand der arbeitsbezogenen Forschung und es liegen sowohl Modelle und Konzepte als auch Instrumente und Kriterien vor, die für die Analyse, Bewertung und motivations-, lern- und gesundheitsförderliche Gestaltung herangezogen werden können (z. B. Antoni 2000, 2016; Gerlmaier und Latniak 2007, 2011; Jöns 2008; Hacker 1994; Kauffeld 2001; Kauffeld et al. 2016; Mütze-Niewöhner et al. 2018; Nordhause-Janz und Pekruhl 2000). Allerdings haben sich die Bedingungen, unter denen kooperative Arbeit in Teams stattfindet, in den letzten Jahren durch die fortschreitende Digitalisierung wahrnehmbar verändert und sie verändern sich noch.

Ein starker Beweggrund verbirgt sich also im zweiten Teil des Titels dieses einleitenden Beitrags: Es ist an der Zeit, sowohl die Veränderungen der Arbeits- und Betriebsorganisation als auch die mit der Digitalisierung verbundenen Herausforderungen für die Gestaltung, Organisation, Führung und Regulierung von kooperativer Arbeit in Teams zu erkunden, kritisch zu diskutieren und bestehende Konzepte und Instrumente anzupassen bzw. zu ergänzen. Denn – womit ein dritter Beweggrund benannt ist – Arbeiten in Teams birgt zahlreiche Potenziale, sowohl für die Effektivität und Effizienz als auch für die Qualität von Arbeit und ihrer Bedingungen:

Durch die Zusammenführung von Menschen mit unterschiedlichen Denkweisen, Kompetenzen und Interessen eröffnen sich Chancen, mindestens ebenso vielfältige Ideen zu generieren oder auch – je nach Aufgabenstellung – zu abgestimmten, bedarfsgerechten und in der Folge akzeptierte(re)n Lösungen zu gelangen.[1] Kommunikation, Interaktion und Zusammenarbeit führen zu variierenden Anforderungen und damit Lern- und Entwicklungsmöglichkeiten. Teamarbeit schafft Optionen, Handlungsspielräume gezielt zu erweitern und das Ausmaß an erlebter Verantwortung und Autonomie zu erhöhen. Eingespielte und gut funktionierende Teams gelten als besonders flexibel und reaktionsschnell, z. B. bei auftretenden Änderungen und extern verursachten Schwankungen, und sie sind (unter Rahmenbedingungen, die entsprechendes Verhalten begünstigen) auch in der Lage,

---

[1]Die Befundlage zur Zusammensetzung von Teams und ihrer Auswirkungen auf die Ergebnisse von Teamarbeit ist differenziert und zum Teil heterogen. Hier ist u. a. auf Joshi und Roh (2009), Ries et al. (2016), Stahl et al. (2010), Stewart (2006) zu verweisen.

teaminterne Schwankungen der Leistungsfähigkeit auszugleichen, indem sich Team-mitglieder gegenseitig unterstützen. Stehen adäquate Informations- und Kommunikations-technologien sowie Kollaborationswerkzeuge zur Verfügung, kann Teamarbeit auch räumliche und zeitliche Barrieren zumindest zeitweise überwinden.

In einer Arbeitswelt, die durch Vielfalt und Varianz, durch Unschärfe und Unsicher-heit, durch komplexe Aufgaben- und Problemstellungen, durch eine hohe Veränderungs-dynamik und nicht zuletzt durch zunehmende Digitalisierung und Vernetzung geprägt ist, ist gut gestaltete Teamarbeit letztlich unverzichtbar. Insbesondere für die Bewältigung neuartiger oder komplexer Aufgaben- und Problemstellungen können Projekte einen temporären, organisatorischen Rahmen für Teamarbeit geben. Allerdings ist kooperative Arbeit – gerade im Rahmen von (teilweise) virtueller Projektarbeit – mit spezifischen Belastungen verbunden, die bei ungünstigen Rahmenbedingungen oder in Kombination mit anderen Belastungsfaktoren, wie z. B. hohem Zeitdruck, Zielkonflikten oder Kapazi-tätsengpässen, negative Auswirkungen auf die Leistungsfähigkeit und -bereitschaft der Beteiligten und damit auch auf Qualität und Ergebnisse von Teamarbeit haben können.

Vor diesem Hintergrund geht es aus Sicht der Autor*innen weder darum, Projekt- und Teamarbeit zu verherrlichen, noch sie zu verteufeln: Es gilt vielmehr, einen analytischen Blick auf die betrieblichen Bedingungen, unter denen sie stattfindet, zu werfen, die Herausforderungen zu identifizieren und Empfehlungen für die Gestaltung von Projekt- oder Teamarbeit abzuleiten. Ziel muss es sein, die organisatorischen, technischen und personalen Bedingungen so zu gestalten, dass Teamarbeit ihre Potenziale – sowohl für Unternehmen als auch die beteiligten Menschen – bestmöglich entfalten kann.

Für die weitere Gestaltung der Team- und Projektarbeit gilt es zu berücksichtigen, dass verschiedene ökonomische, technische und gesellschaftliche Entwicklungen aktuell zusammenlaufen und zu veränderten Bedingungen für die betrieblichen und über-betrieblichen Gestaltungsprozesse führen. Dabei werden bezogen auf die Arbeitsinhalte in diesem Band exemplarisch Teams fokussiert, in denen die Beteiligten vorrangig anspruchsvolle geistige, informatorisch-mentale Arbeit leisten, wie z. B. Wissens- oder Innovationsarbeit, Produkt- oder Softwareentwicklung.

Wir wollen mit diesem Band Beiträge für eine Zwischenbilanz liefern: Wie ist der Stand der Projekt- und Teamarbeit in der digitalisierten Arbeitswelt heute und vor welchen Herausforderungen steht in diesem Zusammenhang die Arbeitsgestaltung?

Für die Beantwortung dieser beiden Fragen gehen wir in vier Schritten vor:

1. Wir blicken zunächst auf die Entwicklung der Projekt- und Teamarbeit zurück, um wesentliche Entwicklungslinien, die für das Verständnis der Gestaltung dieser beiden Arbeitsformen von wesentlicher Bedeutung sind, kurz zu skizzieren.
2. Wir benennen dann auf dieser Grundlage zentrale Herausforderungen, vor denen eine auf die produktive, innovative und nachhaltig menschengerechte Gestaltung der Projekt- und Teamarbeit heute steht.
3. Wir gehen anschließend auf die normativen Grundlagen der Gestaltung solcher Prozesse und Tätigkeiten ein, und skizzieren, in welche Richtung eine Arbeits- und

Organisationsgestaltung weiterentwickelt werden könnte, um Antworten auf die benannten Herausforderungen zu erarbeiten.

4. Schließlich werden die Beiträge vorgestellt, die sich im Rahmen des Förderschwerpunkts „Arbeit in der digitalisierten Welt" mit diesen Herausforderungen beschäftigt haben und ihre Ergebnisse in diesem Buch präsentieren.

1.1   Ein Blick zurück und nach vorn…

Nach einer begrifflichen Klärung wollen wir den Zusammenhang von Projekt- und Teamarbeit und Digitalisierung wenigstens ansatzweise skizzieren. Dabei soll den verfügbaren Definitionen von Team- oder Gruppenarbeit nicht noch eine weitere hinzugefügt, sondern ein Rahmen für die Beiträge dieses Bandes gesetzt werden, der für die unterschiedlichen professionellen und methodischen Zugänge anschlussfähig ist.

Im Folgenden verstehen wir unter Teamarbeit eine Form der Arbeitsorganisation, bei der ein Arbeitsauftrag an eine Gruppe von mindestens drei Arbeitspersonen übertragen, von diesen als gemeinsame Arbeitsaufgabe verstanden, akzeptiert und schließlich kooperativ bewältigt wird (Mütze-Niewöhner et al. 2018). Das Team muss sich darüber verständigen und – je nach Autonomiegrad – selbst oder mit Unterstützung einer Führungskraft steuern und organisieren, wie die gestellten oder partizipativ entwickelten Ziele erreicht werden sollen. Kooperation, Autonomie und Partizipation sind damit zentrale Dimensionen der Auslegung und Gestaltung von Team- bzw. Gruppenarbeit (vgl. Nordhause-Janz und Pekruhl 2000; s. auch Grote 1997; Weber 1999; Wegge 2004; Schattenhofer 2006). Die Begriffe ‚Gruppe' und ‚Team' werden im Folgenden synonym verwendet, da eine trennscharfe Abgrenzung schwierig erscheint (Antoni 2017; Mütze-Niewöhner et al. 2018).

Teamarbeit verlangt einen Arbeitsauftrag, der Kooperation erfordert, sowie Ausführungsbedingungen, die die Zusammenarbeit und die hierzu erforderliche Kommunikation (persönlich bzw. digital vermittelt) ermöglichen, bestenfalls fördern, insbesondere durch angemessene Handlungs- und Entscheidungsspielräume, ausreichende zeitliche und materielle Ressourcen sowie geeignete Arbeitsmittel und Unterstützungssysteme (Hacker 1994; Mütze-Niewöhner et al. 2018). Die Teammitglieder können, müssen jedoch nicht zur gleichen Organisation gehören und die Teamzusammensetzung kann im Verlauf der Zusammenarbeit wechseln („Fluidität") (Wageman et al. 2012; Kauffeld und Schulte 2019).

Projektarbeit wird im Weiteren als eine temporäre Form der Teamarbeit verstanden (Braun und Sydow 2017). Dabei werden Projektteams für die Bearbeitung von befristeten Projektaufträgen zusammengestellt, insbesondere dort wo unterschiedliche Kompetenzen und Expertise von Spezialist*innen zur Lösung eines komplexen, dynamischen und bisher ungelösten (‚innovativen') Problems notwendig sind. Ein Projektteam wird nach Erfüllung seiner Aufgabe aufgelöst oder mit einem neuen Projekt betraut.

Projektaufgaben sind im Gegensatz zu Routineaufgaben durch Einmaligkeit und Unsicherheit gekennzeichnet. Es ist zunächst unklar, wie die Aufgabe konkret zu erfüllen ist und ob das für den Projekterfolg erforderliche Wissen und die Ressourcen verfügbar gemacht werden können. Diese Klärungen sind wesentlicher Teil der Projektarbeit selbst. Entsprechend lassen sich die Arbeitsleistungen nicht vorab im Detail und in ihrer Reihenfolge definieren und planen, weshalb dem Projektteam eine relativ weitreichende Autonomie bei der Arbeitsplanung und -ausführung eingeräumt werden muss. Aus diesen Merkmalen entstehen nicht nur Unschärfen bei der Kategorisierung der vielfältigen empirischen Erscheinungsformen von Projektarbeit (Kalkowski und Mickler 2009; Mütze-Niewöhner et al. 2018), sondern es gibt vor allem große Differenzen in der konkreten, resultierenden Arbeitssituation der Beteiligten.

Digitalisierung verstehen wir im Anschluss an Hirsch-Kreinsen (2015) als den „Prozess des sozio-ökonomischen Wandels […], der durch Einführung digitaler Technologien, darauf aufbauender Anwendungssysteme und vor allem ihrer Vernetzung, angestoßen wird" (Hirsch-Kreinsen 2015, S. 10). Für unseren Zusammenhang ist hier zunächst zu ergänzen, dass sich dies einerseits in und zwischen Betrieben abspielt, andererseits die IT-technische Vernetzung auch eine digital vermittelte Vernetzung von Menschen ermöglicht. Durch die Verfügbarkeit von neuen, digitalen Technologien schafft das Management in den Unternehmen neue, andere Möglichkeiten, Arbeit zu definieren, ausführen zu lassen und zu organisieren. Dabei wird die Arbeit auf drei Ebenen neu geteilt: Verändert wird 1) die Arbeitsteilung zwischen den technischen Systemen, die definierte Funktionen bereitstellen, und den Nutzenden, die wiederum mit veränderten Aufgaben, Anforderungen und Rollen konfrontiert sind. Verändert wird 2) die Arbeitsteilung zwischen unterschiedlichen Beschäftigten/-gruppen, die z. B. in globalen Wertschöpfungs- oder Innovationsprozessen über nationale und organisatorische Grenzen hinweg kooperieren können: Telekommunikationsinfrastrukturen und mobile Endgeräte eröffnen vielfältige Möglichkeiten der Zusammenarbeit über Orts- und Zeitgrenzen hinweg, prototypisch bei der Softwareentwicklung. Verändert wird auf derselben Grundlage schließlich 3) die Aufteilung zwischen produzierenden bzw. dienstleistenden Unternehmen und deren jeweiligen Kunden und Lieferanten (vgl. Gerlmaier und Latniak 2019).

Neu ist aus unserer Sicht an der aktuellen Digitalisierungsphase zudem, dass sich jetzt ein großer Teil der Kommunikation der Beteiligten über digitale Medien vermittelt abspielt, was die unterstützenden Technologien zunehmend in den Fokus rückt (vgl. Pasmore et al. 2018). Dadurch kann die Zusammenarbeit räumlich verteilt in virtuellen Teams (Boos et al. 2017) oder auch in virtuellen Organisationsformen (Warner und Witzel 2004) erfolgen. Bestimmte Tätigkeiten lassen sich, wie das Beispiel Crowdwork illustriert, mit Hilfe von Internetplattformen zunehmend auch ohne Betrieb organisieren (Leimeister et al. 2016).

Diese neuen technologischen Möglichkeiten erzeugen neue Anforderungen und Belastungen, deren Erforschung noch nicht als abgeschlossen gelten kann (Mütze-Niewöhner und Nitsch 2020). Im Hinblick auf Partizipation und Kooperation eröffnen sie für die Beschäftigten ein Potenzial neuer Handlungs- und Entscheidungsspielräume; zum anderen ergeben sich direkte Wirkungen durch die Digitalisierung von Arbeitsmitteln und Arbeitsgegenständen für die Beschäftigten in der Projekt- und Teamarbeit. So verbreiteten sich virtuelle Teams schon seit den 1990er Jahren; sie sind heute allgegenwärtig und prägen zunehmend die Sicht auf Projektarbeit.[2] Dies illustriert, dass Projekt- und Teamarbeit in vielfältiger Weise und schon seit geraumer Zeit durch Digitalisierungsprozesse in der Arbeitswelt berührt wird.

Vieles, was heute in der digitalen Transformation für die Gestaltung produktiver, innovativer und nachhaltig menschengerechter Arbeit in der Projekt- und Teamarbeit von Bedeutung ist, greift auf Prozesse zurück, die sich seit langem vorbereiten und durchsetzen. Diese Entwicklung skizzieren wir in den drei folgenden Abschnitten, die jeweils verschiedene Entwicklungslinien auf Teams basierender Formen der Arbeitsorganisation beleuchten: die Projektarbeit, die sich zunehmend verbreitet, Gruppenarbeit in der Produktion sowie Teamarbeit in Dienstleistungsbereichen.

1.1.1 Entwicklung der Projektarbeit

Als Ursprünge der modernen Projektarbeit und des Projektmanagements werden zumeist das Manhattan-Projekt im 2. Weltkrieg, die Fabrikplanung bei DuPont in den 1950er Jahren (mit der Critical Path Method u. a. zur Kostenkontrolle), die Entwicklung der Polaris-Trägerraketen in den USA seit 1958 (mit der dabei verwendeten ‚Program Evaluation and Review Technique' (PERT)) sowie das Apollo-Mondflug-Programm ab 1960 angeführt (vgl. Snyder 1987; Seymour und Hussein 2014). In seinen Anfängen hatte das Projektmanagement eine stark ingenieurwissenschaftliche Ausrichtung mit dem Interesse einer möglichst „genauen Planung und Steuerung der Arbeitsprozesse" (Kalkowski 2013, S. 400). Bereits seit den 1960er Jahren findet auch eine Institutionalisierung der Methodenentwicklung und Professionalisierung und damit eine Standardisierung und Normierung des Projektmanagements statt (Muzio et al. 2011). Dies geschah mit dem Ziel, die o. g. grundlegende Unsicherheit und Komplexität der zu bearbeitenden Prozesse und Aufgaben transparent und beherrschbar zu machen. Branchen, die sich auf einmalige Leistungen konzentrieren, bilden dabei oft ‚projektbasierte Arbeitsorganisationen' aus, in denen diese Arbeitsform ganze Unternehmen

---

[2]So stellten Akin und Rumpf (2013) im Rahmen einer nicht repräsentativen Führungskräftebefragung fest, dass 75 % der Unternehmen (Hauptsitz in Deutschland) bzw. 81 % (Hauptsitz im Ausland) virtuelle Teams nutzten; ähnliche Daten bei Manager Monitor (2017). Auf die Erhebung zum DGB-Index 2016 wurde bereits zu Beginn des Beitrags verwiesen. Hier sei ergänzt, dass der Anteil der Beschäftigten, die digital vermittelt in Projekten mit anderen Personen kooperieren (insgesamt 33 % der Befragten), in Abhängigkeit der Branche deutlich variiert (von 11 % im Gastgewerbe bis zu 79 % im Bereich Information und Kommunikation). (Institut DGB-Index Gute Arbeit 2016).

prägt; neben Sondermaschinenbau und Bauwirtschaft sind dies etwa klassische Branchen der Wissensarbeit wie Werbe-, Design- und Eventagenturen, IT-Services oder Beratung.

Als arbeits- und kundenbezogene Gegenbewegung zu weit verbreiteten bürokratischen Tendenzen im Projektmanagement (Hodgson 2004), hat sich 2001 eine Gruppe von Software-Entwicklern formiert, die sich mit ihrem ‚agilen Manifest' von der nunmehr als ‚klassisch' verstandenen Projektarbeit distanzierten und eine stärkere Orientierung an Kunden, teambasierter Selbstorganisation und Arbeitsgegenständen forderten. Aufgegriffen wurde dabei, dass bei Projektarbeit häufig nicht plan- und kalkulierbare Ereignisse eintreten, die zu Abweichungen von der Planung zwingen und teilweise zum Scheitern führen (Heidling 2018). Dies soll durch ein iteratives Vorgehen mit agilen Methoden aufgefangen und produktiv genutzt werden.[3]

Die Gestaltung der Projektarbeit, d. h. der Projektaufgaben, der Verantwortung und Kompetenzen, der Prozesse der Zusammenarbeit, des Methodeneinsatzes und der Beziehungen zu anderen Teilen der Organisation bzw. dem Unternehmensumfeld, ist Gegenstand von Aushandlungsprozessen mit Auftraggeber*innen und Entscheider*innen des Projektes (z. B. Lenkungsausschuss), zwischen Projektleiter*innen und Projektmitarbeiter*innen, zwischen Projektmitarbeiter*innen und ihren Vorgesetzten sowie im Projektteam (vgl. Kötter 2002). Zu einem erheblichen Teil hängt der Erfolg wegen der nicht völlig planbaren Abläufe und Situationen von informellem Arbeitshandeln im Projekt ab (Braun 2018). Von entscheidender Bedeutung für den Projekterfolg wie für die Arbeitsbedingungen ist dabei das Verhältnis der Projekte zur Organisation, in die sie eingebettet sind (Heidling 2018), und der Grad der Entscheidungs- und Handlungsautonomie, der den Projektbeteiligten zugestanden wird.

Die Ansprüche an die Beschäftigten in den Projekten resultieren vor diesem Hintergrund häufig aus internen wie externen „Verständigungsleistungen" (Kalkowski und Mickler 2015). Dementsprechend ist das Arbeitshandeln in Projekten „sehr viel stärker auf Kooperation und Kommunikation unterschiedlicher Funktionsbereiche und Abteilungen [in Unternehmen, d. V.] ausgerichtet, die in ihren Prozessen traditionell getrennt voneinander agieren…" (Heidling 2018, S. 213). Gerade weil oft bei Projektarbeit in Unternehmen Elemente von bürokratischer, hierarchischer Kontrolle weiterwirken (Hodgson 2004), liegen in dieser Konstellation Quellen der Belastung für Beschäftigte: Unklarheiten in Bezug auf verfügbare Kapazität, Rollen oder Entscheidungs- und Weisungsbefugnisse erzeugen widersprüchliche Anforderungen an Mitarbeiter*innen wie Führungskräfte (Hodgson 2004; Pfeiffer et al. 2014). Dabei

---

[3]Dabei wird von arbeitssoziologischer Seite festgestellt, dass „agile Methoden unter bestimmten Voraussetzungen als Schutzraum gegenüber neuen Belastungstypen und freiwilliger Selbstausbeutung wirken können – ein Schutzraum aber, der fragil und ohne interessenpolitisch flankierte Ressourcenkonflikte auf Dauer wohl nicht zu sichern ist." (Pfeiffer et al. 2014, S. 119) Andere kritisieren agile Methoden als Management-Methode ohne nachhaltigen Effekt (Cram und Newell 2016) bzw. eine neue Form von verstärkter Kontrolle der Beschäftigten (Hodgson und Briand 2013; Moore 2018).

können höhere Grade an Handlungsautonomie im Zusammenwirken mit fixen Terminen auch zu Belastungen für die Beschäftigten führen, wie etwa Zeitdruck, Arbeitsunterbrechungen oder ungeplantem Zusatzaufwand, den Klärungsprozesse mit sich bringen (Gerlmaier und Latniak 2013).

Projektarbeit ist zwar nicht technisch bestimmt, doch spielte die Digitalisierung des Projektmanagements auf den damals verfügbaren Großrechnern schon seit der Entwicklung und Nutzung von PERT eine bedeutende Rolle. Bei der Verbreitung und Standardisierung des Projektmanagements wurde die ab Mitte der 1980er Jahre auf PCs einsetzbare Projektmanagementsoftware zu einem wichtigen Verbreitungsfaktor: Sie unterstützt in unterschiedlicher Weise die komplexe Modellierung der Aufgaben- und Ablaufstruktur und die Darstellung der zeitlichen und sozialen Abhängigkeiten. Unterstützung für die Projektarbeit leistet auch die weitere Entwicklung der Informations- und Kommunikationstechnologie: Die Entwicklung des Internets und entsprechender „Groupware"-Anwendungen unterstützen die räumlich verteilte Zusammenarbeit, vergrößern aber auch das Spannungsverhältnis zur klassischen, hierarchischen Organisation (vgl. Lipnack und Stamps 1998).

Insgesamt deutet sich für die Entwicklung der Projektarbeit ein vermittelter Einfluss der Digitalisierung an: Zwar werden einerseits Arbeitsmittel (z. B. Projektmanagement-Software, Kommunikationstechnologie) und Arbeitsgegenstände (wie z. B. verteilte CAD-Systeme oder Software-Entwicklungsumgebungen) der Projektarbeit digitalisiert und zudem die Vernetzung der Teams über das Internet vorangetrieben. Andererseits fördern die zunehmende Unsicherheit, Dynamik und Komplexität der wirtschaftlichen Aktivitäten insgesamt den Bedarf an und die Nutzung von effektiverer, digitaler Unterstützung der Projektarbeit.

Mittlerweile gibt es vielfältige Belege dafür, dass sich das Arbeiten in Projekten zunehmend verbreitet (Braun und Sydow 2017). Rump et al. (2010) kamen zu der Einschätzung, dass 37 % aller Arbeitsabläufe projektwirtschaftlich organisiert seien. Sie beobachteten, dass in etwa 30 % der Unternehmen die Mehrzahl der Beschäftigten in Projekten eingesetzt würde. Aktuellere Befunde ergeben, dass – mit großen Branchenunterschieden – 34,7 % der Gesamtarbeitszeit in Deutschland als Projekttätigkeit geleistet wird und sich gegenüber 2009 eine Steigerung (29,3 %) ergeben hat (GPM 2015).

Insbesondere durch zunehmende Tendenzen von Dezentralisierung, Translokalisierung und Internationalisierung hat sich die räumlich verteilte Zusammenarbeit in Projekten etabliert: So arbeiten Projektbeteiligte nur noch zu 20 % im selben Raum, die überwiegende Mehrheit damit also räumlich verteilt, und zwar zu 43 % in unterschiedlichen Bereichen am selben Standort, zu 28 % an verteilten Standorten (Rump et al. 2010).

Drei aktuelle Entwicklungen, die mit Digitalisierungsaspekten in Verbindung stehen, kennzeichnen Projektarbeit derzeit: 1) das Herauslösen von Projekten aus betrieblichen Strukturen und die plattformvermittelte Kooperation, etwa im Zusammenhang mit Crowdwork, 2) das ‚Öffnen' nach außen und der Einbezug von Nutzenden bzw.

Kund*innen, z. B. bei Open Innovation-Prozessen, und 3) die Nutzung agiler Methoden im Projektmanagement (Pfeiffer et al. 2014). Diese Trends, so sie sich durchsetzen, stellen die Gestaltung von Projektarbeit vor verschärfte und neue Herausforderungen, auf die geeignete Antworten gefunden werden müssen.

1.1.2 Team- und Gruppenarbeit in der Produktion

Teams und Gruppen in produzierenden Unternehmen werden in unterschiedlichen Bereichen genutzt: Während in IT- oder Entwicklungsbereichen und im Vertrieb häufig in Projekten gearbeitet wird (vgl. Rump et al. 2010), sind in der Produktion auf Dauer angelegte Teams weit verbreitet, die z. T. durch temporäre Teamstrukturen ergänzt werden (z. B. Qualitätszirkel oder KVP-Gruppen).

Für die Gestaltung von Team- bzw. Gruppenarbeit in der Produktion kann auf eine lange Tradition zurückgeblickt werden, die sich von den ersten Untersuchungen zu soziotechnischen Systemen in den 1950er Jahren und den Arbeiten von Kurt Lewin über Gruppen, über Versuche im Rahmen des ‚Industrial Democracy'-Programms in Norwegen zurückverfolgen lässt (dazu u. a. Trist und Bamforth 1951; Cherns 1976, 1987; Sydow 1985). Diese Entwicklungen waren über viele Jahre von einer stark anti-tayloristischen Ausrichtung geprägt (Pruijt 2003). Das tayloristische Konzept der Rationalisierung der Produktion hatte sich im 20. Jahrhundert in der industriellen Produktion nach und nach durchgesetzt. Die Nebenfolgen dieses Rationalisierungs-konzepts bestanden zum einen in extrem bürokratischen inflexiblen Produktions-strukturen, die nur verzögert auf veränderte Wettbewerbsbedingungen reagieren konnten; zum anderen in monotonen Arbeitsbedingungen, die bei den Beschäftigten zu Entfremdungserscheinungen, Motivationsproblemen, erhöhten Krankheitsquoten und Fluktuation führten. In Schweden veranlassten etwa die hohen Fluktuationsquoten im Zusammenspiel mit arbeitsmarktbedingten Engpässen die Entwicklung von weniger monotonen Gruppenarbeitskonzepten (Berggren 1991).

In Deutschland war die Entwicklung durch staatlich geförderte Experimente im Rahmen des Bundesprogramms ‚Humanisierung des Arbeitslebens' geprägt, die aber zunächst weder bei den Gewerkschaften noch beim Management auf breite Zustimmung stießen, noch in vielen Unternehmen übernommen wurden. Dennoch konstatierten Kern und Schumann (1986) in den Industrieunternehmen einen sich abzeichnenden Umbruch hin zu „neuen Produktionskonzepten". Damit beschrieben sie Arbeitsein-satzkonzepte, mit denen die starren Formen der Massenproduktion durch eine Nutzung von ‚Produktionsintelligenz' flexibilisiert werden sollten. Dies sei nötig, weil die zunehmende Automatisierung und die einsetzende Digitalisierung in hochtechnisierten Bereichen (u. a. durch Nutzung von Produktionsplanungs- und Steuerungssystemen, Betriebsdatenerfassung, Computer Aided Design usw.) überwiegend qualifizierte Gewährleistungs-, Überwachungs- und Steuerungsaufgaben übrigblieben, für die nun eine adäquate Arbeitsorganisation zu gestalten wäre (vgl. Kern und Schumann 1986).

Während Automatisierung und Digitalisierung also in Hochtechnologiebereichen in dieser Zeit tendenziell Raum für Gruppenarbeit schuf (Hirsch-Kreinsen und Ramge 1994), verblieben viele arbeitsorganisatorische Lösungen in Produktions- und Montagebereichen weitgehend im tayloristischen Rahmen, teilweise allerdings für die jeweiligen Teams um dispositive Aufgaben mit begrenzter Autonomie und Selbstorganisation (‚Teilautonomie‘), Gruppengespräche und Kommunikation zur betrieblichen Steuerung und Kontrolle der Abläufe angereichert. An Stelle einer zentralen Vorgabe aller Abläufe sollte nun die Feinsteuerung dezentral an sich selbst steuernde Einheiten, eben: teilautonome Produktionsteams, übertragen werden, um so flexibler auf Abweichungen und ungeplante Zustände reagieren zu können (vgl. u. a. Latniak 2013).

Hinzu kamen aus einer ganz anderen Tradition in den 1990er Jahren Impulse zur Veränderung der Arbeit von Teams in der Produktion: Die 1990 veröffentlichte Studie von Womack et al. (1992) verschaffte dem Konzept ‚Lean Production‘ eine enorme Popularität, das auf die konsequente Vermeidung jeglicher Art von „Verschwendung" und die ständige Optimierung der Wertschöpfungsprozesse zielte. Insbesondere für den dafür zentralen kontinuierlichen Verbesserungsprozess (Imai 1993) und für das Qualitätsmanagement (z. B. Total Quality Management, vgl. Malorny 2014), das von den Endherstellern ausgehend über die Wertschöpfungsketten (z. B. im Automotive-Bereich) ausgerollt wurde, spielten sog. Lean-Teams eine strategisch wichtige Rolle. Zum einen bekamen sie die Aufgabe übertragen, auftretende Fehler und Störungen zeitnah zu beseitigen, um die Qualitätsziele zu erreichen. Zum anderen wurden von ihnen dabei Verbesserungen der Arbeitsstandards entwickelt, die dann im Betrieb insgesamt umgesetzt wurden, um so Redundanzen und Ressourcen zu reduzieren und zur ‚schlanken Produktion‘ beizutragen.

Letztlich entstanden in der Praxis der produzierenden Betriebe vielfältige Formen von Team- und Gruppenarbeit, die sich häufig keinem der angesprochenen Konzepte mehr eindeutig zuordnen lassen, nicht zuletzt weil einerseits bestehende technische wie organisatorische Strukturen in den Unternehmen erst Schritt für Schritt angepasst wurden, zum anderen weil Veränderungen in den Unternehmen nur teilweise oder nicht in allen Bereichen wie vorgesehen umgesetzt werden konnten (s. auch Antoni 2000; Mütze-Niewöhner et al. 2018).

Die Phase des Einführungsbooms von Gruppenarbeit in den 1990er Jahren, die von einer Vielzahl von Veröffentlichungen und arbeitspolitischen Debatten begleitet wurde, endete etwa Mitte der 2000er Jahre (Kirchner und Oppen 2007), gleichwohl in vielen Unternehmen Teams zu einem festen Bestandteil der Organisation geworden sind, ohne dass dies von der Forschung besonders vermerkt wurde. Hinsichtlich der Verbreitung ist davon auszugehen, dass bis 2012 in 49 % der Industriebetriebe in Deutschland eine Form von Gruppenarbeit in der Produktion eingeführt wurde (Som und Jäger 2012).

Durch die aktuelle Phase der Digitalisierung könnte neue Bewegung in die Debatte um Teamarbeit kommen, wie die Diskussion um Industrie 4.0 offenlegt. Der steigende Anteil kundenspezifischer Produkte in kleinen Losgrößen und der intendierte Aufbau von Cyber-physischen Systemen erhöhen die Komplexität der Produktionssysteme, was die Frage aufwirft, wie wichtig hierfür „reaktionsschnelle und mit hohen Autonomie-graden ausgestattete Teams" (Mütze-Niewöhner et al. 2018, S. 685) sein werden. Aus arbeitsorganisatorischer Sicht bieten die genannten Entwicklungen durchaus Chancen für die Verbreitung von (teil-)autonomen Arbeitsgruppen. Die Einschätzungen, wie weit dies realisiert werden könnte, gehen derzeit allerdings noch weit auseinander. Breiter Konsens besteht hingegen in der Literatur, dass nicht die technologischen Potenziale die weitere Entwicklung der Produktionsarbeit bestimmen, sondern arbeitspolitische Entscheidungen der betrieblichen Akteure und die konkrete Arbeitsgestaltung (Mütze-Niewöhner und Nitsch 2020; Hirsch-Kreinsen 2015; Boes et al. 2015; Kuhlmann und Schumann 2015; Windelband 2014).

1.1.3 Teams in der Dienstleistungsarbeit

Dienstleistungsarbeit und -tätigkeiten sind vielfältig (Minssen 2019) und „entsprechend vielfältig ist auch die Forschungslage zu Dienstleistungsarbeit" (Oberbeck 2013, S. 104). Diese Heterogenität sowie das damit zusammenhängende Fehlen eines etablierten (also von der multidisziplinären Dienstleistungsforschung auch angewandten) Klassifizierungsansatzes für Dienstleistungen lassen es derzeit nicht zu, allgemeine Aussagen zu den Entwicklungslinien von Teamarbeit im Dienstleistungsbereich zu treffen. Erschwerend kommt hinzu, dass sich die teambezogene Arbeitsforschung in der Vergangenheit – zumindest in Deutschland – sehr viel intensiver mit der Gruppenarbeit in der Produktion befasst hat. Dies mag zum einen daran liegen, dass Teamarbeit in Dienstleistungsbereichen weniger verbreitet ist als in der Produktion (s. u.), zum anderen aber auch daran, dass in den unterschiedlichen Dienstleistungsbranchen und Tätigkeitsfeldern andere Herausforderungen der Arbeitsgestaltung dringender waren (wie z. B. die Arbeitsbedingungen in Call Centern, in der Logistik oder in der Pflege). Im Weiteren werden wir deshalb eher eklektisch einzelne Aspekte und Gestaltungsbeispiele hervorheben, die für den Betrachtungsgegenstand dieses Bandes relevant sind.

Betrachtet man zunächst die Digitalisierung und Technisierung in der Dienstleistungsarbeit, so boten sich früher vor allem die Büro- und Verwaltungsarbeiten für eine Technisierung an, die als ‚Backoffice'-Tätigkeiten bezeichnet wurden: Dies waren standardisierbare Verwaltungs- und Datenverarbeitungsaufgaben, die heute größtenteils durch Programme erledigt werden. Breit durchgesetzt hatte sich diese elektronische Datenverarbeitung (EDV) seit den 1970er Jahren (vgl. z. B. zum Bankensektor Harmsen et al. 1991).

Digitale Technologien wurden seit den 1980er Jahren zunehmend in vier unterschiedlichen Formen genutzt: zur systematischen Automatisierung der Bearbeitung, in computerunterstützter sowie computergesteuerter Sachbearbeitung sowie in der Bereitstellung von Datenbanken als Management-Informationssystem. Keine dieser Nutzungsformen der Technologie erweitert in relevanter Weise die Kooperationsmöglichkeiten der

Angestellten. Daher wurde Teamarbeit im Büro in dieser empirischen Studie über verschiedene Branchen auch nicht gefunden (Baethge und Oberbeck 1986).

Als sehr begrenzt rationalisierbar und algorithmierbar gelten (noch) solche dienstleistenden Tätigkeiten, die mit Ermessensspielräumen bei Entscheidungen verbunden sind, wie z. B. die qualifizierte Sachbearbeitung, ebenso wie Aufgaben mit großen Kreativanteilen, z. B. in Entwicklungs- oder Innovationsbereichen. Damit verbunden sind ein größerer Autonomiespielraum für die Ausführung der Tätigkeit, andere Kontrollformen des Managements („verantwortliche Autonomie") sowie stärker vertrauensbasierte Sozialbeziehungen (Heisig et al. 1992). Wie dargestellt spielt die Projektarbeit insbesondere in der Entwicklungstätigkeit, im Vertrieb und in weiteren Bereichen der qualifizierten Wissensarbeit eine wichtige Rolle. Mit dem Zuwachs an wissensintensiven Dienstleistungen ist eine weitere Zunahme der Verbreitung von Projektarbeit zu erwarten; greifen die Bemühungen, den Export von wissensintensiven Dienstleistungen anzukurbeln, wird sich gleichzeitig auch der Anteil an verteilter, virtueller Zusammenarbeit erhöhen.

Ein Beispiel aus dem Bereich personenbezogener Dienstleistungsarbeit im Gesundheitswesen illustriert eine Form von Teamarbeit, die als „interprofessionelle Teamarbeit" bezeichnet werden kann (Antoni 2010): Ein niederländischer Pflegedienstleister konnte auf Basis von selbstgesteuerten Teams eine marktdominierende Stellung entwickeln. Sowohl günstige Leistungs- als auch Kostengesichtspunkte sowie eine hohe Arbeitszufriedenheit seiner Mitarbeiterinnen und Mitarbeiter sind kennzeichnend für dieses Unternehmen (Nandram und Koster 2014). Technische Voraussetzung für die vollintegrierte Pflege durch selbstgesteuerte lokale Teams ist eine Kollaborationsplattform, über die die administrativen Tätigkeiten und der wechselseitige Austausch und die Unterstützung der Teams organisiert wird.

Aktuelle Überblicksdaten zur generellen Nutzung von (dauerhaften) Teams im Dienstleistungsbereich sind uns nicht bekannt. Lediglich die ältere Beschäftigtenbefragung von Born (2000, auf Basis von 1626 Befragten) liefert für die Bundesrepublik übergreifende Daten für die Verbreitung: Er ermittelte, dass im Dienstleistungssektor 11,5 % der befragten Beschäftigten in Teams arbeiten („Gruppenarbeit insgesamt"), mit höheren Anteilen im Bereich sozialer Dienstleistungen (15,7 %) und im staatlichen Bereich (13,1 %), gefolgt von den konsumbezogenen (12 %) und produktionsnahen (11,5 %) Dienstleistungen. Der distributive Bereich (Handel und Logistik) fällt dagegen mit 8,9 % der Befragten in Teams etwas ab.

Offen ist, ob es mit der aktuellen Phase der Digitalisierung insgesamt zu einer „Transformation tertiärer Arbeit durch Technologie" kommen wird (Staab und Prediger 2019, S. 123). Es ist eine offene Frage, inwieweit es dabei in konkreten Gestaltungsprozessen gelingt, eine Unterstützung der Tätigkeiten durch Technologien zu erreichen, oder ob es zu einer Substitution von menschlicher Arbeit durch IT-Prozesse auch bei dienstleistenden Tätigkeiten kommen wird, die bislang als eingeschränkt algorithmierbar galten. Inwieweit hier durch die Entstehung einer Plattformökonomie bisherige langfristige Entwicklungslinien aufgebrochen werden und völlig neue Bedingungen entstehen, bleibt zu beobachten. Wie bei der Digitalisierung der Produktionsarbeit wird aber auch hier erkennbar, dass die technologische Entwicklung die praktische Frage nach einer angemessenen Lösung für die Arbeitsorganisation und die Nutzung von Teams aufwirft, ohne die Antworten vorzugeben.

1.2   Zentrale Herausforderungen für die Gestaltung der Team- und Projektarbeit in der digitalisierten Arbeitswelt

Der Rückblick hat gezeigt, dass die zunehmende Verbreitung und Nutzung digitaler Technologien keinen unmittelbaren Einfluss auf die Wahl der Arbeitsorganisation gehabt hat und damit weder die Einführung von Teamarbeit noch die Nutzung von Projektarbeit bestimmt hätte. Allerdings haben sich immer wieder Phasen ergeben, in denen die technologische Entwicklung Spielräume für kooperative Arbeit in Teams eröffnet und unterstützt hat. Nicht zuletzt hat die Digitalisierung auch neue Möglichkeiten für räumlich verteilte kooperative Arbeitsformen geschaffen.

Eine weitere Erkenntnis ist: Es gibt keine Sachzwänge, wie die jeweils verfügbare Technologie eingesetzt wird. Es ist vielmehr notwendig, arbeitspolitische Entscheidungen über den Stellenwert zu treffen, den der Mensch bei der Nutzung der Technologie in Zukunft bekommen soll: Soll die Digitalisierung dazu dienen, als Werkzeug und Assistenzsystem für selbstgesteuerte Teams und Projekte zu fungieren, oder soll sie eingesetzt werden, um auf Basis automatischer Entscheidungsprozeduren und technisch festgelegter Prozesse menschliche Arbeit zu kontrollieren und zu bestimmen? Dies kann nicht abstrakt entschieden werden, sondern klärt sich insbesondere in den alltäglichen Arbeits- und Organisationsgestaltungsprozessen. „Entscheidend wird sein, ob es gelingt, die […] bestehenden Gestaltungsspielräume zu nutzen, um die vielfältigen Potenziale der digitalen Transformation für eine innovative und soziale, sowohl ökonomische als auch menschzentrierte Gestaltung unserer Arbeitswelt […] auszuschöpfen." (Mütze-Niewöhner und Nitsch 2020, S. 1209) Damit gewinnt die betriebliche Arbeitsgestaltung auch für die Zukunft der Arbeit in Teams und Projekten eine zentrale Rolle.

Über diese generelle Erkenntnis hinaus lassen sich heute zunächst vier Herausforderungen für die Arbeitsgestaltung der Projekt- und Teamarbeit in der digitalisierten Arbeitswelt identifizieren, die in den weiteren Beiträgen zu diesem Sammelband detaillierter aufgeschlüsselt und behandelt werden:

1. die Anpassung der Arbeitsorganisation an die Anforderungen einer zunehmend komplexen und dynamischen Umwelt, die sich in veränderten Anforderungen an die Beschäftigten niederschlägt,
2. die Organisation, Führung und Unterstützung von hybriden oder vollständig virtuell kooperierenden Teams,

3. die Nutzung neuer, digitaler Werkzeuge für eine Verbesserung der Kommunikation und Kooperation sowie der Arbeitsbedingungen in den Teams und darüber hinaus und
4. die Verhandlung von Interessen und die Regelung der Bedingungen digitaler Arbeit in den unterschiedlichen organisatorischen Kontexten.

Zunächst gilt es, sich der normativen Grundlagen und des arbeitswissenschaftlichen Stands der Arbeitsgestaltung zu versichern, um dann vor dem Hintergrund der eben genannten Herausforderungen Entwicklungsperspektiven für die Gestaltung zu entwickeln. Die Arbeit der verschiedenen Verbundprojekte, die in der Schwerpunktgruppe Projekt- und Teamarbeit zusammengefasst sind, hat für die Diskussion um die Zukunft dieser Arbeits- und Organisationsgestaltung einige Aspekte anzubieten, die im Anschluss daran im Überblick vorgestellt werden.

1.3 Grundlagen der Arbeitsgestaltung in der digitalisierten Arbeitswelt

1.3.1 Gestaltungsgegenstände, Ziele und Maßstäbe

Das Gestalten von Erwerbsarbeitsprozessen bezeichnet einen komplexen, idealerweise präventiven Vorgang, der marktabhängige wirtschaftliche, technische, organisatorische und menschenbezogene Erfordernisse berücksichtigen muss. Dieser Vorgang sollte partizipativ, d. h. mit Betroffenenbeteiligung oder durch die Betroffenen selbst, sowie kontinuierlich erfolgen (Rothe et al. 2019; Sträter 2019); eine Beteiligung an Arbeitsgestaltungsprozessen setzt eine arbeitswissenschaftliche Mindestqualifikation voraus.

Der Begriff Arbeitsgestaltung kann unterschiedlich verstanden werden. „Arbeitsgestaltung bezeichnet im engeren Sinne das Auslegen der Arbeitsaufträge und ihrer Ausführungsbedingungen." (Hacker 2017, S. 247) Zu den Gestaltungsgegenständen zählen u. a. der Arbeitsauftrag mit seinen inhaltlichen und zeitlichen Anforderungen, die (gestaltbaren) Leistungsvoraussetzungen der Arbeitspersonen, die Arbeitsgegenstände, die technischen und sozialen Arbeits- und Hilfsmittel, die (gestaltbaren) wirtschaftlichen und organisatorischen Bedingungen sowie die Beschäftigungsverhältnisse. Da die zu bearbeitenden Arbeitsgegenstände in vielen Bereichen zunehmend Informationen und Daten sind, schließt die Arbeitsgestaltung auch die Informationsflussgestaltung (wer benötigt, welche Information wozu, von wem, wann, in welcher Darstellung) mit ihren kognitionswissenschaftlichen Grundlagen ein (Hacker 2018).

Bei innerbetrieblicher Kooperation ist zusätzlich auch die Art dieser Kooperationen (z. B. face-to-face oder IT-vermittelt) für alle Beteiligten zu gestalten. Bei betriebs- bzw. organisationsübergreifender Kooperation ist ein weiterer Gestaltungsgegenstand die Art des digitalen Informationsaustauschs der weltweit am Prozess Beteiligten (Sträter 2019).

„Die Arbeitsgestaltung verfolgt idealerweise mehrere Ziele gleichzeitig: Sie soll bestmögliche Leistungen nach Qualität und Menge sichern, also leistungsförderlich sein, sowie zu diesem Zweck auch lernförderlich und mindestens gesundheitserhaltend, besser noch gesundheitsförderlich wirken." (Hacker 2017, S. 247) Arbeitswissenschaftlich fundierte Arbeitsgestaltung erfolgt zielgerichtet und bewusst, und grenzt sich damit grundsätzlich ab vom (ggf. unbeabsichtigten) Verändern, Beseitigen oder Erzeugen von Arbeitsprozessen durch technische oder informationstechnische Maßnahmen zur Automatisierung oder Digitalisierung sowie von Managementmaßnahmen (z. B. Einlasten von Projekten mit spezifischen Kooperationsanforderungen) – jeweils ohne das Ziel ihrer menschengerechten Auslegung.

Die in internationalen und nationalen Standards formulierten Ziele der Arbeitsgestaltung sind in zahlreichen gesicherten Befunden verankerte Erfordernisse. Als Mindest- oder Basisforderung verpflichtet das Deutsche Arbeitsschutzgesetz (ArbSchG) zur Gefährdungsermittlung und -beseitigung einschließlich psychischer Gefährdungen (vgl. auch Gemeinsame Deutsche Arbeitsschutzstrategie, BMAS, BDA & DGB 2013).

Die in internationalen Normen verankerten Forderungen an die Arbeitsgestaltung gehen in ihren Zielen über den Schutz vor Gefährdung noch hinaus: Der Standard DIN EN ISO 6385 (2016) stellt Forderungen zur „Optimierung der Arbeitsanforderungen und das Herbeiführen fördernder Arbeitsauswirkungen" (S. 10) und formuliert dazu Kernmerkmale leistungs-, lern- und gesundheitsfördernder Arbeitsgestaltung. Er wird vertieft durch DIN EN ISO 10075/1–3 (2018), worin langfristig „förderliche Auswirkungen" von Arbeit, nämlich Lernprozesse zur Ausdifferenzierung vorhandener Leistungsvoraussetzungen und zu ihrem Neuerwerb neben dem Vermeiden beeinträchtigender Wirkungen benannt sind. Flankierend fordert DIN EN ISO 9241-210 (2019) für das Gestalten moderner Arbeitsmittel und interaktiver Systeme deren menschzentrierte und gebrauchstaugliche Gestaltung von den Systementwicklern unter Beteiligung der späteren Nutzer*innen.

Die Gestaltungsforderungen bilden ein hierarchisches System von Bewertungsebenen der Gestaltungsgüte von Erwerbsarbeitsprozessen. Dieses umfasst Ausführbarkeit, Schädigungslosigkeit (z. B. Vermeiden von Arbeitsunfällen, arbeitsbedingten Erkrankungen oder von mentalem Abbau), Beeinträchtigungslosigkeit (z. B. keine unzumutbare Ermüdung) sowie Lern- und Gesundheitsförderlichkeit (ausführlicher Hacker 1995, Abschn. 9–15; Hacker 2009, Abschn. 12.1).

Diese Forderungen müssen zum Gestalten von Arbeitsprozessen mit Hilfe von Einzelmerkmalen konkretisiert werden. Zentrale Einzelmerkmale für Arbeitsaufträge mit fördernden Auswirkungen sind die Vollständigkeit oder Ganzheitlichkeit (die sich insbesondere aus der Arbeitsteilung ergibt), die Anforderungsvielfalt, inhaltlicher und zeitlicher Spielraum für eigenes Entscheiden, differenzierte Rückmeldungen sowie Kommunikations- und Kooperationsmöglichkeiten. Das Verwirklichen dieser schützenden und fördernden Gestaltungsziele erfordert, bislang ungenügend bewältigte Schwierigkeiten zu überwinden: Die Voraussetzungen schützender und fördernder Arbeitsgestaltung werden beim Entwickeln von Automatisierungs- sowie Management-Lösungen geschaffen oder verfehlt. Das verlangt, dabei mögliche Konsequenzen für die Arbeitsgestaltung zu bedenken, die u. U. noch kaum absehbar sind.

Des Weiteren sind mögliche dialektische („janusköpfige"; Höge 2019) Folgen von Gestaltungsentscheidungen zu berücksichtigen. Beispielsweise gehört zu fördernder Arbeit auch Autonomie der Arbeitenden, um verantwortliches Handeln und intrinsische Motivation anzuregen. Gleichzeitig ermöglicht Autonomie jedoch Selbstgefährdung (Bredehöft et al. 2015). Arbeitsgestaltung sollte daher die Anregung zum verantwortlichen Umgang mit diesen Freiheiten einschließen.

Projekt- und Teamarbeit bietet in diesem Kontext durchaus das Potenzial, zur Erfüllung der Anforderungen menschengerechter Arbeit beizutragen. Ihre Ausgestaltungsformen müssen sich aber letztlich immer an der resultierenden Qualität der Arbeitssituation der einzelnen Arbeitspersonen – sowohl der Teammitglieder als auch der Führungspersonen – messen lassen.

Eine Ursache der verbesserungswürdigen Qualität von Arbeitsprozessen dürfte sein, dass Arbeitsprozesse im Zuge von Digitalisierungsvorhaben häufig weitgehend unbeabsichtigt und ohne Bezug auf die Merkmale gut gestalteter Arbeit festgelegt werden. Folgenreiche, aber zumeist unbeabsichtigte Wirkungen auf Arbeitsprozesse entstehen beim Entwickeln technischer bzw. informationstechnischer Lösungen, die die Funktionsverteilung zwischen Mensch und Technik festlegen, oder beim Gestalten der inner- und überbetrieblichen Arbeitsorganisation. Impulse zum Überwinden des immer wieder beobachtbaren Technikdeterminismus – wie anthropozentrische Produktionskonzepte (Brödner 1985; Lutz 1987) oder beschäftigtenorientierte Technik- und Organisationsgestaltung als Arbeitshumanisierung (GfA 1999) – hatten bislang wenig Erfolg (Raehlmann 2017).

Die Merkmale und Grundlagen präventiver menschengerechter, d. h. schädigungs- und beeinträchtigungsloser sowie leistungs-, lern- und gesundheitsfördernder Arbeitsgestaltung sind weitgehend bekannt. Die praktische Realisierung ist ständig neu erforderlich. Dabei sind in den konkreten Gestaltungsprozessen auch die Möglichkeiten der betrieblichen Mitbestimmung und Mitwirkung durch Betriebs- bzw. Personalräte zu berücksichtigen und zu nutzen, insofern sie für direkte Beteiligung an Gestaltungsprozessen Rahmen und Voraussetzungen bilden und für die Berücksichtigung der arbeitswissenschaftlichen Normen ebenfalls Sorge tragen können.

1.3.2 Herausforderungen der Projekt- und Teamarbeit für die Arbeits- und Organisationsgestaltung

Technische und organisatorische Herausforderungen (wie die in 1.2 genannten) tragen dazu bei, dass eine an den in 1.3.1 skizzierten arbeitswissenschaftlichen Kriterien ausgerichtete Gestaltung der Projekt- und Teamarbeit immer weniger von standardisierten und einheitlich regelbaren Tätigkeiten und Arbeitszuschnitten an den unterschiedlichen individuellen Arbeitsplätzen ausgehen kann. Die an den unterschiedlichen Arbeitsplätzen verfügbare Funktionsvielfalt trägt dazu bei, dass Arbeitstätigkeiten nach individualisierten Vorgaben, Präferenzen und Bedarfen erledigt werden. Eine Standardisierung von Arbeit, Tätigkeiten und Abläufen, die für alle Teammitglieder gleichermaßen greift und damit gleichzeitig quasi einheitlich für gute Arbeitsbedingungen sorgen könnte, wird zunehmend schwierig. Dennoch wird versucht, die Abläufe in den Teams – quasi auf einer Meta-Ebene – über Standardisierungen z. B. im Rahmen von Scrum-Ansätzen oder über eine indirekte Rahmensteuerung zu kontrollieren. Für unseren Kontext der Arbeitsgestaltung erscheint es deshalb zweckmäßig, an Konzepte zur differenziellen Arbeitsgestaltung anzuknüpfen (vgl. Ulich 2011) und diese den veränderten Bedingungen anzupassen.

Für die Mehrzahl der in Projektteams Beschäftigten ist etwa davon auszugehen, dass für sie einerseits technisch häufig keine festen Arbeitsabläufe mehr vorgegeben sind, damit also, abhängig von der jeweiligen Planung und Terminsetzung, grundsätzlich Handlungs- und Entscheidungsspielraum in der Ausführung besteht. Andererseits müssen von ihnen in vielen Fällen mehrere Aufgaben nebeneinander oder überlappend bearbeitet werden, deren Reihenfolge sie in den angedeuteten Planungsgrenzen selbst bestimmen können (Mehrstellenarbeit). Zudem sind durch die verwendeten Software-Tools oft äquivalente, unterschiedliche Wege der Aufgabenbewältigung möglich, und schließlich ist – insbesondere bei den in diesem Band fokussierten Teams – die Planung, Abstimmung, Steuerung und die notwendige Kommunikation zwischen den an der gemeinsamen Aufgabe Arbeitenden selbst ein zentraler Teil ihrer Arbeitstätigkeit (Interdependenz und Interaktion). Arbeitsgestaltung wird dabei immer mehr zu einem kontinuierlichen Teil der Arbeitsaufgabe selbst (u. a. Kötter und Volpert 1993).

Eine erste Konsequenz für die Arbeitsgestaltung aus dieser skizzierten Situation ist aus unserer Sicht: Je individualisierbarer die Arbeitsbedingungen und -situationen in solchen Projekt- oder Teamkontexten werden, d. h. je individueller die Bedingungen der Arbeit mit den Anforderungen, arbeitsbezogenen Belastungen und Ressourcen werden, umso weniger kann im Voraus hinreichend präzise vorgegeben werden, was in welcher Reihenfolge zu tun sein wird. Umso wichtiger wird es stattdessen, dass die Beschäftigten selbst in die Lage versetzt werden, betriebliche wie individuelle Bedürfnisse und Ansprüche an die Arbeitsgestaltung und Arbeitsorganisation zu reflektieren und zu formulieren. Dies gilt es auch für die Auslegung und Gestaltung des technischen Systems zu berücksichtigen, die hier nicht einschränkend sein sollte – die sozio-technische Design-Regel der ‚minimal criticalspecification‘ (vgl. Cherns 1987; Clegg 2000) beschreibt dieses Zielkriterium nach wie vor treffend.

Je weniger also einheitlich die Arbeitssysteme bzw. Arbeitsplätze gestaltbar sind, umso mehr müssen die Beschäftigten selbst – schon aus Selbstschutz, aber auch weil nur sie die genauen Bedingungen und Abläufe kennen und koordinieren müssen – über Grundkompetenzen der Arbeitsgestaltung („Gestaltungskompetenz", vgl. Gerlmaier 2019a; Janneck und Hoppe 2018) und Kenntnisse über Regeneration und Erholung verfügen, um die evtl. gegebenen Handlungs- und Entscheidungsspielräume operativ zu nutzen oder bei Gestaltungsprozessen eine aktive Rolle einnehmen zu können.

Gleichzeitig sind solche Kompetenz-Voraussetzungen auch beim Management und den für die technische Infrastruktur Verantwortlichen zu fördern und zu entwickeln. Es bedarf deshalb insbesondere auch geeigneter Hilfsmittel, die z. B. Konstrukteure,

IT- sowie Organisationsfachleute motivieren und befähigen, bereits bei ihren Automatisierungs- und Managementaktivitäten das Gestalten guter Arbeit zu berücksichtigen. Die betriebliche, die technische und die Arbeitsperspektive wird durch sie gleichermaßen in den Gestaltungsprozessen zu berücksichtigen sein („organisationale Gestaltungskompetenz", Gerlmaier 2019a, b; Gerlmaier und Latniak 2016). Arbeits- und Organisationsgestaltungsprozesse sind damit als interaktive Aushandlungen der daran Beteiligten zu begreifen.

Damit die Gestaltungskompetenzen auch praktisch wirksam werden können, ist vorausgesetzt, dass im Gestaltungsprozess diese Perspektiven angemessen eingebracht und auch berücksichtigt werden können: Der Gestaltungsprozess ist bei den angesprochenen Tätigkeiten kein einmaliger Vorgang mehr, der nach einem Durchgang unmittelbar zu einem abgeschlossenen Design oder einem fixen Endzustand führt. Gestaltungsprozesse müssen vielmehr einer Revision und Reflexion, d. h. einem verbesserungsorientierten Lernen der Nutzenden mit dem Arbeitssystem, gegenüber offen angelegt sein. Damit wäre der Anspruch an Gestaltungsprozesse, dass diese reflexiv, zyklisch und iterativ anzulegen und durchzuführen sind, um angemessenen Raum zu schaffen, aus den Erfahrungen der Beschäftigten bzw. der Ausführenden bei der Nutzung der Arbeitssysteme zu lernen. Dieses Prozessverständnis sehen wir als Weiterentwicklung der sog. ‚Wendeltreppe der Arbeitsgestaltung', wie sie zunächst in den 1990er Jahren entwickelt wurde (u. a. Falck 1991; Kötter und Volpert 1993), welches allerdings die reflexiven Elemente noch stärker in den Fokus rückt (vgl. u. a. Lange und Longmuß 2015). Dies ist zudem eine Antwort auf die in vielen Bereichen zu beobachtende ‚geplante Unplanbarkeit', die sich als Folge zunehmender Markt- und Kundenöffnung in den Wertschöpfungs- und Dienstleistungsprozessen für die Ausführenden ergibt.

Dabei gilt weiterhin, dass das, was an Arbeit bewusst nach den arbeitswissenschaftlichen Humankriterien gestaltet werden kann, auch so zu gestalten ist – die Kenntnis und Berücksichtigung dieser Kriterien steht außer Frage.[4] Ein ‚design by default' gilt es zu vermeiden, das Arbeitsbedingungen quasi als Abfall- oder Nebenprodukt eines Prozessdesigns entstehen lässt und so häufig zu Zusatzaufwand bzw. weiteren Belastungen, dem Risiko „interessierter Selbstgefährdung" (Krause et al. 2015) oder mittelbar zu negativen Beanspruchungsfolgen beiträgt.

Hier gilt es zudem, weiterhin die unterschiedlichen Ebenen der Gestaltung zu unterscheiden (vgl. Luczak 1997), aber integriert zu betrachten und zu bearbeiten. Dabei verschieben sich die Gewichte der Ebenen bedingt durch die skizzierten Veränderungen:

---

[4]Beteiligung setzt operationalisierte und im Gestaltungsprozess genutzte arbeitswissenschaftliche Zielkriterien nicht außer Kraft, sondern ist der Modus in der betrieblichen oder überbetrieblichen Praxis, in dem sie ihre Wirksamkeit entfalten müssen. Gestaltungsprozesse ohne Zielkriterien sind blind; gleichzeitig bleiben diese Kriterien ohne geeignete Umsetzung durch die Handelnden in Gestaltungsprozessen leer.

Neben 1) den individuellen, arbeitsplatzbezogenen Aspekten gilt es, 2) die Teamebene mit ihren Voraussetzungen zu berücksichtigen. Hier wäre – insbesondere für die Entwicklung von Ziel- und Bewertungskriterien – u. a. an Arbeiten aus den 1990er Jahren zur kollektiven Handlungsregulation (u. a. Weber 1997) anzuschließen, die beantworten können, wie vollständige Handlungen im Sinne der Handlungsregulationstheorie (vgl. Bergmann und Richter 1994) in Teamstrukturen gestaltet und möglich werden können.

Bedingt durch die Bedeutung der medienvermittelten Kommunikation kommen 3) die Teaminteraktion einerseits und andererseits die Einbindung der Teams in die Organisation und damit die Organisationsgestaltung als Kontext der Arbeitsgestaltung in den Blick. Die explizite Gestaltung der jeweiligen Schnittstellen im Team, zwischen unterschiedlichen Teams, sowie der Schnittstellen an den organisatorischen Grenzen ist ein Aspekt mit zunehmender praktischer Bedeutung für die Arbeitsgestaltung und insbesondere für die Belastungs- und Beanspruchungssituation, je mehr Personen an solchen ‚Drehpunktpositionen‘ (zwischen ‚innen‘ und ‚außen‘ der jeweiligen Organisationseinheit) arbeiten, – wie z. B. mit externen Portalen oder IT-Systemen von Kunden oder Zulieferern.

Gestaltung muss in solchen medienvermittelten Arbeitszusammenhängen immer Arbeits- und Organisationsgestaltung sein und kann sich nicht allein auf die Gestaltung eines einzelnen Arbeitsplatzes oder eines einzelnen Prozessschrittes in einem Workflow beschränken (vgl. dazu u. a. Majchrzak 1997). Es gilt, konsequenter die Arbeit entlang des gesamten zusammenhängenden Arbeitsprozesses zu gestalten, denn Nutzende können in den Abläufen an unterschiedlichen Orten unterschiedlich davon betroffen sein, wenn z. B. am System bzw. am Ablauf von Prozessschritten (d. h. der Koordination der jeweiligen Aufgaben) etwas verändert wird.

Dies mag sich zunächst wie eine Binsenweisheit der Arbeitssystemgestaltung der 1970er Jahre anhören (vgl. u. a. Ulich 2011; zum soziotechnischen Systemansatz u. a. Bendel et al. 2020; Imanghaliyeva et al. 2020; Pasmore et al. 2018). Unter den skizzierten Bedingungen und technischen Möglichkeiten wird diese Perspektive aber immer wichtiger: Winby und Mohrman (2018) zeigten exemplarisch für Dialyseleistungen, dass eine zunehmende Anzahl von notwendigerweise Beteiligten zu berücksichtigen und in den Gestaltungsprozess einzubinden sind – sowohl um (wie im Beispiel) die Dienstleistungsqualität der Dialyse zu sichern, als auch um menschengerechte Arbeitsbedingungen zu schaffen. Wie dies praktisch jeweils realisiert werden kann, ist im konkreten Einzelfall zu klären.

Die dabei entstehenden Abhängigkeiten aus der Kooperation zwischen Mitarbeitenden als auch „zwischen ihnen und den genutzten Ressourcen (Technik, Material, Information etc.)" (Herrmann 2012, S. 19) führen dazu, dass die Arbeits- und Organisationsgestaltung sich verstärkt und bewusster als bisher mit der Interaktion und Kommunikation zwischen den Teammitgliedern und ihrer Umgebung befassen muss. Weiterführend ist es in diesem Zusammenhang, das betriebliche Informationssystem bzw. die genutzte technische Plattform als Infrastruktur zu begreifen (Pipek und Wulf 2009), die selbst wiederum in andere Systeme eingebettet ist (zur Verschachtelung der

Systeme: vgl. Winter et al. 2014): Sie bietet den Nutzenden die Möglichkeit, neue Handlungsmöglichkeiten zu erschließen und ihre Kompetenzen weiter zu entwickeln (Herrmann 2012).

Damit kommt (4) ein „ecosystem" (Pasmore et al. 2018), oder anders gesagt: die zusammenwirkenden ‚Systeme von ineinander verschachtelten Arbeitssystemen' in den Fokus der Arbeits- und Organisationsgestaltung: „In short, work systems have become complex, technicologically enabled networked ecosystems that extend beyond an organization and its employees and are geographically dispersed." (Winby und Mohrman 2018, S. 3) Die Gestaltung der Arbeitsbedingungen wird bei Fortschreiten der technischen Vernetzung durch arbeitsplatz- und unternehmensexterne technische Systeme und Rahmensetzungen eingeschränkt bzw. zunehmend festgelegt: Je übergreifender und vernetzter die Arbeitsprozesse angelegt sind, desto häufiger werden solche Herausforderungen in den Arbeits- und Organisationsgestaltungsprozessen zu lösen sein.

Der Gestaltungsprozess ist letztlich so anzulegen, dass zentrale aufgabenbezogene Fragen möglichst frühzeitig im Kreis der an den Arbeitszusammenhängen Beteiligten geklärt und festgelegt werden können. Hierfür sind neue und effiziente Wege der Einbindung Betroffener und der Anlage von Gestaltungsprozessen zu erarbeiten, die diese Leerstelle der Gestaltung systematisch aufzufüllen im Stande ist.

1.4   Beiträge und Beitragende zu diesem Sammelband

Wir gehen mit der bisherigen Forschung zu Team- und Projektarbeit davon aus, dass diese kooperativen Arbeitsformen Potenziale bieten, um die oben skizzierten Herausforderungen einer als zunehmend komplex wahrgenommenen Arbeitswelt zu bewältigen – abhängig von der Aufgaben- oder Problemstellung und unter Einhaltung gewisser Anforderungen an die Arbeits- und Organisationsgestaltung. Mit den technologischen, organisatorischen und gesellschaftlichen Veränderungen ändern sich allerdings auch die Bedingungen, unter denen Projekt- und Teamarbeit heute stattfindet bzw. stattfinden kann.

Wenngleich die fortschreitende Digitalisierung, wie angedeutet, nicht der einzige Auslöser für die Veränderungen unserer Arbeitswelt ist, so waren es sicher gerade die damit verbundenen Entwicklungen, die das Bundesministerium für Bildung und Forschung (BMBF) veranlassten, den Förderschwerpunkt „Arbeit in der digitalisierten Welt" zu initiieren. Mit dem Anspruch, bestehende Forschungslücken zu schließen sowie Gestaltungsspielräume in enger Zusammenarbeit von Wissenschaft und Wirtschaft zu finden und anwendungsnah zu nutzen, wurden insgesamt 29 Verbundprojekte mit Mitteln des Bundes und des europäischen Sozialfonds gefördert. Ziel war es, die ökonomischen und arbeitsbezogenen Potenziale der Digitalisierung für Unternehmen und Beschäftigte durch soziale Innovationen nutzbar zu machen.

Zur Förderung von Vernetzung und Zusammenarbeit wurden vom koordinierenden Verbundprojekt ‚TransWork'[5] fünf Schwerpunktgruppen thematisch verwandter Projektverbünde gebildet. Dieser Sammelband enthält Beiträge aus der Schwerpunktgruppe „Projekt- und Teamarbeit in der digitalisierten Arbeitswelt", in der sechs Verbundprojekte zusammengefasst waren, die sich mit Fragen der Organisation, Führung und Gestaltung von Arbeit, insbesondere kooperativer Arbeit beschäftigten.[6] Die Koordination der Aktivitäten der Schwerpunktgruppe erfolgte durch das Institut für Arbeitswissenschaft der RWTH Aachen University[7], das im Rahmen seines Teilvorhabens im TransWork-Projekt auch eigene Forschungsleistungen zum Themengebiet erbracht hat (FKZ: 02L15A162).

Aufgrund der anwendungsnahen Ausrichtung haben die durchgeführten Untersuchungen mehrheitlich Fall- und Feldstudiencharakter. An den Verbundprojekten waren Unternehmen unterschiedlicher Branchen und Größen beteiligt, wobei der Anteil kleiner und mittlerer Unternehmen in dieser Schwerpunktgruppe deutlich überwog (66 %). Unter den Betriebspartnern fanden sich u. a. mehrere Unternehmen der IT-Branche und der Metall- und Elektroindustrie, ein Hersteller von Maschinen und Anlagen, eine Unternehmensberatung sowie ein Schiffsbauunternehmen.[8]

In den Fallstudien wurden Beschäftigte aus unterschiedlichen Fachbereichen, Abteilungen und Hierarchieebenen befragt, es wurden Workshops und Gruppendiskussionen moderiert sowie Team- bzw. Projektsitzungen teilnehmend beobachtet. Ein Schwerpunkt lag dabei auf Projekten und Arbeitsaufgaben, die als komplex, interaktiv und wissensintensiv charakterisiert werden können und vorrangig kognitive, mentale und soziale Anforderungen an die Beteiligten stellen. Vor dem Hintergrund ihrer jeweiligen Disziplinen und der spezifischen Forschungsfragestellungen untersuchten die Forschergruppen die organisationalen, technologischen oder personalen Bedingungen unter

---

[5]Das Verbundprojekt „TransWork – Transformation der Arbeit durch Digitalisierung" (FKZ: 02L15A160 ff.) wurde mit der wissenschaftlichen Begleitung des Förderschwerpunkts betraut. Übersichten über alle Schwerpunktgruppen und Projekte finden sich in übergreifenden Publikationen (siehe hierzu Bauer et al. 2019; Bauer et al. 2020). Die vier weiteren Schwerpunktgruppen, betrafen die Themenfelder 1) Assistenzsysteme und Kompetenzentwicklung, 2) Produktivitätsmanagement, 3) Arbeitsgestaltung im digitalen Veränderungsprozess sowie 4) Gestaltung vernetzt-flexibler Arbeit. Aus den Ergebnissen des Förderschwerpunkts werden weitere Publikationen im Springer-Verlag zu folgenden Themen veröffentlicht: Produktivitätsmanagement (s. Jeske und Lennings 2020), Gestaltung vernetzt flexibler Arbeit (s. Daum et al. 2020); Digitale Führung und Zusammenarbeit (s Antoni et al. 2021); Digitalisierung & Pflege (s. Bleses et al. 2020; Kubek et al. 2020).

[6]Eine Auflistung der beteiligten Projekte findet sich oberhalb des Impressums zu diesem Band.

[7]Die Schwerpunktgruppe „Projekt- und Teamarbeit in der digitalisierten Arbeitswelt" wurde von Prof. Dr. Susanne Mütze-Niewöhner, Markus Harlacher und bis Ende 2018 von Dr. Philipp M. Przybysz geleitet.

[8]Das TransWork-Teilvorhaben bildet hier aufgrund seiner Anlage als Begleitprojekt ohne Anwendungsunternehmen eine Ausnahme.

denen Projekt- und Teamarbeit heute stattfindet, identifizierten Belastungsfaktoren, Anforderungen und Verbesserungspotenziale, entwickelten dabei auch Unterstützungs- instrumente und Lösungsansätze und leiteten schließlich auf der Grundlage ihrer Ergebnisse Empfehlungen für die Gestaltung menschengerechter und effektiver Arbeits- bedingungen bei Projekt- und Teamarbeit in digitalisierten Arbeitssystemen ab.

Die Beiträge, die im Folgenden kurz im Überblick dargestellt werden sollen, liefern in ihrer Gesamtheit Antworten auf folgende Fragen:

1. Welche Veränderungen der Arbeits- und Betriebsorganisation lassen sich beobachten und unter welchen Bedingungen findet intra- und interorganisationale Projekt- und Teamarbeit aktuell statt?
2. Wie wirken sich veränderte Technologien, Prozesse und Strukturen auf die Arbeits- situation der Beteiligten aus? Welche Herausforderungen gilt es zu bewältigen? Wo bestehen Gestaltungspielräume und -bedarfe?
3. Wie kann verteilte, virtuelle Zusammenarbeit so unterstützt werden, dass Prozess- gewinne erzielt und -verluste vermieden werden können?
4. Welche Empfehlungen können für die Gestaltung, Organisation, Führung und Regulierung von Projekt- und Teamarbeit gegeben werden?

Der Sammelband startet mit einem Beitrag von Judith Neumer und Manuel Nicklich zu agilen Projektteams. Die Autor*innen thematisieren die „Fluidität" und organisatorische Beschaffenheit von agilen Teams. Auf Grundlage ihrer Untersuchungen diskutieren sie wesentliche Gestaltungsaspekte, wie die Kundenintegration und die Einbettung in hierarchische Organisations- und Führungsstrukturen, und sie zeigen die daraus resultierenden Herausforderungen für die Selbstorganisation agiler Teams auf. Dabei wird u. a. deutlich, dass auch digitale Tools nur begrenzt in der Lage sind, räumliche Distanzen in solchen, verteilt arbeitenden Teams zu überbrücken.

Auch in der von Markus Harlacher, Verena Nitsch und Susanne Mütze-Niewöhner vorgestellten Studie zur Komplexität im Projektmanagement erweisen sich arbeits- organisatorische Aspekte als zentrale Ansatzpunkte für die komplexitätsregulierende Arbeitsgestaltung. Zielgruppe der Untersuchung sind Projektmanager*innen, die in einer Onlinebefragung insbesondere Faktoren als besonders komplexitätstreibend benannten, die zu hohen psychischen Belastungen führen können. Dabei zeigten sich z. T. Unter- schiede in Abhängigkeit des jeweils gewählten Managementansatzes („klassisch", „agil", „hybrid").

Erich Latniak und Jennifer Schäfer präsentieren Ergebnisse ihrer Analysen zur Belastungs- und Ressourcensituation operativer Führungskräfte virtueller Teams. Ihre Empfehlungen zielen darauf ab, Zeitdruck, Multitasking, Arbeitsunterbrechungen etc. zu reduzieren und die Nutzung persönlicher Ressourcen u. a. durch gezieltes Coaching zu stärken. Die Ergebnisse korrespondieren teilweise mit der Studie von Harlacher et al. in diesem Band und stützen insbesondere den in Abschn. 1.3.2 formulierten Bedarf, die Entwicklung von (Arbeits-)Gestaltungskompetenz in Unternehmen nachhaltig zu fördern.

Dem Belastungsfaktor „Zeitdruck" widmen sich Ulrike Pietrzyk, Michael Gühne und Winfried Hacker in ihrem Beitrag. Sie stellen die Entwicklung eines Verfahrens zur Ermittlung nachhaltiger Zeitbedarfe für komplexe Wissens- und Innovationsarbeit vor, welche häufig in Team- und Projektzusammenhängen erbracht wird. Indem zukünftige Zeitbedarfe partizipativ und konsensual in Kleingruppen ermittelt werden, können typische Schwierigkeiten, wie Planungsfehlschlüsse und die individuelle Abhängigkeit der erfassten Zeitbedarfe, vermieden werden.

Valeria Bernardy, Rebecca Müller, Anna T. Röltgen und Conny H. Antoni richten ihren Fokus auf die Führung hybrider Formen virtueller Teams. Hierunter werden Teams verstanden, in denen nur ein Teil der Teammitglieder, z. B. aufgrund von Home-Office oder Dienstreisen, nicht vor Ort in der Betriebsstätte arbeiten. Aus den spezifischen Bedingungen resultieren neue Anforderungen an Führungskräfte und Teammitglieder, die es zu bewältigen gilt, um negative Auswirkungen auf die Effektivität und die Qualität der Teamarbeit zu vermeiden.

Anforderungen an Führungskräfte vollständig virtuell arbeitender Teams werden im Beitrag von Rebekka Mander, Frank Müller und Ulrike Hellert thematisiert. Infolge eingeschränkter Kommunikation und Wahrnehmung erhalten bei Führung auf Distanz vertrauensbildende Maßnahmen sowie die Gewährung von Zeit- und Handlungsspielräumen eine besondere Bedeutung. Die Autor*innen geben Einblicke in die Ergebnisse ihrer Erhebungen und leiten Empfehlungen für die Führungspraxis ab.

Digitalisierungsprojekte in der Produktentwicklung und -entstehung sind Gegenstand des Beitrags von Victoria Zorn, Julian Baschin, Nine Reining, David Inkermann, Thomas Vietor und Simone Kauffeld. Die Autor*innen plädieren für einen Gestaltungsansatz, der die Prozesse, die Methoden/Tools und die Kompetenzen der Beteiligten gleichermaßen in den Blick nimmt. Sie untermauern ihren Ansatz anhand von zwei Fallstudien im Maschinen- und Anlagenbau, die den Einsatz von Simulationssoftware in der länderübergreifenden Produktentwicklung und die Virtualisierung von Inbetriebnahmen zum Gegenstand hatten.

Abgerundet wird der Sammelband durch zwei Beiträge von Thomas Hardwig und Marliese Weißmann, die sich den Herausforderungen der Arbeitsgestaltung und -regulierung im Zusammenhang mit der Einführung und Nutzung von Kollaborationsplattformen widmen. Im Mittelpunkt des ersten Beitrags stehen die Erkenntnisse und Erfahrungen aus der Begleitung von drei Unternehmen bei der Suche nach dem digitalen Arbeitsplatz, d. h. der Einführung und Nutzung von geeigneten Kollaborationsplattformen. Die Autor*innen beschreiben anspruchsvolle Such-, Lern- und Entwicklungsprozesse der Unternehmen und empfehlen aufgrund dessen ein iteratives, agiles Vorgehen, um solche komplexen Anforderungen zu bewältigen. Im zweiten Beitrag identifizieren die Autor*innen die wesentlichen Charakteristika solcher Plattformen, diskutieren die Chancen und Risiken ihres Einsatzes und zeigen Gestaltungsspielräume auf, die von den betrieblichen Akteur*innen zur Aushandlung unternehmensspezifischer Lösungen genutzt werden können und sollten.

Literatur

Akin N, Rumpf J (2013) Führung virtueller Teams. Gruppendyn Organisationsberat 44:373–387. https://doi.org/10.1007/s11612-013-0228-9

Antoni CH (2000) Teamarbeit gestalten; Grundlagen, Analysen, Lösungen. Beltz, Weinheim

Antoni CH (2010) Interprofessionelle Teamarbeit im Gesundheitsbereich. Zeitschrift für Evidenz, Fortbildung und Qualität im Gesundheitswesen 104:18–24

Antoni CH (2016) Gruppenarbeit wirkungsvoll gestalten. In: Jöns I (Hrsg) Erfolgreiche Gruppenarbeit. Konzepte, Instrumente, Erfahrungen. Springer Gabler, Wiesbaden, S 13–24

Antoni CH (2017) Gruppen- und Teamarbeit. In: Spath D, Westkämper E, Bullinger H-J, Warnecke H-J (Hrsg) Neue Entwicklungen in der Unternehmensorganisation. Vieweg, Berlin, S 161–172

Antoni CH, Hellert U, Latniak E (in Vorbereitung) Digitale Führung und Zusammenarbeit. Springer Vieweg, Berlin

Baethge M, Oberbeck H (1986) Zukunft der Angestellten; Neue Technologien und berufliche Perspektiven in Büro und Verwaltung. Campus, Frankfurt a. M.

Bauer W, Stowasser S, Mütze-Niewöhner S, Zanker C, Brandl K-H (Hrsg) (2019) Arbeit in der digitalisierten Welt. Stand der Forschung und Anwendung im BMBF-Förderschwerpunkt. Frauenhofer IAO, Stuttgart

Bauer W, Mütze-Niewöhner S, Stowasser S, Zanker C, Müller N (in Vorbereitung) Arbeit in der digitalisierten Welt – Praxisbeispiele und Gestaltungslösungen aus dem BMBF-Förderschwerpunkt. Springer Vieweg, Berlin

Bendel A, Latniak E, Werner L (2020 i. E.) Bericht vom Workshop „agil – lean – soziotechnisch: Konzepte und Vorgehensweisen für Arbeits- und Organisationsgestaltung in Digitalisierungsprozessen", BAuA, Dortmund, 01.10.2019. Z Arb Wiss 74:158–159. https://doi.org/10.1007/s41449-020-00208-9

Berggren C (1991) Von Ford zu Volvo; Automobilherstellung in Schweden. Springer, Berlin

Bergmann B, Richter P (Hrsg) (1994) Die Handlungsregulationstheorie; Von der Praxis einer Theorie. Hogrefe, Göttingen

Bleses P, Busse B, Friemer A (2020) Digitalisierung der Arbeit in der Langzeitpflege als Veränderungsprojekt. Springer Vieweg, Berlin

BMAS, Bda, DGB, (2013) Gemeinsame Erklärung: Psychische Gesundheit in der Arbeitswelt. BMAS, Berlin

Boes A, Bultemeier A, Gül K, Kämpf T, Langes B, Lühr T, Marrs K, Ziegler A (2015) Zwischen Empowerment und digitalem Fließband: Das Unternehmen der Zukunft in der digitalen Gesellschaft. In: Boes A, Welpe I, Sattelberger T (Hrsg) Das demokratische Unternehmen. Neue Arbeits- und Führungskulturen im Zeitalter digitaler Wirtschaft. Haufe-Lexware GmbH & Co. KG, Freiburg, S 57–76

Boos M, Hardwig T, Riethmüller M (2017) Führung und Zusammenarbeit in verteilten Teams. Hogrefe, Göttingen

Born A (2000) Gemeinsam oder einsam? Arbeitsorganisation im Dienstleistungssektor. Nordhause-Janz & Pekruhl 2000:102–138

Braun T (2018) Kooperatives Verhalten in interorganisationalen Projekten; Eine konzeptionelle und empirische Weiterentwicklung des OCB-Ansatzes. Springer, Wiesbaden

Braun T, Sydow J (2017) Projektmanagement und temporäres Organisieren. Kohlhammer, Stuttgart

Bredehöft F, Dettmers J, Hoppe A, Janneck M (2015) Individual work design as a job demand: the double-edged sword of autonomy. Psychol Everyday Act 8:13–26

Brödner P (1985) Fabrik 2000; Alternative Entwicklungspfade in die Zukunft der Fabrik. Nomos edition sigma, Berlin

Cherns A (1976) The principles of sociotechnical design. Hum Relat 29:783–792. https://doi.org/10.1177/001872677602900806

Cherns A (1987) Principles of sociotechnical design revisted. Hum Relat 40:153–161. https://doi.org/10.1177/001872678704000303

Clegg CW (2000) Sociotechnical principles for system design. Appl Ergon 31:463–477. https://doi.org/10.1016/S0003-6870(00)00009-0

Cram WA, Newell S (2016) Mindful revolution or mindless trend? Examining agile development as a management fashion. Eur J Inform Syst 25:154–169. https://doi.org/10.1057/ejis.2015.13

Daum M, Wedel M, Zinke-Wehlmann C, Ulbrich H (Hrsg) (2020) Gestaltung vernetzt-flexibler Arbeit; Beiträge aus Theorie und Praxis für die digitale Arbeitswelt. Springer, Berlin

DIN EN ISO 10075 (2018) Ergonomische Grundlagen bezüglich psychischer Arbeitsbelastung. Beuth, Berlin

DIN EN ISO 6385 (2016) Grundsätze der Ergonomie für die Gestaltung von Arbeitssystemen. Beuth, Berlin

DIN EN ISO 9241-210 (2019) Prozess zur Gestaltung gebrauchstauglicher interaktiver Systeme. Beuth, Berlin

Eurofound (2015) Sechste Europäische Erhebung über die Arbeitsbedingungen 2015. Item „Eigenverantwortung des Teams". https://www.eurofound.europa.eu/de/data/european-working-conditions-survey. Zugegriffen: 2. Juli 2020

Falck M (1991) Partizipative Systemgestaltung in Sozialen Organisationen. In: Brödner P, Simonis G, Paul H (Hrsg) Arbeitsgestaltung und partizipative Systementwicklung. VS Verlag, Wiesbaden, S 39–58

Gerlmaier A (2019a) Neue Gestaltungsoptionen oder Null-Puffer? In: Gerlmaier A, Latniak E (Hrsg) Handbuch psycho-soziale Gestaltung digitaler Produktionsarbeit. Gesundheitsressourcen stärken durch organisationale Gestaltungskompetenz. Springer Gabler, Wiesbaden, S 93–124

Gerlmaier A (2019b) Wer gestaltet die Arbeit im Zeitalter der Digitalisierung? In: Gerlmaier A, Latniak E (Hrsg) Handbuch psycho-soziale Gestaltung digitaler Produktionsarbeit. Gesundheitsressourcen stärken durch organisationale Gestaltungskompetenz. Springer Gabler, Wiesbaden, S 57–78

Gerlmaier A, Latniak E (2007) Zwischen Innovation und täglichem Kleinkrieg; Arbeits- und Lernbedingungen bei Projektarbeit im IT-Bereich. In: Moldaschl M (Hrsg) Verwertung immaterieller Ressourcen. Nachhaltigkeit von Unternehmensführung und Arbeit III. Hampp, München, S 131–170

Gerlmaier A, Latniak E (Hrsg) (2011) Burnout in der IT-Branche; Ursachen und betriebliche Prävention. Asanger, Kröning

Gerlmaier A, Latniak E (2013) Psychische Belastungen in der IT-Projektarbeit – betriebliche Ansatzpunkte der Gestaltung und ihre Grenzen. In: Junghanns G, Morschhäuser M (Hrsg) Immer schneller, immer mehr. Psychische Belastung bei Wissens- und Dienstleistungsarbeit. Springer, Wiesbaden, S 165–193

Gerlmaier A, Latniak E (2016) Mehr Autonomie, mehr Resilienz oder mehr Gestaltungskompetenz? Neue Wege psycho-sozialer Arbeitsgestaltung im Industrie 4.0-Zeitalter. Shortpaper bei der 14. Jahrestagung des Arbeitskreises Empirische Personal- und Organisationsforschung, 24./25. November 2016, Heinrich-Heine-Universität, Düsseldorf

Gerlmaier A, Latniak E (Hrsg) (2019) Handbuch psycho-soziale Gestaltung digitaler Produktionsarbeit. Springer Fachmedien Wiesbaden, Wiesbaden

Gesellschaft für Arbeitswissenschaft (GfA) (1999) Selbstverständnis der GfA e. V. GfA, Dortmund

GPM (2015) Makroökonomische Vermessung der Projektwirtschaft in Deutschland. Deutsche Gesellschaft für Projektmanagement e. V., Nürnberg

Grote G (1997) Autonomie und Kontrolle; Zur Gestaltung automatisierter und risikoreicher Systeme. vdf Hochschulverl. an der ETH Zürich, Zürich

Hacker W (1994) Arbeitsanalyse zur prospektiven Gestaltung der Gruppenarbeit. In: Antoni CH (Hrsg) Gruppenarbeit in Unternehmen. Konzepte, Erfahrungen, Perspektiven. Beltz, Weinheim, S 49–80

Hacker W (1995) Arbeitstätigkeitsanalyse Analyse und Bewertung psychischer Arbeitsanforderungen. Asanger, Heidelberg

Hacker W (2009) Arbeitsgegenstand Mensch: Psychologie dialogisch-interaktiver Erwerbsarbeit; Ein Lehrbuch. Pabst, Lengerich

Hacker W (2017) Gesundheitsförderliche Arbeitsgestaltung in KMU. BePr. https://doi.org/10.3730 7/j.2365-7634.2017.06.07

Hacker W (2018) Menschengerechtes Arbeiten in der digitalisierten Welt. Reihe Mensch-Technik-Organisation. vdf-Hochschulverlag an der ETH Zürich, Zürich

Harmsen D-M, Weiß G, Georgieff P (1991) Automation im Geldverkehr; Wirtschaftliche und soziale Auswirkungen. VS Verlag, Wiesbaden

Heidling E (2018) Projektarbeit. In: Böhle F, Voß GG, Wachtler G (Hrsg) Handbuch Arbeitssoziologie. Band 2: Akteure und Institutionen. Springer, Wiesbaden, S 107–236

Heisig U, Littek W, Gondek H-D (1992) Arbeitsprozeß, Sozialbeziehung und Rationalisierung bei qualifizierten Dienstleistungstätigkeiten; Besonderheiten, Perspektiven, Themen. In: Littek W, Heisig U, Gondek H-D (Hrsg) Organisation von Dienstleistungsarbeit. Sozialbeziehungen und Rationalisierung im Angestelltenbereich. Nomos editionsigma, Berlin, S 9–32

Herrmann T (2012) Kreatives Prozessdesign; Konzepte und Methoden zur Integration von Prozessorganisation, Technik und Arbeitsgestaltung. Springer, Berlin

Hirsch-Kreinsen H (2015) Einleitung: Digitalisierung industrieller Arbeit. In: Hirsch-Kreinsen H, Ittermann P, Niehaus J (Hrsg) Digitalisierung industrieller Arbeit. Die Vision Industrie 4.0 und ihre sozialen Herausforderungen. Nomos editionsigma, Baden-Baden, S 9–30

Hirsch-Kreinsen H, Ramge U (1994) Qualifizierte Gruppenarbeit; Leistungspolitische Probleme und betriebliche Gestaltungsfelder. In: Moldaschl M, Schultz-Wild (Hrsg) Arbeitsorientierte Rationalisierung. Fertigungsinseln und Gruppenarbeit im Maschinenbau. Campus, Frankfurt a. M., S 33–49

Hodgson DE (2004) Project work: The legacy of bureaucratic control in the post-bureaucratic organization. Organization 11:81–100. https://doi.org/10.1177/1350508404039659

Hodgson DE, Briand L (2013) Controlling the uncontrollable: 'Agile' teams and illusions of autonomy in creative work. Work Employ Soc 27:308–325. https://doi.org/10.1177/0950017012460315

Höge T (2019) Workplace flexibility and employee well-being; proposing a life-conduct perspective on subjectified work. Psychol Everyday Act 12:9–19

Imai M (1993) Kaizen; Der Schlüssel zum Erfolg der Japaner im Wettbewerb. Ullstein, Berlin

Imanghaliyeva AA, Thompson P, Salmon P, & Stanton NA (2020) A synthesis of sociotechnical principles for system design. In: Rebelo F, Soares MM (Hrsg) Advances in ergonomics in design. Proceedings of the AHFE 2019 International Conference on Ergonomics in Design, July 24–28, 2019, Washington D.C., USA, S 665–676

Institut DGB-Index Gute Arbeit (2016) Wie die Beschäftigten die Arbeitsbedingungen in Deutschland beurteilen: Mit dem Themenschwerpunkt: Die Digitalisierung der Arbeitswelt – Eine Zwischenbilanz aus der Sicht der Beschäftigten. DGB-Index Gute Arbeit – Der Report 2016, Berlin

Jeske T, Lennings F (Hrsg) (2020) Produktivitätsmanagement 4.0; Praxiserprobte Vorgehensweisen zur Nutzung der Digitalisierung in der Industrie. Springer Vieweg, Berlin

Janneck M, Hoppe A (Hrsg) (2018) Gestaltungskompetenzen für gesundes Arbeiten; Arbeitsgestaltung im Zeitalter der Digitalisierung. Springer, Berlin

Joshi A, Roh H (2009) The role of context in work team diversity research; a meta-analytic review. Acad Manag J 52:599–627

Jöns I (Hrsg) (2008) Erfolgreiche Gruppenarbeit. Gabler GWV-Fachverlage, Wiesbaden

Kalkowski P (2013) Projekte (Projektarbeit, Projektmanagement). In: Hirsch-Kreinsen H, Minssen H (Hrsg) Lexikon der Arbeits- und Industriesoziologie. Nomos, Baden-Baden, S 400–404

Kalkowski P, Mickler O (2009) Antinomien des Projektmanagements; Eine Arbeitsform zwischen Direktive und Freiraum. Nomos, Baden-Baden

Kalkowski P, Mickler O (2015) Kooperative Produktentwicklung; Fallstudien aus der Automobilindustrie, dem Maschinenbau und der IT-Industrie. Nomos, Baden-Baden

Kauffeld S (2001) Teamdiagnose. Hogrefe, Göttingen

Kauffeld S, Schulte EM (2019) Teams und ihre Entwicklung. In: Kauffeld S (Hrsg) Arbeits-, Organisations- und Personalpsychologie für Bachelor (3. überarbeitete Aufl.). Springer, Berlin, S 211–236

Kauffeld S, Handke L, Straube J (2016) Verteilt und doch verbunden: Virtuelle Teamarbeit. Gruppe. Interaktion. Organisation. Z Angew Organ Psychol 47(1):43–51

Kern H, Schumann M (1986) Das Ende der Arbeitsteilung? Rationalisierung in der industriellen Produktion; Bestandsaufnahme, Trendbestimmung. Beck, München

Kirchner S, Oppen M (2007) Das Ende der Reorganisationsdynamik? High Performance Work Practices als Muster der Reorganisation in Deutschland. Discussion Paper SP III 2007–103, Wissenschaftszentrum Berlin

Kötter W (2002) Projektarbeit – (k)ein Thema für die Arbeitspsychologie? In: Moldaschl M (Hrsg) Neue Arbeit – neue Wissenschaft der Arbeit? Festschrift zum 60. Geburtstag von Walter Volpert. Asanger, Heidelberg, S 399–416

Kötter W, Volpert W (1993) Arbeitsgestaltung als Arbeitsaufgabe – ein arbeitspsychologischer Beitrag zu einer Theorie der Gestaltung von Arbeit und Technik . Z Arb Wiss 47:129–140

Krause A, Baeriswyl S, Berset M, Deci N, Dettmers J, Dorsemagen C, Meier W, Schraner S, Stetter B, Straub L (2015) Selbstgefährdung als Indikator für Mängel bei der Gestaltung mobilflexibler Arbeit. Wirtschaftspsychologie 4–2014(1–2015):49–59

Kubek V, Velten S, Eierdanz F, Blaudszun-Lahm A (2020) Digitalisierung in der Pflege; Zur Unterstützung einer besseren Arbeitsorganisation. Springer Vieweg, Berlin

Kuhlmann M, Schumann M (2015) Digitalisierung fordert Demokratisierung der Arbeitswelt heraus. In: Hoffmann R, Bogedan C (Hrsg) Arbeit der Zukunft. Möglichkeiten nutzen – Grenzen setzen. Campus, Frankfurt a. M., S 122–141

Lange K, Longmuß J (2015) 6.3 Das PaGIMO-Veränderungsmodell. In: Zink KJ, Kötter W, Longmuß J & Thul M (Hrsg) Veränderungsprozesse erfolgreich gestalten. Springer Vieweg, Berlin, S 169–173

Latniak E (2013) Leitideen der Rationalisierung und der demografische Wandel; Konzepte und Herausforderungen. In: Hentrich J, Latniak E (Hrsg) Rationalisierungsstrategien im demografischen Wandel. Handlungsfelder, Leitbilder und Lernprozesse. Springer Gabler, Wiesbaden, S 27–57

Leimeister JM, Shkodran Z, Durward D, Blohm I (2016) Systematisierung und Analyse von Crowd-Sourcing-Anbietern und Crowd-Work-Projekten. Hans Böckler Stiftung, Düsseldorf

Lipnack J, Stamps J (1998) Virtuelle Teams; Projekte ohne Grenzen. Teambildung, virtuelle Orte, intelligentes Arbeiten, Vertrauen in Teams. Ueberreuter, Wien

Luczak H (Hrsg) (1997) Handbuch Arbeitswissenschaft. Schäffer-Poeschel, Stuttgart

Lutz B (1987) Das Ende des Technikdeterminismus und die Folgen: soziologische Technikforschung vor neuen Aufgaben und neuen Problemen. In: Lutz B (Hrsg) Technik und sozialer Wandel. Verhandlungen d. 23. Dt. Soziologentages in Hamburg 1986. Campus, Frankfurt, S 34–52

Majchrzak A (1997) What to do when you can't have it all; toward a theory of sociotechnical dependencies. Hum Relat 50:535–566. https://doi.org/10.1023/A:1016939819110

Malorny C (2014) Total Quality Management als Grundlage für die Entwicklung der Unternehmenskultur. In: Pfeifer T, Schmitt R (Hrsg) Masing Handbuch Qualitätsmanagement. Hanser, München, S 1042–1055

Manager Monitor (2017) Umfragen und Stimmungsbilder zu aktuellen Themen aus Steuerpolitik, Sozialpolitik, Arbeitspolitik, Europapolitik und Management. Ausgabe 01/2017 vom 07. Februar 2017. https://www.ula.de/wp-content/uploads/2017/02/20170208-manager-monitor.pdf. Zugegriffen: 4. Dez. 2019

Minssen H (2019) Dienstleistungsarbeit. In: Minssen H (Hrsg) Arbeit in der modernen Gesellschaft. Eine Einführung. Springer, Wiesbaden, S 143–158

Moore PV (2018) Tracking affective labour for agility in the quantified workplace. Body & Society 24:39–67. https://doi.org/10.1177/1357034X18775203

Mütze-Niewöhner S, Schlick CM, Luczak H (2018) Gruppen- und Teamarbeit. In: Schlick CM, Bruder R, Luczak H (Hrsg) Arbeitswissenschaft. Springer, Berlin, S 681–728

Mütze-Niewöhner S, Nitsch V (2020) Arbeitswelt 4.0. In: Frenz W (Hrsg) Handbuch Industrie 4.0: Recht, Technik, Gesellschaft. Springer, Berlin, S 1187–1217

Muzio D, Hodgson D, Faulconbridge J, Beaverstock J, Hall S (2011) Towards corporate professionalization: the case of project management, management consultancy and executive search. Curr Sociol 59:443–464. https://doi.org/10.1177/0011392111402587

Nandram S, Koster N (2014) Organizational innovation and integrated care: lessons from Buurtzorg. J Integr Care 22:174–184. https://doi.org/10.1108/JICA-06-2014-0024

Nordhause-Janz J, Pekruhl U (Hrsg) (2000) Arbeiten in neuen Strukturen? Partizipation, Kooperation, Autonomie und Gruppenarbeit in Deutschland. Hampp, München

Oberbeck H (2013) Dienstleistungsarbeit. In: Hirsch-Kreinsen H, Minssen H (Hrsg) Lexikon der Arbeits- und Industriesoziologie. Nomos, Baden-Baden, S 103–106

Pasmore W, Winby S, Mohrman SA, Vanasse R (2018) Reflections: sociotechnical systems design and organization change. J Change Manag 19:67–85. https://doi.org/10.1080/14697017.2018.1553761

Pfeiffer S, Sauer S, Ritter T (2014) Agile Methoden als Werkzeug des Belastungsmanagements? Eine arbeitsvermögensbasierte Perspektive. Arbeit 23. https://doi.org/10.1515/arbeit-2014-0206

Pipek V, Wulf V (2009) Infrastructuring: toward an integrated perspective on the design and use of information technology. JAIS 10:447–473. https://doi.org/10.17705/1jais.00195

Pruijt H (2003) Teams between neo-taylorism and anti-taylorism. Econ Ind Democracy 24:77–101. https://doi.org/10.1177/0143831X03241004

Raehlmann I (2017) Voraussetzungen der Entwicklung und Anwendung von Technik im Arbeitsprozess; Theoretische Ansätze und praktische Umsetzung. Z Arb Wiss 71:120–127. https://doi.org/10.1007/s41449-017-0053-z

Ries BC, Diestel S, Shemla M, Liebermann SC, Jungmann F, Wegge J, Schmidt K-H (2016) age diversityand team effectiveness. In: Schlick CM, Frieling E, Wegge J (Hrsg) Age-differentiated work systems. Springer, Berlin, S 89–118

Rothe I, Wischniewski S, Tegtmeier P, Tisch A (2019) Arbeiten in der digitalen Transformation – Chancen und Risiken für die menschengerechte Arbeitsgestaltung. Z Arb Wiss 73:246–251. https://doi.org/10.1007/s41449-019-00162-1

Rump J, Schabel F, Alich D, Groh S (2010) Betriebliche Projektwirtschaft; Eine Vermessung. Eine empirische Studie des Instituts für Beschäftigung und Employability (IBE) im Auftrag von HAYS. HAYS, Mannheim

Schattenhofer K (2006) Teamarbeit jenseits der Idealisierung – eine Untersuchung. In: Edding C, Kraus W (Hrsg) Ist der Gruppe noch zu helfen? Gruppendynamik und Individualisierung. Budrich, Opladen, S 77–93

Seymour T, Hussein S (2014) The history of project management. IJMIS 18:233. https://doi.org/10.19030/ijmis.v18i4.8820

Snyder JR (1987) Modern project management: how did we get here—where do we go? Proj Manag J 18:28–29

Som O, Jäger A (2012) Qualität auf dem Vormarsch; Aktuelle Trends im Einsatz und in der Nutzung innovativer Organisationskonzepte. Mitteilungen aus der PI-Erhebung, Nr. 62, FhG-ISI, Karlsruhe

Staab P, Prediger LJ (2019) Digitalisierung und Polarisierung; Eine Literaturstudie zu den Auswirkungen des digitalen Wandels auf Sozialstruktur und Betriebe. FGW, Düsseldorf

Stahl GK, Maznevski ML, Voigt A, Jonsen K (2010) Unraveling the effects of cultural diversity in teams: a meta-analysis of research on multicultural work groups. J Int Bus Stud 41:690–709. https://doi.org/10.1057/jibs.2009.85

Stewart GL (2006) A meta-analytic review of relationships between team design features and team performance. J Manag 32:29–55. https://doi.org/10.1177/0149206305277792

Sträter O (2019) Wandel der Arbeitsgestaltung durch Digitalisierung. Z Arb Wiss 73:253–260

Sydow J (1985) Der soziotechnische Ansatz der Arbeits- und Organisationsgestaltung; Darstellung, Kritik, Weiterentwicklung. Campus, Frankfurt

Trist EL, Bamforth KW (1951) Some social and psychological consequences of the longwall method of coal-getting. Hum Relat 4:3–38. https://doi.org/10.1177/001872675100400101

Ulich E (2011) Arbeitspsychologie. vdf Hochschulverl. an der ETH Zürich. Schäffer-Poeschel, Zürich

Wageman R, Gardner H, Mortensen M (2012) The changing ecology of teams; New directions for teams research. J Organiz Behav 33:301–315. https://doi.org/10.1002/job.1775

Warner M, Witzel M (2004) Managing in virtual organizations. Thomson Learning, London

Weber WG (1997) Analyse von Gruppenarbeit; Kollektive Handlungsregulation in soziotechnischen Systemen. Teilw. zugl.: Zürich, Eidgenössische Techn. Hochsch., Habil.-Schr., 1996. Huber, Bern

Weber WG (1999) Gruppenarbeit in der Produktion. In: Zölch M, Weber WG, Leder L (Hrsg) Praxis und Gestaltung kooperativer Arbeit. vdf Hochschulverl. an der ETH Zürich, Zürich, S 13–69

Wegge J (2004) Führung von Arbeitsgruppen. Hogrefe, Göttingen

Winby S, Mohrman SA (2018) Digital sociotechnical system design. J Appl Behav Sci 54:399–423. https://doi.org/10.1177/0021886318781581

Windelband L (2014) Zukunft der Facharbeit im Zeitalter „Industrie 4.0". JOTED 2:138–160

Winter S, Berente N, Howison J, Butler B (2014) Beyond the organizational 'container': Conceptualizing 21st century sociotechnical work. Inform Organ 24:250–269. https://doi.org/10.1016/j.infoandorg.2014.10.003

Womack JP, Jones DT, Roos D (1992) Die zweite Revolution in der Autoindustrie; Konsequenzen aus der weltweiten Studie aus dem Massachusetts Institute of Technology. Campus, Frankfurt a. M.

Open Access Dieses Kapitel wird unter der Creative Commons Namensnennung 4.0 International Lizenz (http://creativecommons.org/licenses/by/4.0/deed.de) veröffentlicht, welche die Nutzung, Vervielfältigung, Bearbeitung, Verbreitung und Wiedergabe in jeglichem Medium und Format erlaubt, sofern Sie den/die ursprünglichen Autor(en) und die Quelle ordnungsgemäß nennen, einen Link zur Creative Commons Lizenz beifügen und angeben, ob Änderungen vorgenommen wurden.

Die in diesem Kapitel enthaltenen Bilder und sonstiges Drittmaterial unterliegen ebenfalls der genannten Creative Commons Lizenz, sofern sich aus der Abbildungslegende nichts anderes ergibt. Sofern das betreffende Material nicht unter der genannten Creative Commons Lizenz steht und die betreffende Handlung nicht nach gesetzlichen Vorschriften erlaubt ist, ist für die oben aufgeführten Weiterverwendungen des Materials die Einwilligung des jeweiligen Rechteinhabers einzuholen.

Fluide Teams in agilen Kontexten – Grenzziehung und innere Strukturierung als Herausforderung für Selbstorganisation

Judith Neumer und Manuel Nicklich

2.1 Einführung

Prominente Ansätze agiler Projektarbeit – aktuell insbesondere in der Softwareentwicklung relevant, aber zunehmend auch in anderen Branchen – betonen die Relevanz der gesteigerten Selbstorganisation agiler Teams, die maßgebliche Effizienz- und Effektivitätsvorteile gegenüber klassischen Projektmanagementansätzen forciere. Selbstorganisierte Teamarbeit ist also ein zentrales Moment agilen Arbeitens. Allerdings machen die häufig anzutreffende räumliche Verteilung von Teams, der ebenfalls zentrale Anspruch der Kundenintegration in den agilen Entwicklungsprozess und die sich überlappenden Organisationsprinzipien von agilen Teams und nicht agilen Organisationsumwelten eine eindeutige Teamabgrenzung in der Praxis oft schwer. Es zeigt sich eine Fluidität agiler Teams, in der weder die innere Struktur, noch die Zugehörigkeit und die Grenzen nach außen immer klar benannt werden können, weder von Externen noch von den Teammitgliedern selbst. Dies steht in direktem Zusammenhang mit der Selbstorganisation im Team, die durch Uneindeutigkeiten in Struktur, Zugehörigkeit und Abgrenzung unter Druck gerät. In diesem Zusammenhang nimmt die Digitalisierung eine maßgebliche Rolle ein. Sie gilt unter anderem als Treiber bzw. Garant für die Entwicklung agiler Ansätze in der Projektarbeit (Overby et al. 2006; Häusling 2018), Overby et al. (2006) betonen etwa die direkten und indirekten Möglichkeiten, die IT-Technologie bietet, agile Anpassungen an sich schnell verändernde Umweltbedingungen

J. Neumer (✉)
Institut für sozialwissenschaftliche Forschung München, München, Deutschland
E-Mail: judith.neumer@isf-muenchen.de

M. Nicklich
Institut für Soziologie, FAU Erlangen-Nürnberg, Nürnberg, Deutschland
E-Mail: manuel.nicklich@fau.de

© Der/die Autor(en) 2021
S. Mütze-Niewöhner et al. (Hrsg.), *Projekt- und Teamarbeit in der digitalisierten Arbeitswelt,* https://doi.org/10.1007/978-3-662-62231-5_2

31

vorzunehmen. In unseren Untersuchungen zeigt sich jedoch, dass insbesondere die räumliche Verteilung von Teams auch durch digitale Tools nur begrenzt überbrückt werden kann.

Im Kontext dieser Entwicklungen stellen agile Teams weder eine klare Einheit dar, noch befinden sie sich in Auflösung. Im agilen Projektmanagement wird dem teambasierten Arbeiten im Vergleich zu klassischen Projektmanagementansätzen ein gesteigerter Wert für die Zielerreichung zugesprochen, indem das Team erweiterte Befugnisse zur Selbstorganisation erhält. Der genauere Blick zeigt, dass diese Befugnisse sich nicht nur auf die Arbeitsprozessebene und formale Fragen der Arbeitsorganisation beziehen, sondern auch die gleichsam konstituierenden Aspekte der Bestimmung von Teamgrenzen und der inneren Struktureinschließen. Die Etablierung und Aufrechterhaltung des Teams wird zur Daueraufgabe der Teammitglieder selbst. Grenzen und interne Struktur des agilen Teams werden im Zuge dessen prinzipiell kontingent und empirisch fluide. Dies bleibt in bisherigen Betrachtungen agiler Arbeitsorganisation sowie der Forschung zu Teamarbeit weitgehend unbeobachtet.

Agile Methoden und Arbeitsinstrumente (siehe Abschn. 1.2) liefern hier nicht per se „Lösungen", sondern schaffen im besten Fall einen Rahmen zur Klärung. Die Frage ob und wie dieser Rahmen genutzt werden kann, ist maßgeblich abhängig davon, ob die erweiterten Aufgaben in Selbstorganisation auch mit entsprechenden Rahmenbedingungen, Ressourcen und Anerkennung einhergehen. Unseren Untersuchungen nach entstehen aus einem entsprechenden Mangel spezifische Belastungen für agile Teams (siehe Abschn. 1.4).

Ziel des Beitrags ist daher die genauere Bestimmung der Konstitution von fluiden Teams in agilen Arbeitskontexten ihrer Bedeutung für selbstorganisierte Arbeitsprozesse sowie die Betrachtung von Voraussetzungen zur Bewältigung resultierender Aufgaben in Selbstorganisation. Hierfür werden erhobene Daten aus zwei Fallunternehmen der Softwareentwicklung genutzt. Es zeigt sich, dass Selbstorganisation und Fluidität sich gegenseitig beeinflussen. Der Beitrag betrachtet dies mit einem kritischen Blick auf die Zusammenhänge von Teambeschaffenheit und Selbstorganisation im Kontext der Nutzung (digitale Kollaborationstools als Arbeitsmittel) und Entwicklung (Software als Arbeitsgegenstand) digitaler Technologien.

2.2   Zentrale Elemente der Selbstorganisation in agilen Teams

Unter agilem Kontext verstehen wir die Konstellation, bei der Teams sich in ihrer Arbeit auf das im Zusammenhang von Softwareentwicklung entstandene agile Manifest beziehen. Darin werden vier Grundprinzipien formuliert, die erklären, dass in der Softwareentwicklung Individuen und deren Interaktion wichtiger als vordefinierte Prozesse, funktionsfähige Software wichtiger als Dokumentation, Anpassung wichtiger als reine Vertragserfüllung, enge Kooperation mit dem Kunden wichtiger als detaillierte Verträge sein sollten. Selbstorganisierte Teams, ausgeprägte Kundenintegration, ein iteratives

Vorgehen sowie kurzzyklische Entwicklung von Teilergebnissen können als die Basis-
elemente agilen Arbeitens betrachtet werden.

Der den Prinzipien und Basiselementen entsprechende und weltweit bei agiler
Projektarbeit am häufigsten verwendete Projektmanagementansatz ist Scrum, auf
diesen bezieht sich auch der vorliegende Beitrag. Die Selbstorganisation fußt hier auf
spezifischen agilen Methoden, Instrumenten und Rollen. Vorgesehen sind die drei
Rollen Product Owner (Arbeitsschwerpunkt Klärung und Integration der Kundenanforderungen), Scrum Master (Arbeitsschwerpunkt Moderation und Monitoring des
Scrum Prozesses) und Developer (Arbeitsschwerpunkt Softwareentwicklung). Alle
Rollenträger stehen in direkter Interaktion und begegnen sich dabei auf Augenhöhe,
es gibt keine Projektleitungsfunktion. Zentrale Methoden sind etwa die Organisation
von Entwicklungsaufgaben in kurzzyklischen „Sprints" von zwei bis vier Wochen,
an deren Ende jeweils ein Teilergebnis steht oder auch die Kommunikation in spezifischen Meetingformaten, im Kern: „Daily" zum täglichen kurzen Austausch über
Stand der Dinge und Unterstützungsbedarfe, „Review" zur Diskussion von Teilergebnissen und „Retrospektive" zur Diskussion von Problemen/Erfolgen im Verlauf des
letzten Sprints. Zentrale Instrumente sind etwa das „Backlog", in dem anstehende Entwicklungsaufgaben gesammelt und strukturiert werden oder auch das „burndown chart"
zur Betrachtung des aktuellen Fortschritts im laufenden Sprint. Diese und weitere agile
Methoden und Instrumente sollen der teaminternen Koordinierung, Kooperation und
Kommunikation aller Teammitglieder auf Augenhöhe dienen, also die teambasierte
Selbstorganisation ermöglichen. Im Rahmen der folgenden Ausführungen wird deutlich werden, dass es sich hierbei um hilfreiche, aber allein nicht hinreichende Voraussetzungen für agile Selbstorganisation handelt. Zum einen müssen die formalen agilen
Methoden, Instrumente und Rollen im Arbeitsalltag jeweils konkret gestaltet und inter-
pretiert werden. Zum anderen, darauf liegt der Schwerpunkt dieses Beitrags, sind sie in
jeweils betriebsspezifischen Zusammenhängen platziert, die maßgeblich auf sie zurück-
wirken.

2.3 Die Bestimmung des Teams im Kontext von Fluidität und Digitalisierung: Stand der Forschung

Teamarbeit zeichnet sich aus durch einen Arbeitsauftrag an mindestens drei Arbeitspersonen, welcher von diesen als gemeinsame Arbeitsaufgabe verstanden und in
Kooperation bearbeitet wird (Schlick et al. 2018). Teamarbeit kann demnach als aufgabenbezogener Kooperationszusammenhang verstanden warden (Schlick et al. 2018,
S. 682), welcher real oder virtuell, projektförmig, auf Dauer angelegt oder temporär
sein kann (Antoni 2000) und in seinem Autonomiegrad prinzipiell variieren kann (Grote
1997). Agile Teamarbeit geht mit einem eher hohen Autonomiegrad und mit einem eher
„people-centered" bzw. menschenzentrierten Ansatz (Cockburn and Highsmith 2001)
einher. Zu identifizieren, was ein erfolgreiches Team ausmacht, ist Zweck des in Harvard

und am Dartmouth College entwickelten Team Diagnostic Survey (TDS) (Wageman et al. 2005). Dieser definiert fünf Bedingungen, die erfüllt sein müssen, um von einem erfolgreichen Team sprechen zu können. Neben einem unterstützenden organisationalen Kontext, einer gemeinsamen Zielrichtung und entsprechendem Coaching sind dies auch eine die Arbeit des Teams ermöglichende (innere) Struktur sowie die Existenz eines „realen Teams". Die beiden letzten Aspekte sind entsprechend der Autor*innen jeweils durch drei Merkmale gekennzeichnet. Das reale Team definiert sich durch klare Grenzziehung, Interdependenz in der Zweckerfüllung und Stabilität der Zusammensetzung. Operationalisiert wird das Merkmal der klaren Grenzziehung über die Frage, ob alle Mitgliedereindeutig benennen können, wer Mitglied des Teams ist und diese auch von Externen klar benannt werden können. Die Interdependenz wird operationalisiert mit Fragen zu der Notwendigkeit von Kommunikation und Koordination sowie der wechselseitigen Abhängigkeit bei der Generierung eines Outputs. Im Hinblick auf die Stabilität steht die Frage nach dem Wechsel der Mitgliedschaft im Mittelpunkt. Die ermöglichende innere Struktur des Teams bestimmt sich hingegen über die Aspekte Aufgabendesign, Teamzusammensetzung und Teamnormen. Teamzusammensetzung meint hierbei die Größe, ein entsprechendes Maß an Diversität sowie ausreichend Talent, Erfahrung und spezielle Fähigkeiten im Team. Das Aufgabendesign wird über die Fragen nach einer klar identifizierbaren, sinnvollen Tätigkeit, der autonomen Erfüllung dieser Aufgabe sowie Wissen über das zu erwartende Ergebnis operationalisiert. Die Teamnormen definieren sich über das Ausmaß, in dem die Verhaltenserwartungen im Team bekannt und akzeptables Verhalten klar kommuniziert sind.

Gerade die im TDS operationalisierten Aspekte des „realen Teams" und der ermöglichenden inneren Struktur des Teams werden unseren Untersuchungen nach durch zunehmende Fluidität immer problematischer. In der Literatur zeigt sich indes keine einheitliche Definition fluider Teams. Was gemeint ist, variiert und wird jeweils mehr oder weniger weit gefasst. Zum Teil wird die Beschreibung von fluiden Teams recht eng formuliert, indem lediglich die Instabilität der Mitgliedschaft adressiert wird: „We call groups with unstable membership that organizations create and hold responsible for one or more outcomes fluid teams." (Bushe and Chu 2011, S. 181). Teils werden neben der Mitgliedschaft weitere Aspekte fluider Teams betont: „We define team fluidity as a team state characterized by team membership change, shorter team member tenure, unclear team boundary, and emergent team structure." (Chiu et al. 2017, S. 1). Mit Blick auf unsere empirischen Untersuchungen schließen wir uns dieser breiteren Beschreibung von Fluidität an und begreifen agile Teams als fluide Teams.

Obwohl der Aspekt auch im Kontext des TDS als besonders erfolgskritisch angesehen wird, ist die sich ständig verändernde Zusammensetzung bzw. die Fluidität von Teams nur selten Gegenstand der Forschung zu Teamarbeit (Summers et al. 2012; Bedwell et al. 2012). Dennoch wird Fluidität thematisiert, etwa bei Tannenbaum et al. (2012): „They [die Teams] change and adapt more frequently, operate with looser boundaries, and are more likely to be geographically dispersed. They experience more competing demands, are likely to be more heterogeneous in composition, and rely more on technology than did teams in prior generations." (Tannenbaum et al. 2012, S. 3).

Während Tannenbaum et al. (2012) digitale Technologie als veränderte Voraussetzung für Teamarbeit benennen, wird an anderer Stelle die direkte Einwirkung digitaler Technologie auf die Fluidität des Teams selbst betont (Chatterjee et al. 2017). Die Digitalisierung ermögliche vor allem Kommunikation und Koordination der Tätigkeiten, nehme allerdings auch Einfluss auf die Zusammensetzung und Struktur des Teams. Nicht zuletzt ermöglicht sie auch die Mitgliedschaft in unterschiedlichen Teams, in denen zeitgleich gearbeitet werden kann (Chatterjee et al. 2017). Dabei wird die Möglichkeit des persönlichen Austauschs hervorgehoben: „self-presentation [durch digitale Technologie] allows individuals to share their attributes with others (such as locations, knowledge, and connections to other individuals). Conversely, distant mobile copresence allows workers to engage in situations beyond theirimmediate physical environment. Thus, for example, with this practice, individuals at home canstill be contacted for, and can engage in, office-related work." (Chatterjee et al. 2017, S. 20). Das führe letztlich dazu, dass in durch digitale Technik geprägten Umgebungen die Fluidität zunehme, was von Chatterjee et al. (2017) nicht unbedingt negativ bewertet wird.

In der Literatur zu fluiden Teams lassen sich jedoch unterschiedliche Positionen ausmachen: Während einige Autor*innen in den wechselnden Team-Konstellationen positive Aspekte für die Performance des Teams erkennen (Tannenbaum et al. 2012; Bedwell et al. 2012), werden an anderer Stelle die erschwerten Bedingungen fluider Teams herausgearbeitet (Bushe and Chu 2011). Zentrale Gründe für Dysfunktionalitäten fluider Teams werden insbesondere in einem reduzierten Zugehörigkeitsgefühl (aufgrund geringem individuellem Commitment und wenig Zusammenhalt der Teammitglieder) sowie in der reduzierten Wirksamkeit der Teams (aufgrund des Verlorengehens individuellen Wissens und eines Mangels an gemeinsamen mentalen Modellen) gesehen (dazu auch Bedwell et al. 2012). Daher sei die Fluidität in Teams insgesamt zu reduzieren. Hierfür müsse insbesondere dem Prozess der Auswahl von Teammitgliedern mehr Aufmerksamkeit zuteilwerden (Bedwell et al. 2012). Darüber hinausgibt es Studien, die sich in der Bewertung eher zurückhalten und stattdessen Fluidität als eine neue Konstante betrieblicher Realität erachten, für die adäquate Umgangsweisen gefunden werden müssten (Bedwell et al. 2012).

Letztlich ist damit im Kontext agilen Arbeitens (insbesondere im nicht-agilen Unternehmensumfeld) und unter Bedingungen der Fluidität die Frage aufgeworfen, wer eigentlich das Team ist und wodurch es sich als solches auszeichnet? Unsere Untersuchungen zeigen, dass diese Fragen vor allem im Zusammenhang mit den Aspekten einer emergenten Teamstruktur und unklarer Teamgrenzen im Zusammenhang stehen.

Die Entwicklung einer Teamstruktur wird sowohl zur (impliziten oder expliziten) Team-aufgabe gemacht – nämlich als Anforderung an Selbstorganisation – als auch infrage gestellt, insbesondere dadurch, dass Grenzen agiler Teams uneindeutig werden und räumliche Verteilung agiler Teams – entgegen der agilen Anforderung der direkten Inter-aktion und physischen Kopräsenz – mehr und mehr zur Regel wird.[1] Unser Vorschlag wäre daher, das Phänomen der fluiden Teams in agilen Arbeitskontexten anknüpfend an Wageman et al. als „team-like behavior over time and across projects" zu begreifen (Wageman et al. 2012, S. 301). In diesem Sinne sind agile Teams durch eine spezifische Beschaffenheit gekennzeichnet, die sich von derjenigen klassischer Projektteams unter-scheidet (siehe Kap. 3).

In der heutigen Arbeitswelt kommen zunehmend Arbeits- und Organisations-methoden zum Einsatz, die auf Selbstorganisation abzielen. Die Frage, in welchem Zusammenhang zunehmende Selbstorganisation und Fluidität stehen, ist in der Literatur jedoch noch ungeklärt. Vor allem Fragen von Grenzziehungen und (emergenten) Teamstrukturen erhalten unter Bedingungen von Selbstorganisation eine besondere Relevanz. Die bisherige Literatur thematisiert überwiegend die Mitgliederzusammen-setzung. Doch gerade angesichts der zunehmenden Anwendung agiler Methoden und seiner konstitutiven Elemente, scheint dieses Begriffsverständnis verkürzt. Team-grenzen und -strukturen müssen als zentrale Dimensionen fluider Teams betrachtet und in Beziehung zu Selbstorganisation gesetzt werden. Bedeutsam ist dies vor allem deshalb, weil die beschriebenen Veränderungen praktische Anforderungen darstellen, mit denen die Beschäftigten in Teamarbeit in ihrem Arbeitsalltag umgehen müssen. Allzu oft sind sie dabei mit der impliziten oder expliziten Annahme konfrontiert, dass diese Anforderungen gerade durch die erweiterten Handlungsspielräume in Selbst-organisation problemlos und ohne nennenswerten Mehraufwand bewältigt werden könnten. Die selbstorganisierte Bearbeitung von Fluidität ist jedoch eine zusätzliche Aufgabe, die entsprechende Ressourcen (Zeit, Kompetenzen, Geld) benötigt und daher als solche anerkannt werden muss. Selbst*organisation* ist weder in klassischen Projekt-managementansätzen noch bei agilem Projektmanagement ein Selbst*läufer*. Sie bleibt auch hier voraussetzungsreich – umso mehr, je mehr Aufgaben und Befugnisse in Selbst-organisation bewältigt werden müssen. Unsere Untersuchungen zeigen, dass die agilen Methoden und Instrumente allein hierfür nicht ausreichen. Sie schaffen einen hilfreichen formalen Rahmen, der jedoch täglich mit praktischem Arbeitshandeln „gefüllt" werden muss. Welche gesamtbetrieblichen Bedingungen hierfür vorhanden sind, ist entscheidend dafür, wie effektiv die Methoden und Instrumente genutzt werden können.

---

[1]Letzteres gilt aufgrund internationalisierter Wertschöpfungsketten natürlich und schon seit geraumer Zeit auch für klassisch organisierte Projektteams.

2.4 Agile Selbstorganisation in fluiden Strukturen: empirische Ergebnisse

Wie sich die Situation von selbstorganisierten Teams in fluiden Strukturen darstellt, wird in zwei Fallunternehmen der Softwareentwicklung qualitativ untersucht. Anhand der Auswertung von 30 problemzentrierten Interviews mit Beschäftigten und Führungskräften, drei partizipationsorientierten Workshops mit Mitgliedern agiler Teams sowie Beobachtungen und Videoanalysen von sechs agilen Meetings, wird die Frage der Teambeschaffenheit in agilen Kontexten und das Verhältnis zwischen Selbstorganisation und Fluidität beleuchtet.

Erhoben wurden die Daten zwischen 2017 und 2019 im Kontext des durch das BMBF geförderten Forschungsprojekts ‚diGAP – Gute agile Projektarbeit in einer digitalen Welt'. Bei den beiden Softwareunternehmen handelt es sich einerseits um ein KMU mit 450 Beschäftigten, welches seine Projektarbeit bereits längerem nach agilen Maßstäben gestaltet, und andererseits um ein weltweit agierendes Unternehmen mit über 40.000 Beschäftigten, das sich derzeit in einem Wandlungsprozess befindet und im Zuge dessen punktuell bereits eingesetzte agile Methoden auf die Projekte im ganzen Unternehmen skalieren wollen. Beide Unternehmen haben hauptsächlich Geschäftskunden und Scrum ist das Mittel der Wahl, um ihre Projektarbeit zu gestalten. Ein zentraler Unterschied ist die nach wie vor eher bürokratisch-hierarchische Struktur im Falle des Großunternehmens, während im KMU die Zusammenarbeit viel stärker auf den Abbau von Hierarchie ausgelegt ist.

Im Ansatz folgt das Projekt der Idee partizipativer Forschung (Sauer 2017). Das bedeutet, dass nicht nur die Ist-Situation konkreter Arbeit und ihrer strukturellen wie kulturellen Einbettung erhoben wird, sondern es treten dezidiert angestoßene Veränderungsprozesse und deren Analyse im laufenden Prozess in den Vordergrund. Es wurden also nicht nur Problemszenarien in Bezug auf Teamarbeit in agilen Kontexten herausgestellt, sondern gleichermaßen bereits bestehende Praktiken im Umgang mit diesen Problemen herausgestellt oder neue Maßnahmen erarbeitet. Im Vordergrund stand bei allen Aktivitäten demnach der erfahrungsbasierte Einbezug der beteiligten Akteure und damit eine partizipative Gestaltung und Umsetzung der im Forschungsprojekt entwickelten Maßnahmen und Tools. Inwiefern sich im Hinblick auf die Teambeschaffenheit in agilen Kontexten Fragen zu Grenzen und Emergenz der Strukturen des Teams neu stellen,unterscheidet sich in den Teams der beiden Unternehmen nur unerheblich (so gibt es bisweilen größere Unterschiede zwischen Teams im eigenen Unternehmen als zwischen Teams der beiden Fallunternehmen) und so folgen wir in der weiteren Darstellungen auch keiner fallweisen Betrachtung. Vielmehr werden die Fragen zur Teambeschaffenheit im Folgenden beispielhaft an vier fallübergreifenden Problemszenarien illustriert, die im Kontext der Interviews und der Workshops mit den Teams in beiden Softwareunternehmen herausgearbeitet wurden: ausgeprägte Kundenintegration, Existenz eines Produktmanagers bei agilen Teams, Multi-Teamstrukturen und über mehrere Standorte verteilte Teams. Die auf den ersten Blick so unterschiedlichen

Beispiele haben gemeinsam, dass hier jeweils die Beziehung zur Umwelt unmittelbar relevant ist und die betroffenen Beschäftigten den Begriff „Team" ganz selbstverständlich für mehrere unterschiedliche arbeitsorganisatorische Konstellationen nutzen. Zudem zeigen alle Beispiele, mit welchen Herausforderungen und auch Belastungen agile Teams in den Fallunternehmen bei der Bewältigung der Selbstorganisationsaufgaben der Grenzziehung und der Entwicklung einer inneren Struktur konfrontiert sind. Für die Bewältigung reicht die Anwendung der oben beschriebenen agilen Methoden, Instrumente und Rollen allein nicht aus. Sie bedarf besonderer Voraussetzungen und Rahmenbedingungen, sollen Beschäftigte nicht in widersprüchliche Arbeitsanforderungen und Stress geraten.

2.4.1 Kundenintegration

Mit Blick auf die in agilen Ansätzen und insbesondere bei der Scrum-Methode starke Integration des Kunden in den Entwicklungsprozess zeigt sich empirisch, dass die Frage aufkommt, ob und inwiefern der Kunde auch zum agilen Team gehört. Im Scrum-Prozess leistet der Kunde zu den ganz konkreten alltäglichen Arbeitsabläufen und ineinandergreifenden Arbeitstätigkeiten der Softwareentwickler einen direkten Beitrag und ist dadurch sogar teilweise in den Produktionsprozess einbezogen. So arbeiten Product Owner und Kunde intensiv und kurztaktig inhaltlich zusammen, zudem nimmt der Kunde auch an definierten Teammeetings teil. Die Kundenintegration kann aber auch so weit gehen, dass Beschäftigte aus dem Kundenunternehmen als Product Owner in agilen Teams eingesetzt werden und somit eine definierte Rolle im Scrum-Team einnehmen oder dass der Kunde sich jederzeit mit spezifischen Anforderungen und Anfragen an einzelne Entwickler wenden kann. Obwohl insbesondere letzteres in den Lehrbüchern zu agilem Arbeiten nicht vorgesehen ist, findet ein solch „intensiver Durchgriff" durch den Kunden in der Praxis immer wieder statt. In unseren Untersuchungen wurde ein enger Zusammenhang zwischen der Form der Kundenzusammenarbeit und dem Grad an Selbstorganisation agiler Teams sowie der Möglichkeit eines nachhaltigen, belastungsarmen Arbeitsfortschritts deutlich. So leiden Beschäftigte unter gesteigertem Zeit- und Leistungsdruck, je häufiger und unregulierter ein Kunde neue Wünsche, Informationen, Anfragen etc. in laufende Arbeitsprozesse des agilen Teams einbringt. Dies führt zudem zu permanenten Unterbrechungen, die den Arbeitsfluss stören und die Zielerreichung gefährden, was von den Beschäftigten ebenfalls als belastend empfunden wird. In starkem Kontrast zu dieser praktischen Relevanz wird das Thema in der Forschung kaum diskutiert. Vielmehr wird agilen Methoden „Kundenzentriertheit" als Selbstverständlichkeit zugeschrieben, vor allem von den Führungskräften und Beschäftigten selbst.

Sowohl die formale als auch die informelle Grenze eines agilen Teams werden durch die starke Kundenintegration schwammig und zum Gegenstand von impliziten und expliziten Aushandlungen durch alle Beteiligten. Selbst die formale Grenze der

Organisation kann unter solchen Bedingungen letztlich nicht mehr zur Bestimmung der Teamgrenze herangezogen werden. Schwierig werden Fragen der Grenzziehung in Richtung Kunde vor allem in Bezug auf zwei Aspekte: 1) Der Kunde repräsentiert den Geld- und Auftraggeber und verfolgt damit in vielerlei Hinsicht grundlegend andere Interessen als die Beschäftigten des auftragnehmenden Unternehmens. Dies gilt bspw. hinsichtlich Geschwindigkeit des Entwicklungsprozesses und der Qualität von (Teil) Ergebnissen. Wohingegen Softwareentwickler ein ausgeprägtes Interesse an „sauberen" Codes und den dafür notwendigen Zeithorizonten im Entwicklungsprozess zeigen, sind Kunden (auch aus mangelndem softwaretechnischen Verständnis heraus) im Schwer-punkt daran interessiert, ein funktionierendes (Teil)Ergebnis in möglichst kurzer Zeit zu erhalten. Die Folgeaufwände durch unsauber programmierte Software werden dabei in der Regel kundenseitig unterschätzt. 2) Der Kunde arbeitet im agilen Entwicklungs-prozess bis zu einem gewissen Grad immer auch am eigentlichen Produkt mit. Dies wirft jedoch zum Teil sehr komplexe Fragen hinsichtlich des geistigen Eigentums von technischen Entwicklungen auf. Es ist daher für das Softwareunternehmen und dessen Beschäftigte von besonderer Wichtigkeit, eine möglichst klare Abgrenzung zwischen Kernprodukt und dem entsprechenden Entwicklungsknowhow einerseits und der Nutzer-perspektive und Kundenexpertise andererseits zu erzeugen. Derlei Aspekte sind Gegen-stand permanenter impliziter und expliziter Aushandlungen in agilen Teams. Das formale und informelle Ausmaß der Integration des Kunden in das agile Team muss je nach Interessenlage und technischen Anforderungen (beides variiert im Lauf des Ent-wicklungsprozesses) bestimmt werden.

Gleichzeitig ist die Integration des Kunden auch für die Selbstorganisation agiler Teams höchst ambivalent. Der direkte Kontakt zum Kunden kann die Selbstorganisation vereinfachen und effizienter machen, indem das Team Kundenwünsche direkt auf-greifen, angemessen und schnell reagieren und evtl. Missverständnisse kurzfristig klären kann. Durch eine starke Kundenintegration kann die Selbstorganisation jedoch auch unterminiert werden, wenn der Kunde dominant, kontrollierend oder sprunghaft auf-tritt und damit die kurz- und mittelfristigen Planungen im agilen Team und die einzelnen Arbeitsabläufe immer wieder konterkariert. Nicht nur zu Beginn eines Projekts bestehen zwischen Team und Kunden oft unterschiedliche Vorstellungen von Agilität sowie Erwartungen an die agile Zusammenarbeit. Das gilt zumal, wenn Akteure mit unterschied-lichem Agilitätsgrad an einem Projekt beteiligt sind. Werden die Voraussetzungen für die agile Zusammenarbeit nicht nach allen Seiten hin geklärt, gerät die Arbeitsweise der agilen Teams leicht unter Druck, insbesondere dann, wenn das Team in diesem Klärungs-prozess von Führungsseite keine Unterstützung zur Wahrung ihrer arbeitsinhaltlichen Interessen erhält. Empirisch bewährt hat sich eine systematische Integration des Kunden, bei der dessen direkter Einfluss durch eine „Pufferfunktion" (z. B. Product Owner) gemindert wird oder der Einbezug nur in bestimmten Meetings erfolgt. Durch einen solchermaßen direkten aber zeitlich und situativ beschränkten Einbezug des Kunden kann die Selbstorganisation geschützt werden bei gleichzeitig systematischer Grenzziehung, was von den betroffenen Beschäftigten als positiv und entlastend erfahren wird.

2.4.2 Agile Teams in klassischen Führungsstrukturen

In der Regel sind agile Teams derzeit und mit hoher Wahrscheinlichkeit auch zukünftig in nicht-agilen oder hybriden (also nur zum Teil agilen) Gesamtorganisationen eingebettet. Der dem eigenen Anspruch nach durch Hierarchiefreiheit und Selbstorganisation geprägte Arbeitszusammenhang in agilen Teams muss also in hierarchische und fremdorganisiert geprägte Umwelten eingebettet werden. Dies sieht zumeist so aus, dass „oberhalb" der Teamebene ein klassischer Projektleiter, Produktmanager oder eine andere Funktion als Führungskraft fungiert. Diese Führungskraft muss Einblicke in die Arbeit des Teams gewinnen und verfügt über je spezifische Weisungsbefugnisse. Sollen die Prinzipien agiler Projektarbeit (insb. Selbstorganisation und hierarchielose Interaktion auf Augenhöhe) jedoch nicht unterminiert werden, erfordert dies von der entsprechenden Führungskraft eine besondere Form der Zusammenarbeit mit und Positionierung zu einem agilen Team. Empirisch beobachtbar ist hingegen, dass agile Teams oftmals mit Führungsstrukturen konfrontiert sind, die einem eher klassischen Verständnis von Weisungsbefugnis und Kontrolle verbunden sind, sodass letztlich doch eine de-facto-Projektleitungsfunktion installiert wird. Dabei werden dann führungsseitig die mit agiler Selbstorganisation verbundenen gesteigerten Effizienz- und Effektivitätseffekte erwartet, die hierfür notwendigen Voraussetzungen jedoch nicht geschaffen. Dies führt zu widersprüchlichen Arbeitsanforderungen aufseiten der Teammitglieder und enttäuschten Erwartungen sowohl führungs- als auch beschäftigtenseitig.

Dies zu vermeiden, erfordert einen gewissen Aushandlungs- und Gestaltungsaufwand. Im konkreten empirischen Positivbeispiel ist der vorhandene Produktmanager formaler Vorgesetzter des Product Owners. Product Owner und Produktmanager definieren sich aber als Arbeitstandem, das mit unterschiedlichen Verantwortungsbereichen auf Augenhöhe zusammenarbeitet. Der Produktmanager nimmt bewusst keine direktive Haltung gegenüber dem Product Owner oder dem weiteren agilen Team ein. Er schränkt seine Weisungsbefugnisse selbst soweit ein, dass er möglichst keinen direkten Einfluss auf die selbstorganisierten Prozesse im Team ausübt und bleibt in vielerlei Hinsicht bewusst in Unkenntnis darüber, welche Entscheidungen das Team auf der Arbeitsprozessebene in welcher Form trifft. Stattdessen begreift er sich als eine Art eng gekoppelten „Teamsatellit", dessen Aufgabe es ist, das agile Team von bestimmten, sich zu Agilität widersprüchlich oder konflikthaft verhaltenden organisatorischen und finanztechnischen Aspekten der nicht-agilen Unternehmensorganisation „abzupuffern", sodass die interne Selbstorganisation des Teams von externen Ansprüchen möglichst unbelastet bleibt. So klärt und erläutert er die Voraussetzungen und Besonderheiten der agilen Arbeitsweise in Richtung oberes Management und handelt mit diesem verlässliche Rahmenbedingungen aus, er leistet „Vermittlungs- und Übersetzungsarbeit" in Richtung nicht-agil arbeitender Unternehmensbereiche (z. B. Vertrieb, Rechtsabteilung) und schafft in neuen Kundenkontakten erste grundlegende Übereinkünfte zur agilen Zusammenarbeit. Er nimmt somit also zum einen eine hochfunktionale Rolle für die Selbstorganisation des Teams ein, indem er essenzielle Voraussetzungen hierfür in der Gesamtorganisation und in

Richtung Kunde schafft. Zum anderen schafft er dadurch für das Team die Möglichkeit, sich gegenüber spezifischen Ansprüchen einer nicht-agilen Organisation inhaltlich, prozessual und personell abzugrenzen. Gleichzeitig steht er in einem direkten intensiven Arbeitszusammenhang mit dem Product Owner und kann selbst die Teamgrenze nach innen und außen nach eigenem Ermessen überschreiten bspw. indem er situativ über den Product Owner mehr oder weniger starken Einfluss auf die teaminternen Arbeitsprozesse nimmt (insbesondere hinsichtlich der Formulierung von Zielen und deren Dringlichkeit). Der Produktmanager nimmt also keine klassische Führungsrolle ein, sondern agiert eher als erweitertes Teammitglied mit funktionaler Rolle für die teaminterne Selbstorganisation und die Grenzziehungsprozesse zur umgebenden Organisation, kann aber prinzipiell jederzeit in seinem Verhalten einen stärkeren Fokus auf klassische Führungsansätze legen. Diese besondere Konstellation beruht auf einem etablierten Vertrauensverhältnis zwischen dem operativen Team und dem Produktmanager als Teamsatellit. Sie ist in keiner Weise formal festgehalten, sondern Ergebnis informeller Vereinbarungen und impliziter Übereinkünfte, die im Zweifelsfall jeweils aktualisiert oder gar neu ausgehandelt werden müssen.

2.4.3 Agile Multi-Teams

Als besonders komplex zeigen sich Konstellationen von Multi-Teams, also große Scrum-Teams in denen mehrere agile Teilteams arbeitsteilig an einem gemeinsamen Produkt arbeiten. Multi-Teams können personell so umfangreich und arbeitsteilig so ausdifferenziert sein, dass es selbst für die Teammitglieder schwierig ist, den Überblick zu behalten. Empirisches Beispiel ist ein größeres Produktentwicklungsprojekt, in dem teilproduktspezifische Kundenaufträge im Verbund mehrerer funktionaler Teilteams bearbeitet werden. So werden beispielsweise die Kundenanforderungen von einem Vertriebsteam aufgenommen und an ein Entwicklungsteam weitergegeben. Hierfür ist es notwendig, dass das Vertriebsteam die agile Arbeitsweise des Entwicklerteams grundlegend versteht und auch entsprechend in der Auftragsvorbereitung berücksichtigen kann (dies geht bis hin zur agilen Vertragsgestaltung). Dabei stößt man jedoch an Grenzen. So ist es dem Vertriebsteam bspw. nicht möglich, das Prozedere der agilen Aufwandsschätzung im Rahmen eines Sprints durch das Entwicklerteam zu antizipieren. Das agile Entwicklungsteam wiederum steht immer wieder vor dem Problem, dass ihm das „Gesamtbild" fehlt, sowohl was die Kundenanforderungen betrifft, denn der Kontakt findet nur vermittelt über das Vertriebsteam und später den Product Owner statt, als auch bezüglich der übergreifenden Entwicklung des Gesamtprodukts (etwa: In welche Richtung soll es grundsätzlich weiterentwickelt werden? Was sind wichtige nächste strategische Schritte? Welches Teilteam arbeitet gerade woran?). Die Beschäftigten empfinden dies durchaus als belastend, da sie in Selbstorganisation gesteigerte Verantwortung übernehmen sollen, ihnen jedoch relevante Kontextinformationen für adäquat aufeinander abgestimmte Arbeitsprozesse fehlen. Im Zusammenspiel dieser

Herausforderungen kommt es damit laufend zu dem Phänomen des „Eisberg"-Problems: Ein zu Sprintbeginn geschätzter Aufwand stellt sich im Sprintverlauf als deutlich größer heraus, weil viele grundlegende Anforderungen nicht von vornherein klar sind.

Trotz der komplexen Struktur kann bei diesem Beispiel keine Rede davon sein, dass die differenzierte Arbeitsteilung zu einer de facto Silo-Struktur führt und sich das agile Multi-Team und deren einzelne Mitglieder folglich nicht als ein Gesamtteam begreifen. Im Gegenteil sorgt gerade die besondere Organisationsform des agilen Arbeitens dafür, dass die Teilteams sich verhältnismäßig stark aufeinander beziehen und sich sehr wohl als zusammengehörig definieren. Gleichzeitig sind sie mit besonderen Herausforderungen bezüglich Selbstorganisation und Grenzziehung konfrontiert.

In Multi-Teams sind die Grenzziehungen zwischen den Teilteams mitunter nicht eindeutig und werden auch situativ neu bestimmt. So gibt es immer wieder Projektphasen, in denen es notwendig ist, dass das Entwicklerteam und das Testteam intensiv zusammenarbeiten und daher zeitweise neue Kooperationsstrukturen etabliert werden. Auch in Planungsphasen müssen Multiteams sich insgesamt deutlich stärker integrieren, um sich dann in einer anschließenden Arbeitsphase wieder mehr auf einzelne Aufgabenbereiche hin zu differenzieren. Die notwendige situative Bestimmung und Gestaltung von internen Grenzziehungen und Kooperationsformen führt also zu einer permanenten Arbeit an der inneren Teamstruktur, die laufend aktuellen Anforderungen angepasst werden muss. Dies ist gleichermaßen eine Aufgabe, die die Teilteams und das Gesamtteam in Selbstorganisation bewältigen müssen. Die Lösungen hierfür liegen nicht immer auf der Hand, insbesondere da das Tagesgeschäft die Kapazitäten in der Regel bindet und wenig Raum zur Klärung übergreifender Organisationsfragen bleibt. Im empirischen Beispiel versuchen die Teilteams sich gegenseitige Einblicke zu ermöglichen, indem Vertreter wechselseitig an bestimmten agilen Meetings und weiteren Besprechungen teilnehmen. Allerdings geraten die Beschäftigten auch hier schnell ihre Grenzen, da schon im regulären Tagesgeschäft viel Zeit für Besprechungen aufgewandt werden muss.

2.4.4 Verteilte agile Teams

Eine große Herausforderung für die Integration eines agilen Teams stellt die räumliche Verteilung über zwei oder mehrere Standorte hinweg dar.[2] Die räumliche Distanz erschwert die direkte Kommunikation und Kooperation. Dieses Problem wird vor allem mithilfe von digitalen Kollaborationstools (angefangen bei Videotelefonie bis hin zu komplexen Kooperationsplattformen) zu lösen versucht. Die Analyse der

---

[2]Das Phänomen der agilen Arbeit in verteilten Teams gewinnt immer mehr an Bedeutung. So sind Entwicklungsprojekte generell zunehmend über verschiedene Standorte hinweg angesiedelt und sie werden zunehmend agil organisiert (Ramesh et al. 2006; Eckstein 2009). Scrum und Extreme Programming sind dabei die am häufigsten eingesetzten agilen Methoden (Vallon et al. 2018).

Beobachtungen von agilen Meetings hat jedoch gezeigt, dass diese Tools nur bis zu einem gewissen Grad die persönliche Interaktion vor Ort ersetzen können. Dies hängt insbesondere damit zusammen, dass in verteilten Teams auch starke sozialstrukturelle und arbeitsorganisatorische Differenzen bestehen: angefangen bei Sprache und Kultur, über unterschiedliche organisationale Einbettung, Gehaltsstrukturen und Ungleich-verteilung von agilen Rollen, bis hin zu völlig unterschiedlicher Stellung im unter-nehmensinternen Macht- und Hierarchiegefüge. Beispielsweise befindet sich der Product Owner in der Regel im Teilteam am Hauptstandort, dieses Teilteam hat dadurch einen Vorteil hinsichtlich Informationslage und Kontakt zum Kunden und steht in der Regel in einem besseren Kontakt mit Führungskräften und oberem Management. Dies führt außerdem oftmals dazu, dass die inhaltlich interessanten und prestigeträchtigen Arbeitsaufgaben überwiegend im Teilteam am Hauptstandort bearbeitet werden. Derlei Differenzen manifestieren sich in spezifischen Anforderungen und Problemen der selbst-organisierten Zusammenarbeit. Die räumliche Distanz führt jedoch dazu, dass diese vielschichtige Ungleichheit im Arbeitsalltag in der Regel nicht adressiert, geschweige denn kooperativ bearbeitet werden kann. Die Teilteams empfinden dann eine deutliche Zäsur zwischeneinander, die Teammitglieder betrachten die direkten Kolleg*innen am eigenen Standort als die jeweils „eigentlichen" Teamkolleg*innen. An Nebenstand-orten empfinden die Beschäftigten einen Mangel an Anerkennung ihrer Expertise und Leistungsfähigkeit, insbesondere dann, wenn sie sich auf arbeitsinhaltlicher Ebene in die Rolle einer „verlängerten Werkbank" gedrängt sehen.

Unter diesen Bedingungen gerät Selbstorganisation unter massiven Druck. Unseren Untersuchungen nach liegt dies vor allem daran, dass verteilte Teams nur sehr begrenzte Möglichkeiten haben, sich zentrale Voraussetzungen für Selbstorganisation zu erarbeiten. Diese sind a) der teamweite Austausch und Erwerb von Erfahrungswissen über agiles Arbeiten („Was verstehen wir darunter?") sowie über das jeweilige agilitätsbezogene Erfahrungswissen, die fachliche Expertise und die Persönlichkeit der Teamkolleg*innen, b) die Entwicklung einer gemeinsamen Sprache im Sinne geteilter Interpretationen von Begriffen und Aussagen und c) die laufende inhaltliche und zeitliche Synchronisation in laufenden Arbeitsprozessen, also über funktionale Arbeitsteilung und formale Integration von Teilergebnissen hinaus. Die räumliche Verteilung macht es schwierig, diese Voraussetzungen zu schaffen. Hierfür gibt es relativ offensichtliche Gründe, wie z. B. technische Probleme mit digitalen Kommunikations- und Kollaborationstools wie Skype, JIRA etc. oder deren eingeschränkte Flexibilität gegenüber physischen Zusammen-arbeitsmethoden. Die sprachliche Vermittlung kann eine Herausforderung darstellen, wenn Teile des Teams nicht in der Muttersprache kommunizieren, z. B. bei der Über-setzung von Fachbegriffen oder auch bei der Vermittlung von Kundenanforderungen. Zudem erschweren unterschiedliche Arbeitsrhythmen die standortübergreifende Koordinierung von Meetings, Calls usw.

Besonders schwer wiegen jedoch zwei Herausforderungen, die nicht auf den ersten Blick erkennbar sind. Digital vermittelte Kommunikation (Skype, Chat, Mail etc.) ist in verteilten Teams unerlässlich, sie eröffnet enorme Möglichkeiten der

Zusammenarbeit und die entsprechenden Anwendungen werden von den Beschäftigten in der Regel gerne genutzt. Dennoch stellt sie keinen Ersatz für die unmittelbare und persönliche Kommunikation dar, sondern kann diese immer nur ergänzen. So fehlen unseren Erhebungen nach bei ausschließlich digital vermittelter Kommunikation, die permanenten situativen Gelegenheiten für den Austausch expliziter und impliziter Informationen sowie für explizite und implizite Klärungsprozesse quasi ‚nebenbei‘. Diese Klärungsprozesse finden bei Weitem nicht nur im Rahmen der formalen Scrum-Meetings statt, sondern vor allem auch in laufenden Arbeitsprozessen und informellem Austausch. Fehlen diese situativen Gelegenheiten, passiert es, dass Missverständnisse nicht geklärt werden, sondern lange Zeit bestehen bleiben und sich evtl. sogar potenzieren. Als Folge entwickelt sich eine entsprechende Unzufriedenheit im Team. Zudem ist es äußerst schwierig, in ausschließlich digital vermittelter Kommunikation ein Gespür für die anderen Teammitglieder, deren Aussagen und Handlungen zu entwickeln.

Die zweite besonders schwierige Herausforderung liegt darin, über die Standorte hinweg eine Interaktion auf Augenhöhe zu etablieren. Neben dem zweifelsohne wichtigen Aspekt unterschiedlicher Arbeitskulturen und -mentalitäten wiegen unseren Untersuchungen nach die oben bereits angesprochenen strukturellen Aspekte deutlich schwerer, die mit expliziten und impliziten Macht- und Interessensungleichgewichten zwischen Haupt- und Nebenstandorten im Zusammenhang stehen, welche wiederum in den konkreten Arbeitsprozessen latent oder manifest eine Rolle spielen und die für gelungene Selbstorganisation notwendige Kooperation und Kommunikation negativ beeinflussen.

Verteilte agile Teams, denen es gelingt, solchen Problemen entgegenzuwirken tun dies, indem sie aktiv und dauerhaft an ihrer inneren Teamstruktur arbeiten. Im Kern steht dabei die Etablierung und dauerhafte Pflege des persönlichen Kontakts unter allen Teammitgliedern durch wiederkehrende wechselseitige individuelle Besuche vor Ort und durch regelmäßige übergreifende Teamzusammenkünfte. Der persönliche direkte Kontakt schafft die Voraussetzungen dafür, dass das Team eine gemeinsame Vorstellung von agilem Arbeiten entwickeln kann, dass man die Denkweise der Kolleg*innen kennenlernen kann, dass man gemeinsame Interpretationen finden kann und über den formalen Rahmen hinaus, also jenseits von agilen Meetings kommuniziert sowie über Anwendungen in Kollaborationstools hinaus kooperiert. Das persönliche Kennenlernen befördert damit die notwendige Synchronisierung über die Standorte hinweg in besonderem Maß, man stimmt sich auch zusätzlich zu und zwischen offiziellen Meetings und der Nutzung agiler Tools informell und situativ ab. Erst dann gelingt es, sich als Team mit einer gemeinsamen Aufgabe zu begreifen und zur erfolgreichen Bearbeitung dieser Aufgabe eine selbstorganisierte interne Verteilung von Aufgaben und Verantwortlichkeiten sowie gemeinsam entwickelte und akzeptierte Kommunikations- und Kooperationspraktiken zu etablieren – also eine tragfähige Teamstruktur auszuhandeln, aufrecht zu erhalten und bei Bedarf anzupassen. Damit wird auch die räumlich und organisationsstrukturell induzierte Grenzziehung innerhalb des Teams aufgelöst und das *gesamte* Team als definierte Einheit an den einzelnen Standorten stärker repräsentiert.

2.4.5 Grenzziehung und interne Strukturierung als permanente Aufgabe in Selbstorganisation

Die empirischen Beispiele machen deutlich, dass über agile Teamarbeit isoliert von Fragen der Grenzziehung und Herausbildung von Teamstrukturen nicht nachgedacht werden kann. Beides muss außerdem als spezifische Aufgaben der Selbstorganisation in entsprechenden agilen Teams betrachtet werden, die nicht allein durch die lehrbuchgetreue Anwendung von Scrum bewältigt werden können. Die betrieblich-organisationale Einbettung dessen, was als agiles Team betrachtet werden kann, stellt hierbei einen zentralen Aspekt dar, der die Frage der Grenzziehung erst bedeutsam macht. Die Selbstorganisation agiler Teams findet in bestehenden organisationalen Strukturen statt und muss entsprechend mit bestehenden Bedingungen in Einklang gebracht werden, insbesondere mit hierarchischen und Führungsverhältnissen sowie internationalisierten Unternehmensstrukturen. Der Blick auf die formale Zugehörigkeit zu einer definierten Gruppe reicht nicht aus, um die besonderen Anforderungen an agile Selbstorganisation in fluiden Strukturen zu erfassen. Notwendig ist vielmehr die Betrachtung der alltäglichen Arbeitsprozessebene, auf der ganz konkrete Fragen von Inklusion und Exklusion, von Einbindung und Abgrenzung in alltäglichen Kooperations- und Kommunikationsprozessen zwischen Standorten, zwischen Hierarchieebenen und mit Kunden bearbeitet werden müssen. Dies erfolgt eben nicht nur über formale Regelungen von Zugehörigkeit und Weisungsbefugnissen, sondern vor allem auch im Rahmen informeller Zusammenarbeit und Aushandlungen. Dies bedeutet auch, dass sowohl die Grenzen als auch die interne Struktur agiler Teams immer nur vorläufig sind und sich verändern können oder auch müssen, sobald sich die Umweltbedingungen in der Gesamtorganisation oder auch bezüglich des Kunden verändern (Reorganisation, Standortwechsel/-neuerungen, neue Ansprechpartner beim Kunden, veränderte Anforderungen oder Vorgehensweisen beim Kunden etc.). In solchen Konstellationen kann das Team nicht zu jedem Zeitpunkt eindeutig bestimmt und formal definiert werden. Im Gegenteil sind vergleichsweise lange Phasen oder sogar dauerhafte Konstellationen der latenten oder manifesten Uneindeutigkeit beobachtbar.[3] Dennoch besitzt die Idee des Teams als Bezugseinheit besondere Relevanz für die zusammenarbeitenden Personen und die umgebende Organisation.

---

[3]Auch im klassischen Projektmanagement, das ja einen Kontrapunkt zur hierarchischen Linien- und Bereichsorganisation markiert, spielt Selbstorganisation eine wichtige Rolle. Und auch hier gibt es funktionale und dysfunktionale Aspekte und Phasen von Uneindeutigkeit. Agile Projektmanagementansätze treten jedoch mit dem Anspruch eines demgegenüber nochmals gesteigerten und erweiterten Fokus auf Selbstorganisation an. Wie empirisch dargestellt, sind agile Teams in besonderem Maße mit dem Phänomen der Fluidität behaftet, da und insofern diese nicht von einer Projektleitung oder aus der weiteren Hierarchie geklärt, sondern vom Team selbst geregelt werden muss.

Projektteams, ob agil oder nicht-agil, stellen mehrschichtige und komplexe soziale Arbeitsgefüge dar, innerhalb derer mitunter Sub- und Teilteams auch organisationsübergreifend eingebettet sind und in denen die Formen und Strukturen der Selbstorganisation als gemeinsamer Bezugspunkt jeweils von aktuellen inhaltlichen Aufgaben und organisatorischen Herausforderungen geprägt sind. Mehr als in klassischen Projektmanagementansätzen sehen sich agile Teams jedoch mit der besonderen Herausforderung konfrontiert, diese Formen und Strukturen der Selbstorganisation auch selbst herzustellen. Die Frage „Wer ist das Team und wie arbeiten wir zusammen?" muss das Team maßgeblich selbst bearbeiten und beantworten. Dies kann unter den skizzierten Umständen jedoch nur jeweils situativ sowie oftmals auch nur uneindeutig erfolgen und wird zum Kristallisationspunkt: Die Klärung der Team-Frage ist gleichermaßen Voraussetzung und Gegenstand agiler Selbstorganisation. Dass dies kein reibungsloser Prozess sein kann, der im Gegenteil auch Belastungen für die betroffenen Beschäftigten mit sich bringt, wurde in den empirischen Beispielen bereits angesprochen und wird an anderer Stelle weiter vertieft.[4] Im Rahmen der vorliegenden Untersuchungen wurden Gestaltungsempfehlungen entwickelt, die solchen Belastungen vorbeugen können und die gleichermaßen die Selbstorganisation in agilen Teams stärken, indem Wege zur konstruktiven Grenzziehung und zur tragfähigen internen Strukturierung aufgezeigt werden. Im Folgenden wird ein knapper Überblick gegeben.[5]

2.5 Empfehlungen für die Stärkung von agiler Selbstorganisation unter Bedingungen von Fluidität

Im Folgenden werden formale generalisierte Modelle zur Stärkung agiler Selbstorganisation skizziert. Diese sind weder für alle Kontexte in gleicher Weise anwendbar, noch lösen sie alle beschriebenen Herausforderungen. Zum einen wird es bei der Anwendung immer darum gehen, das gegebene Modell mit Blick auf die konkreten Umstände anzupassen. Zum anderen können die Modelle selbst nur Bausteine auf dem Weg zur Verbesserung der Rahmenbedingungen und Abläufe agiler Selbstorganisation sein. Sie müssen jeweils insbesondere durch den Blick auf informelle Formen, Möglichkeiten und Bedarfe zur Unterstützung agiler Selbstorganisation ergänzt werden.

Praktisch gesehen, stellt sich jedoch die Frage, wann die jeweiligen Modelle zum Einsatz kommen sollen. Allgemein gesprochen, müssen die oben genannten Aspekte einer

---

[4]Für die umfassende Darstellung und Diskussion entsprechender Belastungen siehe bspw. (Pfeiffer et al. 2014).

[5]Für genauere Darstellungen siehe https://gute-agile-projektarbeit.de/massnahmen. Die Modelle sind vor allem auf die agile Methode Scrum ausgerichtet, können jedoch auch für andere agile Methoden nutzbar gemacht werden.

ständigen Überprüfung unterzogen werden. Konkret wurde im Kontext des diGAP-Projekts zur Unterstützung dieser Frage ein Selbstcheck entwickelt, der agil arbeitenden Teams die Reflexion der eigenen Arbeit ermöglicht.[6] Der Selbstcheck kann von den agilen Teams durchgeführt werden und liefert differenzierte Informationen hinsichtlich welcher eng mit den oben genannten Problemszenarien verbundenen Dimensionen ein Nachbesserungsbedarf besteht. Damit werden sowohl konkrete Schwellenwerte für die Anwendung der Modelle geboten als auch der formale sowie informelle Austausch zu Fragen bezüglich der Teilaspekte agiler Projektarbeit angestoßen. Der Selbstcheck dient also auch als Initiierung zur aktiven Grenzziehung und internen Strukturierung auf Teamebene.

2.5.1 Modell der dauerhaften Teamentwicklung zur Stärkung agiler Selbstorganisation

Gelungene agile Selbstorganisation auf Basis funktionierender Kommunikation, Kooperation und Koordination zeichnet sich dadurch aus, dass die arbeitsbezogenen Bedarfe aller Teammitglieder berücksichtigt und Einzelaufgaben funktional und effektiv integriert werden, adäquater formaler und informeller Austausch stattfindet, teamspezifische explizite und implizite Arbeitsnormen und -regeln etabliert werden, auf deren Basis Perspektivenwechsel stattfinden, wechselseitiges Vertrauen entstehen und Verantwortung für die eigene und die Teamaufgabe übernommen werden kann. Tragfähige und funktionale Kommunikation, Kooperation und Koordination sind jedoch kein automatisches Nebenprodukt der Implementierung agiler Methoden, sondern müssen durch dauerhafte Teamentwicklung nachhaltig etabliert werden. Die Anwendung des Modells bietet sich insbesondere dann an, wenn im Zuge des Selbstchecks die Werte für „Teamkultur" sowie der „organisationalen Einbettung des Teams" als kritisch angezeigt wird.

Konkret zielt das Modell zur Teamentwicklung nicht zuletzt auf die Problemszenarien der „verteilten Teams" sowie der „agilen Multi-Teams" und unterstützt die interne

---

[6]Grundlage für den Selbstcheck sind bei den Untersuchungen festgestellte, unterschiedliche Kriterien, die als essenziell für die belastungsvermeidende oder zumindest – reduzierende Umsetzung von agiler Teamarbeit angesehen werden können. Darunter fallen Bewertungen (auf einer Bewertungsskala von 1–4) durch das Team zu „Ressourcenverfügung des Teams", „Förderung methodischer Kompetenzen", „Führungs- und Governancestrukturen", „Interaktion mit dem Kunden", „Teamkultur", „organisationale Einbettung des Teams" sowie „nachhaltige Arbeitszeit". Nimmt die Bewertung einen Wert von 3 oder höher ein, kann gelten die Kriterien als positiv. Der Wert 3 dient als Schwellenwert und bei allen Werten darunter besteht die Gefahr der zu hohen Belastung der Beschäftigten und es sollte gehandelt werden. Aus Platzgründen kann an dieser Stelle nicht näher auf den Selbstcheck eingegangen werden. Weitere Informationen finden Sie unter: https://selbstcheck.gute-agile-projektarbeit.de.

Strukturierung, insofern ein Verständigungsprozess über Agilität und die konkreten Anforderungen und Bedarfe im Arbeitsprozess geschaffen wird. Zentrale Themen sind:

- die Anwendung theoretischen Wissens über Agilität in der Arbeitspraxis (z. B. Interpretation von Rollen, Aufgaben, Besprechungsformaten, Artefakten),
- Aspekte, die die agile Methode selbst offenlässt (z. B. Herstellung einer gerechten Arbeitsteilung, Umgang mit technischen Schulden),
- der Blick auf den gemeinsamen Arbeitsgegenstand (bzw. das übergreifende Produkt) und
- die Wahrnehmung unterschiedlicher beruflicher Hintergründe, arbeitsinhaltlicher Interessen und individueller Entwicklungsperspektiven.

Zur Teamentwicklung kommt ein agiles Team regelmäßig zusammen und wendet mindestens zwei der folgend dargestellten themenzentrierten Workshopformate („Bausteine") aus dem „Baukasten Teamentwicklung" an:

- Technics: Hierbei handelt es sich um einen obligatorischen Baustein aus dem Baukasten Teamentwicklung. In diesem Workshopformat werden technisch-fachliche Aspekte und Fragestellungen im Team erörtert.
- Agility: Hierbei handelt es sich um einen obligatorischen Baustein. Das Team vergegenwärtigt sich und diskutiert die teamspezifische agile Arbeitsweise.
- Business Operations: Hierbei handelt es sich um einen optionalen Baustein. Das Team diskutiert seine betrieblich-strukturelle Einbettung und evtl. diesbezügliche neue Anforderungen.
- Work Mob: Hierbei handelt es sich um einen optionalen Baustein. Das gesamte Team arbeitet für einen definierten Zeitraum gemeinsam vor Ort.
- Beyond Work: Hierbei handelt es sich um einen optionalen Baustein. Das Team verbringt gemeinsame Zeit jenseits der Arbeit.

Das Team bestimmt über Zusammensetzung der Bausteine und zeitliche Abstände, zu denen der Baukasten zum Einsatz kommt. Es bestimmt auch darüber, wer an dieser Form der Teamentwicklung teilnimmt. Die Frage, wer Teil des Entwicklungsprozesses ist bzw. sein soll, ist selbst eine Frage der Teamentwicklung und muss im Vorfeld diskutiert werden und/oder kann bspw. explizit zum Thema in den Bausteinen Agility oder Business Operations gemacht werden. Es schafft sich damit Gelegenheiten für direkte Interaktion und Austausch zwischen allen Mitgliedern sowie für gemeinsame Reflexion über agiles Arbeiten. Es tritt so in einen Prozess der internen Strukturierung ein und stabilisiert dadurch die agile Selbstorganisation. In bestimmten Situationen ist der Einsatz des Baukastens besonders angezeigt (z. B. neue Teammitglieder, veränderte technische/organisationale Rahmenbedingungen, Unzufriedenheit/Konflikte im Team, verteilte Teamstandorte).

2.5.2   Modell der Hospitation zur Qualifizierung für Gutes agiles Arbeiten

Gerade das auf Vertrauen, Selbstorganisation und Zusammenarbeit ausgerichtete agile Arbeiten macht einen unmittelbaren Erfahrungsaustausch im Team notwendig. Es ist daher wichtig, bei der Qualifizierung für agiles Arbeiten über rein formale Ansätze hinauszudenken. Hierfür kann das Hospitations-Modell eingesetzt werden: Statt den Versuch zu unternehmen, Wissen lediglich über einen vorstrukturierten Input zu transferieren, werden im Zeitraum der Hospitation über die unmittelbare Erfahrung agilen Arbeitens Fragen aufgeworfen, die sich erst in der direkten Beschäftigung mit dem Thema ergeben. Zugleich wird die Möglichkeit geboten, sich problemspezifischen Rat einzuholen. Vorteil dieser Form des Wissensaustauschs ist, dass sie nicht an eine von Coaches durchgeführte Veranstaltung gebunden ist, sondern Kolleg*innen mit gleichen oder ähnlichen Erfahrungen zu Rate gezogen werden und damit ein auf Augenhöhe gelagertes Austauschverhältnis angestoßen wird. Mit dem Modell können unterschiedliche Problemszenarien bearbeitet werden, von eher explorativen Ansätzen – etwa bei Neu-Einführung agiler Methoden – bis zur reaktiven Bearbeitung spezifischer Fragen. Dabei sind es gerade die dargestellten Problemszenarien der „verteilten Teams", der „agilen Multi-Teams" sowie der „agilen Teams in klassischen Führungsstrukturen", die mit dem Modell adressiert werden können. Dies sollte insbesondere dann geschehen, wenn der Selbstcheck in den Dimensionen „Förderung methodischer Kompetenzen", „Führungs- und Governancestrukturen", „Teamkultur" und/oder „organisationale Einbettung des Teams" kritische Werte aufweist.

Durch das Hospitations-Modell rückt die Übertragung von (implizitem) Wissen in den Fokus. Ziel kann es sein, durch Kurzaufenthalte (mind. eine Woche) Außenstehender in agil arbeitenden Teams das Verständnis von Agilität in betroffenen Bereichen, aber auch in der Gesamtorganisation zu entwickeln, um so die Rahmenbedingungen für agile Selbstorganisation zu stärken. Ziel einer Hospitation kann es aber auch sein, die eigene agile Arbeitsweise zu reflektieren und weiterzuentwickeln, insbesondere in Fragen des Umgangs mit Grenzziehungs-Problematiken und bei Herausforderungen bezüglich der internen Strukturierung, die zu einem großen Anteil in informellen Praktiken und Aushandlungen geklärt werden müssen. Die Verbreitung der Praktiken und des Wissens um Sinn und Nutzen, aber auch komplexe Herausforderungen von agiler Selbstorganisation soll durch Einsichten in den Alltag dieser Teams unterstützt werden. Durch die Mitarbeit im agil arbeitenden Team werden die eigenen Aufgaben, Fähigkeiten und Potenziale reflektiert und in Beziehung zu agilen Methoden gesetzt. Gerade das gemeinsame Arbeiten stärkt das Verständnis der Rollen, Prozesse und Möglichkeiten, aber auch der Schwierigkeiten und Grenzen agiler Projektmethoden. Mit Blick auf diese Zielsetzung bietet sich etwa auch der Einbezug von Führungskräften an, welche die agilen Prinzipien bisher nur bedingt verinnerlicht haben.

Es lassen sich drei Schritte differenzieren, in denen die Hospitation abläuft. Vor der eigentlichen Durchführung (Phase II) kommt die genauso wichtige Phase der

Vorbereitung (Phase I), danach die Reflexion (Phase III). In Phase I wird sondiert, ob sich das Hospitations-Modell für das eigene Team eignet, und dasjenige Team ausgewählt, das ein gutes Beispiel darstellt und in dem hospitiert werden kann. Die beteiligten Teams einigen sich über eine sinnvolle Zeitspanne, in der die Hospitation stattfinden soll. Dies kann eine Woche sein, sich aber auch über einen Sprint erstrecken. Die Personen, die an der Hospitation teilgenommen haben, fungieren schließlich als Multiplikatoren. Damit diese Multiplikation gelingt, ist die Reflexionsphase notwendig.

2.5.3   Modell zur Gestaltung der Kundeninteraktion

Als typische Probleme bei der Zusammenarbeit mit Kunden beschreiben agile Teams, dass Kunden sich „sprunghaft" verhalten, statt sachgetrieben zusammenzuarbeiten; oder dass sie ihre Rolle in einer Weise auslegen, die nicht mit der Arbeitsweise des Teams kompatibel ist – z. B. in die Teamplanung hinein regieren und damit die Selbstorganisation des Teams untergraben. Eine im agilen Sinne fruchtbare Kundeninteraktion muss demnach aktiv durch das Team und die Organisation hergestellt und gestaltet werden. Dafür wird ein „Zusammenarbeitsmodell" mit dem Kunden vorgeschlagen, welches insbesondere das Problemszenario der „Kundenintegration" adressiert. Gerade Selbstcheck-Kriterium der „Kundeninteraktion" muss in diesem Kontext Beachtung finden, Aufgrund der abhängigen Stellung des Teams zwischen Kunden und dem durch die Organisation gesetzten Rahmen ist es notwendig, dass dieses Modell von den Führungskräften und dem Teamumfeld unterstützt wird. Es stellt einen Gestaltungsvorschlag für die Kundenschnittstelle dar und ist dem konkreten „Aushandeln" der Kundeninteraktion vorgeschaltet.

   Aus der Sicht der Teams geht es darum, den Sprintzeitraum realistisch zu planen und während des Sprints fokussiert und ohne Überlastung arbeiten zu können. Es muss die unterschiedlichen Perspektiven und „Geschwindigkeiten" von Kunden, Stakeholdern und Nutzern immer wieder einholen, um das eigene Vorgehen und die eigenen Kapazitäten planen und anpassen zu können. Das Modell „Kundeninteraktion gestalten" stellt dafür Bausteine zur Verfügung:

   Auf der Ebene der Strukturen und der Governance ist es notwendig, eine zur agilen Arbeitsweise passende Ressourcenplanung und Vertragsgestaltung sicherzustellen. Projekt- und Budgetverantwortliche müssen sich abstimmen und realistische Kalkulationen zugrunde legen, die möglichst früh mit Schätzungen des Teams zusammengebracht werden. Diese Ressourcenplanung muss vom strategischen Management mitgetragen werden und erfordert ggf. auch auf übergreifenden Steuerungsebenen Anpassungen, z. B. bei Kennziffern oder Freigabeprozessen. In einem Netzwerk gegenseitiger Beratung mit agilen Teams und Expert*innen können z. B. Budget- und Personalentscheidungen beraten, Schnittstellen und Prozesse zwischen Teams mit unterschiedlichem Agilitätsgrad oder mit den Funktionsbereichen (wie Finance oder Qualifizierung) angepasst werden. So werden wichtige Voraussetzungen für das Gelingen agiler Selbstorganisation in der Gesamtorganisation geschaffen.

Auf der Ebene der agilen Rollen sollte der Product Owner in seiner Vermittlungs-funktion gestärkt werden. Er muss die Wünsche des Kunden aktiv mitgestalten und Eingriffe des Kunden in den Sprint abwehren oder zumindest abpuffern können und braucht dazu eine „Grenzsetzungs-Kompetenz", die auf allen Führungsebenen als Teil seiner Rolle anerkannt ist. Er – ebenso wie der Scrum Master – ist auch gefragt, um dem Kunden Orientierung und Grundregeln für die Zusammenarbeit mit selbstorganisierten Teams zu vermitteln, etwa durch Klärung, wie und wann Änderungen eingebracht werden können, ohne die Schätzungen des Teams auszuhebeln.

Das agile Review-Meeting dient als „regulierte Interaktion". Dabei werden Kunden und Stakeholder konsequent und systematisch eingebunden, damit das Team ungefiltert Informationen, Rückmeldung und Verbesserungsvorschläge erhält und seinerseits Trans-parenz über die Arbeitsfortschritte herstellen und weiteren Klärungsbedarf adressieren kann. In dem agilen Meeting der Retrospektive hingegen sollte das Team in Abwesenheit des Kunden der Reflexion über die Kundenbeziehung Raum geben, z. B. mit der Frage, ob die Kundeninteraktion so gestaltet ist, dass Anforderungen und Entwicklungsrichtung klar werden. Fragen der Integration des und Interaktion mit dem Kunden können in gemeinsamen „Envisioning Workshops" mit dem Kunden weiter ausgestaltet werden.

Agile Teams unterscheiden sich aufgrund ihrer besonderen Arbeitsorganisationsweise deutlich von klassisch organisierten Projektteams. Dies hat nicht nur Auswirkungen nach innen, also im Team selbst, sondern auch in besonderer Weise nach außen, also in Richtung kooperierender Bereiche, der Gesamtorganisation und sogar über diese hinaus in Richtung des Kunden. Agile Selbstorganisation umfasst mehr als selbstständige Verteilung und Abarbeitung von Aufgaben und erweiterte Handlungsspielräume zur Lösung von Herausforderungen und Innovation. Sie bezieht sich in besonderer Weise auch auf die Konstituierung des agilen Teams selbst, sowohl was dessen innere Struktur (Kooperation, Kommunikation, Koordination) als auch was dessen Grenzziehung nach außen anbelangt. Diese Anforderungen an Selbstorganisation sind nicht final lösbar, sondern erfordern eine laufende Bearbeitung, da sich die Kontextbedingungen hier-für immer wieder verändern. Die Selbstorganisation agiler Teams ist also von einer besonderen Fluidität geprägt und damit wird das Team selbst zu einer fluiden Einheit, in der Konstitution, Mitgliedschaft und Grenzen uneindeutig werden. Agile Selbst-organisation ist teamförmig, „wer" und „wie" das Team ist, ist dabei grundlegend offen und muss immer wieder – bspw. unter Nutzung der vorgestellten Modelle – bestimmt werden.

Literatur

Antoni CH (2000) Teamarbeit gestalten: Grundlagen, Analysen, Lösungen. Beltz, Weinheim

Bedwell WL, Ramsay PS, Salas E (2012) Helping fluid teams work: a research agenda for effective team adaptation in healthcare. Transl Behav Med 2:504–509. https://doi.org/10.1007/s13142-012-0177-9

Bushe GR, Chu A (2011) Fluid teams. Organ Dyn 40:181–188. https://doi.org/10.1016/j.orgdyn.2011.04.005

Chatterjee S, Sarker S, Siponen M (2017) How do mobile ICTs enable organizational fluidity: toward a theoretical framework. Inf Manag 54:1–13. https://doi.org/10.1016/j.im.2016.03.007

Chiu YT, Khan MS, Mirzaei M, Caudwell C (2017) Reconstructing the Concept of Team Fluidity for the Digitized Era. Paper presented at The ISPIM Innovation Summit – Building the Innovation Century. Melbourrne, Australia

Cockburn A, Highsmith J (2001) Agile software development, the people factor. Computer 34:131–133

Eckstein J (2009) Agile Softwareentwicklung mit verteilten Teams, 1. Aufl. Dpunkt, Heidelberg

Grote G (1997) Autonomie und Kontrolle: zur Gestaltung automatisierter und risikoreicher Systeme. vdf, Hochschulverl. an der ETH Zürich, Zürich

Häusling A (Hrsg) (2018) Agile Organisationen: Transformationen erfolgreich gestalten – Beispiele agiler Pioniere, 1. Aufl. Haufe Gruppe, Freiburg

Overby E, Bharadwaj A, Sambamurthy V (2006) Enterprise agility and the enabling role of information technology. Eur J Inf Syst 15:120–131. https://doi.org/10.1057/palgrave.ejis.3000600

Pfeiffer S, Sauer S, Ritter T (2014) Agile Methoden als Werkzeug des Belastungsmanagements? Eine arbeitsvermögenbasierte Perspektive. In: ARBEIT. Zeitschrift für Arbeitsforschung, Arbeitsgestaltung und Arbeitspolitik 23(2):119–132

Ramesh B, Cao L, Mohan,K, Xu P (2006) Can distributed software development be agile? Commun. ACM 49(10):41–46. https://doi.org/10.1145/1164394.1164418

Sauer S (2017) Partizipative Forschung und Gestaltung als Antwort auf empirische und forschungspolitische Herausforderungen der Arbeitsforschung? Industrielle Beziehungen 24:253–270. https://doi.org/10.3224/indbez.v24i3.01

Schlick C, Bruder R, Luczak H et al (2018) Arbeitswissenschaft, 4. Aufl. Springer, Berlin

Summers J, Humphrey S, Ferris G (2012) Team member change, flux in coordination, and performance: effects of strategic core roles, information transfer, and cognitive ability. Acad Manag J 55:314–338. https://doi.org/10.5465/amj.2010.0175

Tannenbaum SI, Mathieu JE, Salas E, Cohen D (2012) Teams are changing: are research and practice evolving fast enough? Ind organ psychol 5:2–24. https://doi.org/10.1111/j.1754-9434.2011.01396.x

Vallon R, da Silva Estácio BJ, Prikladnicki R, Grechenig T (2018) Systematic literature review on agile practices in global software development. Inf Softw Technol 96:161–180. https://doi.org/10.1016/j.infsof.2017.12.004

Wageman R, Gardner H, Mortensen M (2012) Teams have changed: catching up to the future. Ind Organ Psychol 5:48–52. https://doi.org/10.1111/j.1754-9434.2011.01404.x

Wageman R, Hackman J, Lehman E (2005) Team diagnostic survey development of an instrument. J Appl Behav Sci 41:373–398. https://doi.org/10.1177/0021886305281984

Open Access Dieses Kapitel wird unter der Creative Commons Namensnennung 4.0 International Lizenz (http://creativecommons.org/licenses/by/4.0/deed.de) veröffentlicht, welche die Nutzung, Vervielfältigung, Bearbeitung, Verbreitung und Wiedergabe in jeglichem Medium und Format erlaubt, sofern Sie den/die ursprünglichen Autor(en) und die Quelle ordnungsgemäß nennen, einen Link zur Creative Commons Lizenz beifügen und angeben, ob Änderungen vorgenommen wurden.

Die in diesem Kapitel enthaltenen Bilder und sonstiges Drittmaterial unterliegen ebenfalls der genannten Creative Commons Lizenz, sofern sich aus der Abbildungslegende nichts anderes ergibt. Sofern das betreffende Material nicht unter der genannten Creative Commons Lizenz steht und die betreffende Handlung nicht nach gesetzlichen Vorschriften erlaubt ist, ist für die oben aufgeführten Weiterverwendungen des Materials die Einwilligung des jeweiligen Rechteinhabers einzuholen.

Komplexität im Projektmanagement

3

Markus Harlacher, Verena Nitsch und Susanne Mütze-Niewöhner

3.1 Motivation und Hintergrund

Die Entwicklungen hin zu einer zunehmend digitalisierten, vernetzten und agilen Arbeitswelt gehen mit veränderten Belastungen für die Beschäftigten einher. Ein viel diskutiertes, jedoch nicht hinreichend untersuchtes Phänomen ist die Komplexität von Arbeit. Aus arbeitswissenschaftlicher Sicht ist der Komplexitätsgrad von Arbeit keineswegs eindeutig positiv oder negativ zu bewerten (Latos & Harlacher et al. 2018). Im Kontext teambasierter Arbeitsorganisationsformen stellen sich insbesondere Fragen der Erfassung und Bewertung von Komplexität – als Grundlage für die Ableitung von Gestaltungsempfehlungen. Der Fokus dieses Beitrags liegt auf dem Projektmanagement und den dafür verantwortlichen Personen (im Folgenden vereinfachend als Projektmanager*innen bezeichnet), die sich bei der Ausübung ihrer Arbeitstätigkeit oft hohen Belastungen ausgesetzt sehen.

So zeigt beispielsweise die Studie „Burnout im Projektmanagement" der Gesellschaft für Projektmanagement (GPM), dass Projektmanager*innen im deutschsprachigen Raum im Vergleich zur allgemeinen Bevölkerung besonders häufig unter Erschöpfungszuständen leiden: Über 60 % der Studienteilnehmenden gaben an, dass sie sich chronisch müde bzw. matt fühlen (Reichhart und Müller-Ettrich 2014). Die Studie kommt u. a.

M. Harlacher (✉) · V. Nitsch · S. Mütze-Niewöhner
Institut für Arbeitswissenschaft, RWTH Aachen University, Aachen, Deutschland
E-Mail: m.harlacher@iaw.rwth-aachen.de

V. Nitsch
E-Mail: v.nitsch@iaw.rwth-aachen.de

S. Mütze-Niewöhner
E-Mail: s.muetze@iaw.rwth-aachen.de

© Der/die Autor(en) 2021
S. Mütze-Niewöhner et al. (Hrsg.), *Projekt- und Teamarbeit in der digitalisierten Arbeitswelt*, https://doi.org/10.1007/978-3-662-62231-5_3

zu dem Ergebnis, dass mehr als 35 % der befragten Personen einem erhöhten Burnout-Risiko unterliegen (Reichhart und Müller-Ettrich 2014). Wenngleich offensichtlich Analyse- und Gestaltungsbedarf besteht, belegt die geringe Anzahl an Veröffentlichungen zu den Themen psychische Belastung und Beanspruchung (s. DIN EN ISO 10075) im Kontext Projektmanagement bislang ein eher geringes Forschungsinteresse (Latniak 2014b; Gerlmaier und Latniak 2011; Gerlmaier 2011; Chrobok und Makarov 2019; Bowen et al. 2014; Enshassi et al. 2015; Leung et al. 2014, 2016; Wu et al. 2019; Latniak 2014a). Dies gilt insbesondere für Fragestellungen, die den Einfluss der Komplexität der Arbeit von Projektmanager*innen betreffen.

Bisherige Untersuchungen zu Komplexität im Projektmanagement beschränken sich meist auf das Management eines einzelnen Projekts (s. z. B. Geraldi et al. 2011; Botchkarev und Finnigan 2015; Lu et al. 2015; Dao et al. 2016). In der betrieblichen Praxis ist es allerdings keine Seltenheit, dass Projektmanager*innen für mehrere Projekte verantwortlich sind. Die Stichprobe der GPM-Gehaltsstudie 2017 teilt sich beispielsweise in etwa 48 % Projektmanager*innen im Einzelprojektmanagement und ca. 40 % Projektmanager*innen im Multiprojektmanagement (Schneider et al. 2017).

Es wird hier davon ausgegangen, dass Projektkomplexität in der Bearbeitung durch die Projektmanager*innen Projektmanagementkomplexität bedingt, die wiederum zu (psychischer) Belastung und Beanspruchung bei den betrachteten Personen führt. Dabei ist zu erwarten, dass eine höhere Komplexität zu einer höheren Belastung führt. Daher zielen die hier abgeleiteten Gestaltungsansätze darauf ab, die Handlungsfähigkeit der Projektmanager*innen zu erhalten bzw. zu erhöhen und dafür Belastungen zu reduzieren.

Während die Komplexität der Projektmanagementaufgabe – im Multi- wie auch im Einzelprojektmanagement – bislang kaum untersucht wurde, finden sich in der Literatur zahlreiche Studien, die sich mit der Beschreibung, Erfassung und Beherrschung der Komplexität von einzelnen Projekten befassen (s. z. B. Geraldi et al. 2011; Botchkarev und Finnigan 2015; Lu et al. 2015; Dao et al. 2016). Demnach wird die Projektkomplexität i. d. R. über die Anzahl und die Vielfältigkeit der Eigenschaften und Elemente eines Projekts und die zwischen ihnen bestehenden Relationen definiert. Berücksichtigt werden sowohl Projektinhalte, -aufgaben und eingesetzte Arbeitsmittel als auch Anzahl und Eigenschaften der am Projekt beteiligten Menschen. Als Folgen von Komplexität werden u. a. die Unvorhersagbarkeit von Projektzuständen sowie höhere Anforderungen an das Management des jeweiligen Projekts diskutiert.

Aus den vorliegenden Studien zur Projektkomplexität lassen sich Indikatoren für die Komplexität im Projektmanagement extrahieren, worauf an späterer Stelle noch näher eingegangen werden soll. Hierbei zeigen sich große Überschneidungen mit Faktoren der psychischen Belastung im Allgemeinen (Nübling et al. 2005; Lenhardt 2017; Richter 2000), aber auch im Kontext Projektmanagement (Enshassi et al. 2015; Chrobok und Makarov 2019). Unklar bleibt allerdings erstens, welche der zahlreichen Faktoren sich aus Sicht von Projektmanager*innen tatsächlich komplexitätssteigernd auswirken, und zweitens, inwieweit sich hieraus psychische Belastungen und Beanspruchungen ergeben, die zu negativen Folgen für die Zielgruppe führen können.

Mit dem Ziel, Antworten auf diese Fragestellungen zu finden, wurden im Projekt „TransWork" (Teilvorhaben des IAW der RWTH Aachen, FKZ: 02L15A162) zwei Befragungsstudien mit Projektmanager*innen durchgeführt. Da die Auswertung der zweiten Studie zu den Beanspruchungsfolgen noch nicht abgeschlossen ist, konzentriert sich dieser Beitrag auf die Erhebung zur Identifikation der relevanten Komplexitätsindikatoren. Weil die Untersuchung auf einen Einfluss des gewählten Projektmanagement-Ansatzes (klassisch, agil, hybrid) hinweist, sollen diese zunächst kurz voneinander abgegrenzt werden. Anschließend werden die Studie und ihre Ergebnisse auszugsweise vorgestellt und Empfehlungen für die Praxis und die weitere Forschung abgeleitet.

3.2   Abgrenzung der Managementansätze

Ausgangspunkt für die durchgeführten Untersuchungen bildete ein klassisches Begriffsverständnis, das sich eng an die Normenfamilie zum Projektmanagement anlehnt. In der DIN 69901-5 wird ein Projekt als Vorhaben definiert, das insbesondere durch die „Einmaligkeit seiner Bedingungen in ihrer Gesamtheit gekennzeichnet ist" (DIN 69901-5 2009). Diese Einmaligkeit kann beispielsweise aus dem Projektgegenstand, den spezifischen Zielvorgaben, den zeitlichen, finanziellen oder personellen Gegebenheiten und/ oder besonderen Risiken resultieren. Unter dem Begriff „Projektmanagement" wird die „Gesamtheit von Führungsaufgaben, -organisation, -techniken und -mitteln für die Initiierung, Definition, Planung, Steuerung und den Abschluss von Projekten" verstanden" (DIN 69901-5 2009). Klassische Projektmanagement-Ansätze, die sich an der zitierten Norm oder einer vergleichbaren, standardisierten Vorgehensweise orientieren (Schelle et al. 2008; Sommer et al. 2014), haben ihren Ursprung in dem Bestreben, die in Projekten üblicherweise be- oder entstehenden Unsicherheiten und Risiken zu reduzieren. Die wesentlichen Zieldimensionen bilden im klassischen Projektmanagement die Dimensionen Qualität, Zeit und Kosten, die das sogenannte magische Dreieck des Projektmanagements mit seinen vielfältigen Zielkonflikten aufspannen (Burghardt 2013; Machado und Martens 2015; Radujković und Sjekavica 2017). Primäre Aufgabe des klassischen Projektmanagements respektive des/r hierfür weitgehend allein verantwortlichen Leiters/-in ist es, die Projektdurchführung mithilfe etablierter Methoden, Techniken und Tools zu strukturieren, zu planen, zu steuern und zu koordinieren, um auf diese Weise die Projektziele zu erreichen. Antizipation nimmt im klassischen Projektmanagement einen sehr hohen Stellenwert ein (Trepper 2012). Zugunsten einer höheren Stabilität im Projektverlauf und einer effizienten Realisierung sollen späte Änderungen der Anforderungen an das Projektergebnis möglichst vermieden werden. Motivation lieferte die Erkenntnis, dass gerade bei der Entwicklung komplexer Produktinnovationen (zu) spät eingebrachte, neue Anforderungen hohe Kosten und deutliche Verzögerungen bedeuten können (Bochtler et al. 1995).

In der Praxis werden verschiedene, z. T. unternehmensspezifische Phasenmodelle angewendet, die wesentliche Elemente des Fünf-Phasen-Modells der DIN 69901 berücksichtigen (Timinger 2017). Zu den Vorgehensweisen des klassischen Projektmanagements können auch das sog. Wasserfallmodell und das V-Modell gezählt werden, die ein stark sequenzielles Vorgehen beschreiben (Timinger und Seel 2016). In den letzten zwei Dekaden wird zunehmend Kritik am klassischen Projektmanagement laut. So werden vorausschauend angefertigte, stark strukturierte Pläne sowie detailliert vorgegebene methodische Standards als zu starr und unflexibel bemängelt (Cooper und Sommer 2016). Als weiterer wesentlicher Kritikpunkt wird häufig eine übermäßige Dokumentation angeführt (Schelle et al. 2008; Trepper 2012). Gerade bei diesen Defiziten setzt das agile Projektmanagement an.

Allgemein beschreibt Agilität die Fähigkeit von Teams und Organisationen, sich schnell und flexibel an das dynamische Umfeld anzupassen, dauerhaft zu lernen und sich zu verbessern. Bei Ansätzen des agilen Projektmanagements steht die Kundenzufriedenheit im Fokus (Goldman et al. 1996; Brown und Agnew 1982).

Als Orientierung für agiles Handeln in Softwareprojekten wurden 2001 Werte für eine erfolgreiche, agile Softwareentwicklung im sogenannten agilen Manifest verschriftlicht (Cockburn 2003; Beck et al. 2001). Hierin wird u. a. das Reagieren auf Veränderungen als wichtiger eingestuft als das Befolgen eines Plans. Ebenso nehmen die Individuen und ihre Interaktionen einen höheren Stellenwert ein als Prozesse und Werkzeuge. Die Zusammenarbeit mit dem Kunden während der Projektlaufzeit wird höher priorisiert als die Vertragsverhandlungen vor Projektbeginn und der Fokus der Arbeit soll stärker auf der Funktionalität der (Teil-)Produkte (sog. Inkremente) und weniger auf der Dokumentation liegen (Beck et al. 2001).

Wichtige Prinzipien des klassischen Projektmanagements werden im agilen Manifest nicht verworfen, sondern mit einer geringeren Priorität belegt. Die sog. agilen Werte wurden um 12 Prinzipien ergänzt (Cockburn 2003; Beck et al. 2001). Darin werden u. a. die Selbstorganisation der Projektteams, ein gleichbleibendes Arbeitstempo und die Kontinuität in der Teambesetzung betont.

Agile Vorgehensweisen und Methoden, wie Scrum und Extreme Programming (XP) (s. z. B. Abrahamsson et al. 2003), sind vor allem in der Softwareentwicklung verbreitet, gewinnen aber zunehmend auch in anderen Branchen an Bedeutung (Komus 2020). Ihnen zugrunde liegen eine iterative und inkrementelle Entwicklung sowie eine frühzeitige Erprobung unter Einbezug der Kunden und weiterer Stakeholder. Auch die späte Einbringung neuer oder geänderter Anforderungen ist explizit gewünscht (Abrahamsson et al. 2003).

Im Gegensatz zu den Methoden des klassischen Projektmanagements übernehmen die Projektteams die Planung der Arbeit selbstorganisiert und weniger fremdbestimmt. Zudem erfolgt diese Planung für verhältnismäßig kurze Zeiträume. Daraus resultiert – zumindest im Scrum Management – auch ein verändertes Rollenverständnis hinsichtlich der Rolle des Projektverantwortlichen. Während die Arbeitsplanung anhand des sog. Sprint Backlogs durch das Development Team selbst übernommen wird, erhebt und priorisiert der Product Owner die Anforderungen an die Ausgestaltung des zu entwickelnden Produkts. Der Scrum Master unterstützt das Team hinsichtlich der Anwendung der agilen Methoden und verbessert kontinuierlich die Zusammenarbeit (Pichler 2009). Laut Scrum-Guide besteht die Verantwortung des Product Owners darin, den Wert des Produkts zu maximieren. Er besitzt die alleinige Entscheidungsbefugnis darüber, welche Anforderungen mit welcher Priorität im sog. Product Backlog aufgenommen und verfolgt werden (Schwaber und Sutherland (2017), vgl. Sverrisdottir et al. (2014) zu den Unterschieden zwischen theoretischer Rollendefinition und praktischer Umsetzung).

Unter hybridem Projektmanagement werden in der Regel Vorgehensweisen zusammengefasst, die Elemente sowohl der klassischen als auch der agilen Ansätze berücksichtigen (Timinger und Seel 2016). Die Bandbreite an Umsetzungsvarianten ist entsprechend groß. In der Praxis finden sich beispielsweise agile Gesamtprojekte mit traditionellen Teilprojekten, klassische Gesamtprojekte mit agilen Teilprojekten sowie unternehmensübergreifende Projekte, in denen sich die Vorgehensmodelle und Methoden von Auftraggebern und Lieferanten unterscheiden. Als wiederholt in der Praxis auftretende Vorgehensmodelle können das Wasser-Scrum-Fall-Modell, das V-Scrum-Modell (Timinger 2017) sowie das Agile-Stage-Gate-Vorgehen (Cooper und Sommer 2016) angeführt werden. Die Ansätze vereint, dass die Erhebung von Anforderungen, das Entwerfen des Designs sowie die Integration und Erprobung sequenziell erfolgen, während die eigentliche Entwicklung bzw. Umsetzung mittels agiler Methoden erfolgt (Timinger 2017; Cooper und Sommer 2016).

Die Kombination von PM-Konzepten und -methoden kann zu Schwierigkeiten bei der Definition und Zuweisung von Rollen, Aufgaben, Handlungs- und Entscheidungsspielräumen führen. Nach Krieg (2017) wird die Rolle des Projektverantwortlichen im hybriden Projektmanagement von einem sogenannten „agilen Projektmanager" übernommen. Wesentliche Aufgaben agiler Projektmanager*innen liegen in der Moderation der Kooperation und Kommunikation zwischen den klassisch geführten Einheiten und den in Teilen agil arbeitenden Teams. Dies betrifft beispielsweise die Definition von Meilensteinen, die Abgabe von Statusberichten und die Auswahl der Key Performance-Indikatoren (Krieg 2017).

Im Falle der Anwendung der Scrum-Methode sind darüber hinaus klassische Artefakte, wie das Lastenheft oder der Projektplan, in agile Pendants, wie User Stories oder iterative Planungsboards, zu überführen und die Projektteammitglieder in den agilen Methoden zu coachen. Damit übernehmen agile Projektleiter*innen im hybriden Management ggf. sowohl die Aufgabe des Product Owners als auch des Scrum Masters aus dem Scrum Management (Schwaber und Sutherland 2017; Timinger 2017). In der betrieblichen Praxis sind allerdings auch andere Rollenkonzepte denkbar.

Festzuhalten ist, dass sowohl klassisches als auch agiles Projektmanagement darauf gerichtet sind, Komplexität zu beherrschen. Dabei setzen sie unterschiedliche Schwerpunkte, die wiederum zu unterschiedlichen Belastungs- und Beanspruchungsmustern beitragen können, die sich aber auch in den erfragten Einschätzungen zu komplexitätstreibenden bzw. – reduzierenden Faktoren zeigen. Mit Rücksicht auf die Veränderungen im Projektmanagement wurden in der nachfolgend skizzierten Befragung die Projektmanager*innen gebeten, den für sie geltenden Management-Ansatz (klassisch, agil oder hybrid) anzugeben.

3.3 Identifizierung relevanter Komplexitätsindikatoren

Mit dem Ziel, Ansatzpunkte für die Operationalisierung und Erfassung von Projektmanagementkomplexität zu erhalten, wurde zunächst die eingangs zitierte Literatur zur Projektkomplexität analysiert. Geraldi et al. (2011) entwickelten bereits ein systematisches Vorgehen, das im Wesentlichen drei Schritte umfasst: 1) die Identifizierung von Veröffentlichungen, in denen ein Beschreibungsansatz von Projektkomplexität vorgestellt wird, 2) die Extraktion von komplexitätstreibenden Indikatoren sowie 3) ihre Dimensionierung. Dieses Vorgehen wurde auf die Veröffentlichungen angewendet, welche im Zeitraum Juli 2010 bis August 2017 erschienen sind (s. ausführlicher in Harlacher et al. 2018). Fasst man die Ergebnisse beider Analysen zusammen, ergeben sich insgesamt 169 Indikatoren für die Projektkomplexität. Unter Anlegung der von Weiber und Mühlhaus (2014) aufgestellten Kriterien (Verständlichkeit, Eindeutigkeit, Redundanzfreiheit; Ausführlichkeit; Beobachtbarkeit) wurden die identifizierten Indikatoren auf 92 reduziert.

Eine Befragung sollte Aufschluss über die Relevanz der Indikatoren im Arbeitsalltag von Projektmanager*innen geben. Hierzu wurde eine Online-Studie mit 50 Projektverantwortlichen aus verschiedenen Branchen, wie Automobilindustrie, Chemieindustrie, IT oder Beratung, durchgeführt. Die durchschnittliche Projektmanagementerfahrung der Studienteilnehmenden betrug etwa 14 Jahre. Im Durchschnitt verantworteten die Befragten etwa vier Projekte parallel. Die Anzahl variierte von einem einzelnen Projekt (n = 5) bis hin zu zehn parallelen Projekten (n = 1). In Bezug auf den Projektmanagementansatz ordneten sich 16 Projektmanager*innen dem klassischen, 22 dem hybriden und 9 dem agilen Managementansatz zu. Drei Studienteilnehmende verzichteten auf eine Zuordnung.

Die Teilnehmer*innen der Studie wurden gebeten, den Einfluss jedes Indikators auf die Projektmanagementkomplexität anhand einer neunstufigen Skala von −4 (reduziert Komplexität stark) bis +4 (erhöht Komplexität stark) einzuschätzen. Darüber hinaus galt es, die folgenden beiden Aussagen auf einer fünfstufigen Skala von 1 (stimme nicht zu) bis 5 (stimme voll zu) zu bewerten:

1. Durch die Arbeit als Projektverantwortliche*r fühle ich mich sehr beansprucht.
2. Die Arbeit als Projektverantwortliche*r empfinde ich als sehr komplex.

Mit Rücksicht auf Untersuchungsziel und Stichprobengröße wurde die Studie deskriptiv ausgewertet (s. Harlacher et al. 2020). In Abb. 3.1 sind die Komplexitätsindikatoren mit

Alle Studienteilnehmenden (N=50)

1. Anzahl widersprüchlicher Gesetze und Regelungen
2. Widersprüchlichkeit der Ziele
3. Fluktuation im Projektteam
4. Anzahl der in die Entscheidungsfindung involvierten Hierarchieebenen
5. Konflikte zwischen Projektleitung und Projektteam
6. Anzahl an Fehlentscheidungen (z.B. durch Fehlinformationen)
7. Veränderlichkeit der Projektinhalte
8. unvorhersehbare Ausfälle in der Projektinfrastruktur (Betriebsmittel, Personal...)
9. Unterschiedlichkeit in den inhaltlichen Forderungen der Stakeholder
10. Veränderlichkeit der Gesetze und Regelungen

Klassischer Ansatz (N= 16)

1. Widersprüchlichkeit der Ziele
2. Anzahl widersprüchlicher Gesetze Regelungen
2. unvorhersehbare Ausfälle in der Projektinfrastruktur
4. Anzahl an Fehlentscheidungen
4. Veränderlichkeit der Gesetze und Regelungen
4. Zeitdruck
7. Anzahl der in die Entscheidungsfindung involvierten Hierarchieebenen
7. Konflikte zwischen Projektleitung und Projektteam
9. Fluktuation im Projektteam

15. Anzahl an Änderungen am Projektziel

18. Leistungsdruck

27. Anzahl kurzfristiger Veränderungen der Marktsituation

32. Schwierigkeiten im Umgang mit den zur Zielerreichung eingesetzten Technologien
32. Anzahl an Kunden

Hybrider Ansatz (N=22)

1. Fluktuation im Team
2. Widersprüchlichkeit der Ziele
3. Anzahl der in die Entscheidungsfindung involvierten Hierarchieebenen
4. Konflikte zwischen Projektleitung und Projektteam
5. Veränderlichkeit der Projektinhalte
6. Anzahl an Änderungen am Projektziel
7. Schwierigkeiten im Umgang mit den zur Zielerreichung eingesetzten Technologien
8. Anzahl an Fehlentscheidungen
9. Anzahl widersprüchlicher Gesetze und Regelungen
9. Umfang an Änderungen am Projektziel

31. Anzahl kurzfristiger Veränderungen der Marktsituation

34. Leistungsdruck

39. Zeitdruck
39. Anzahl an Kunden

Agiler Ansatz (N=9)

1. Anzahl widersprüchlicher Gesetze und Regelungen
2. unvorhersehbare Ausfälle in der Projektinfrastruktur
3. Widersprüchlichkeit der Ziele
4. Konflikte zwischen Projektleitung und Projektteam
4. Veränderlichkeit der Projektinhalte
4. Anzahl an Fehlentscheidungen
4. Anzahl kurzfristiger Veränderungen der Marktsituation
4. Anzahl an Kunden
9. Anzahl der in die Entscheidungsfindung involvierten Hierarchieebenen
10. Fluktuation im Projektteam
10. Unterschiedlichkeit in den inhaltlichen Forderungen der Stakeholder
10. negative/destruktive Projekteinflussnahme durch die Stakeholder
10. Leistungsdruck

37. Anzahl an Änderungen am Projektziel

54. Schwierigkeiten im Umgang mit den zur Zielerreichung eingesetzten Technologien

Abb. 3.1 Komplexitätstreibende Indikatoren für die Projektmanagementkomplexität im Rangvergleich für die gesamte Stichprobe und differenziert nach Managementansatz; dargestellt sind jeweils die Indikatoren bis zum 10. Rangplatz und zusätzlich in Kursivdruck die Indikatoren, bei denen sich die größten Unterschiede zwischen den Managementansätzen zeigen

dem größten positiven Einfluss aufgeführt (oben links für die gesamte Stichprobe; dabei gilt: je höher der für die jeweilige Stichprobe berechnete Mittelwert, desto kleiner die Rangzahl bzw. desto höher der Rangplatz; gleiche Mittelwerte erhalten den gleichen Rang). Als besonders komplexitätstreibend werden die Anzahl widersprüchlicher Gesetze und Regularien, die Widersprüchlichkeit der Ziele sowie die Fluktuation im Projektteam beurteilt. Ein positiver, „treibender" Einfluss auf die Projektmanagement-komplexität wird darüber hinaus der Anzahl der in Entscheidungen involvierten Hierarchieebenen, der Anzahl an Fehlentscheidungen sowie der Veränderlichkeit der Projektinhalte zugesprochen. Auch das Auftreten von Konflikten zwischen Projektleitung und Projektteam führt aus Sicht der befragten Praktiker*innen zu einem Komplexitäts-anstieg.

Der eingesetzten Skala entsprechend, finden sich am Ende der Rangliste die Indikatoren, die aus Sicht der Projektverantwortlichen den größten negativen Einfluss auf die Projektmanagementkomplexität haben, sich also senkend auswirken, s. Abb. 3.2. Neben der Klarheit der Verantwortlichkeiten im Team und der Ziele finden sich hier vor allem Indikatoren, die die Erfahrungen und die Qualifikation der Projektmanager*innen betreffen. Als besonders komplexitätsreduzierend wird außerdem die Unterstützung der Unternehmensleitung bei der Zielerreichung beurteilt.

Da die Standardabweichungen in der Gesamtbetrachtung auffällig hoch ausfielen (s. Ergebnistabellen in Harlacher et al. 2020), wurde der Einfluss der stichproben-beschreibenden Variablen untersucht. Die Aufteilung des Datensatzes nach dem gewählten Managementansatz führt zu einer erheblichen Verringerung der Varianz. Wie aus Abb. 3.1 hervorgeht, ergeben sich für die drei Projektmanagementansätze zudem unterschiedliche Rangfolgen.

Eher geringe Unterschiede ergeben sich beispielsweise für den Indikator „Fluktuation im Projektteam", der für Projektmanager*innen im hybriden Projektmanagement den Indikator mit dem größten Einfluss darstellt. Im klassischen Ansatz erreicht dieser Indikator allerdings immer noch Rang 9 und im agilen Ansatz Rang 10 (gemeinsam mit zahlreichen weiteren Indikatoren, die insbesondere den externen Einfluss von Stakeholdern, Lieferanten, Politik und Gesetzgebung betreffen). Deutliche Unter-schiede zeigen sich hingegen beim Zeitdruck, der im klassischen Managementansatz als stark komplexitätstreibend eingestuft wird, während ihm von Manager*innen hybrider und agiler Projekte ein eher geringer Einfluss auf die Komplexität zugesprochen wird. Die Anzahl an Änderungen am Projektziel hat für Projektverantwortliche hybrider Projekte eine sehr hohe komplexitätssteigernde Wirkung; von Manager*innen agiler Projekte wird diese wesentlich geringer eingeschätzt. Noch deutlicher unterscheiden sich die Beurteilungen des Indikators „Schwierigkeiten im Umgang mit den zur Ziel-erreichung eingesetzten Technologien". Während dieser Indikator bei hybrid arbeitenden Manager*innen auf Rang 7 landet, wird ihm von den Anwender*innen der anderen Managementansätze ein eher unerheblicher Einfluss auf die Komplexität attestiert. Weitere Unterschiede zeigen sich u. a. bei der Anzahl kurzfristiger Veränderungen der Marktsituation und der Anzahl an Kunden, die die Komplexität für Manager*innen

Alle Studienteilnehmenden (N=50)
92. Klarheit der Verantwortlichkeiten im Projektteam
90. Erfahrung des*der Projektmanagers*in aus ähnlichen Projekten
90. allgemeine Projekterfahrung des*der Projektmanagers*in
89. Klarheit der Ziele
88. Kooperationsbereitschaft der Teammitglieder
87. Unterstützung durch Unternehmensleitung bei Zielerreichung
86. Qualifikation der Projektmanager*innen
85. Qualität der Informationen
84. Wissen der Projektmitglieder aus ähnlichen Projekten
83. Vollständigkeit der Informationen

Klassischer Ansatz (N= 16)
92. Klarheit der Verantwortlichkeiten im Projektteam
91. allgemeine Projekterfahrung des*der Projektmanagers*in
90. Erfahrung des*der Projektmanagers*in aus ähnlichen Projekten
89. Klarheit der Ziele
88. Motivation der Teammitglieder
87. Qualifikation des*der Projektmanagers*in
86. Anzahl der in die Entscheidungsfindung involvierten Hierarchieebenen
85. Kooperationsbereitschaft der Teammitglieder
85. inhaltliche Realisierbarkeit
79. zeitliche Realisierbarkeit
70. Wissen der Projektmitglieder aus ähnlichen Projekten
67. Erfahrung mit den Stakeholdern

Hybrider Ansatz (N=22)
92. Klarheit der Verantwortlichkeiten im Projektteam
91. Erfahrung des*der Projektmanagers*in aus ähnlichen Projekten
90. allgemeine Projekterfahrung des*der Projektmanagers*in
89. Kooperationsbereitschaft der Teammitgliede
88. Vollständigkeit der Informationen
87. Wissen der Projektmitglieder aus ähnlichen Projekten
86. Klarheit der Ziele
*83. Qualifikation des*der Projektmanagers*in*
78. Erfahrung mit den Stakeholdern
77. Motivation der Teammitglieder
74. inhaltliche Realisierbarkeit
66. zeitliche Realisierbarkeit

Agiler Ansatz (N=9)
92. Erfahrung des*der Projektmanagers*in aus ähnlichen Projekten
91. allgemeine Projekterfahrung des*der Projektmanagers*in
88. Klarheit der Verantwortlichkeiten im Projektteam
88. Klarheit der Ziele
88. Unterstützung durch Unternehmensleitung bei Zielerreichung
86. Qualität der Informationen
86. zeitliche Verfügbarkeit des*der Projektmanagers*in
82. Zunehmendes Wissen der Projektmitglieder aus ähnlichen Projekten
82. Erfahrung mit den Stakeholdern
82. zeitliche Realisierbarkeit
*80. Qualifikation des*der Projektmanagers*in*
77. inhaltliche Realisierbarkeit
72. Kooperationsbereitschaft der Teammitglieder
70. Motivation der Teammitglieder
67. Vollständigkeit der Informationen

Abb. 3.2 Komplexitätsreduzierende Indikatoren für die Projektmanagementkomplexität im Rangvergleich für die gesamte Stichprobe und differenziert nach Managementansatz; dargestellt sind die wesentlichsten Indikatoren je Managementansatz und zusätzlich in Kursivdruck diejenigen, bei denen sich die größten Unterschieden zwischen den Managementansätzen zeigen

agiler Projekte deutlich stärker beeinflussen als für Manager*innen mit klassischem bzw. hybridem Ansatz. Gleiches gilt für den Indikator „Leistungsdruck".

Verschiebungen in den Rangfolgen ergeben sich auch bei den Indikatoren, die als komplexitätssenkend eingestuft werden (Abb. 3.2). Abstände von mindestens 15 Rangplätzen zeigen sich beispielsweise bei folgenden Aspekten: Aus Sicht von klassischen Projektmanager*innen reduzieren die Motivation der Teammitglieder und die inhaltliche Realisierbarkeit die Komplexität im Projektmanagement. Im Unterschied dazu betonen hybride und agile Projektmanager*innen die Bedeutung des Wissenserwerbs der Projektmitglieder aus ähnlichen Projekten. In der Rangliste der Verantwortlichen mit agilem Managementansatz erhalten darüber hinaus die Erfahrung mit den Stakeholdern und die zeitliche Realisierbarkeit Rangplätze, die ein hohes Potenzial zur Komplexitätsreduzierung vermuten lassen. Von Nutzer*innen der anderen beiden Ansätze wird der (senkende) Einfluss dieser Indikatoren deutlich geringer eingeschätzt.

Nicht dargestellt, aber erwähnenswert sind auch folgende Indikatoren, die aus Sicht der Befragten nur einen geringfügigen Beitrag zur Erklärung von Komplexität im Projektmanagement leisten: die Anzahl an Unterstützungssystemen, Altersunterschiede im Projektteam sowie die Detaillierungsgrade der eingesetzten Pläne.

Bei der Auswertung der beiden zusätzlichen Items zur wahrgenommenen Komplexität sowie zur empfundenen Beanspruchung ergeben sich – differenziert nach Projektmanagementansatz – folgende Ergebnisse (s. Harlacher et al. 2020): In der Gruppe der mit hybriden Ansätzen arbeitenden Projektmanager*innen finden sich niedrigere Mittelwerte für die Komplexität und die Beanspruchung als für die Gruppe, die klassische Vorgehensweisen anwendet. Projektverantwortliche, die vorrangig agile Methoden anwenden, weisen in beiden Dimensionen die geringsten Werte auf. Es lässt sich folgende Tendenz feststellen: Mit zunehmender Agilität sinken sowohl die wahrgenommene Komplexität als auch die subjektiv empfundene Beanspruchung.

3.4   Diskussion der Ergebnisse

Die Ergebnisse der Online-Befragung zeigen, dass die Komplexität im Projektmanagement aus Sicht der Zielgruppe durch zahlreiche Indikatoren positiv oder negativ beeinflusst wird. Bezogen auf die Gesamtstichprobe fällt auf, dass sich unter den „TOP 10" der Komplexitätstreiber mehrheitlich Indikatoren finden, die in der Regel außerhalb des direkten Einflussbereiches von Projektmanager*innen liegen und die Widersprüchlichkeit und Veränderlichkeit von Zielen, Anforderungen und Regularien betreffen. Nicht oder nur eingeschränkt zu beeinflussen sind auch die Fluktuation im Projektteam sowie die Anzahl an Hierarchieebenen, die bei Entscheidungen einbezogen werden müssen. Inwieweit sich die als ebenfalls komplexitätserhöhend eingestuften Konflikte zwischen Projektleitung und Projektteam aus den zuvor genannten externen sowie arbeitsorganisatorischen Einflussfaktoren ergeben, kann auf der Grundlage der Untersuchung nicht festgestellt werden. Weiterführende Studien sollten die Zusammenhänge in den Blick nehmen und dabei ggf. auch soziale und fachliche Konflikte differenzieren.

Die hohe Relevanz der Zielkonflikte, der arbeitsorganisatorischen Aspekte und der Konflikte mit dem Projektteam könnte beim klassischen Projektmanagement auf die bekannten Nachteile von Matrixorganisationen zurückzuführen sein (Schlick et al. 2018; Schelle et al. 2008), als Folgen unklarer Entscheidungs- und Weisungsbefugnisse zwischen Projekt- und Linienmanager*innen bzw. von Mehrfachunterstellungen der Teammitglieder. Ähnliche Ursachen sind auch beim hybriden und agilen Projektmanagement zu vermuten, wobei hier je nach Ausgestaltung noch weitere Positionen und Rollen hinzukommen, die es zu definieren und abzugrenzen gilt (Krieg 2017; Sverrisdottir et al. 2014). Komplexe hybride organisatorische Strukturen mit unklaren Rollen und Verantwortlichkeiten können allerdings auch Ergebnis von gescheiterten oder nur halbherzig umgesetzten, top-down angeordneten „Agilisierungsoffensiven" sein.

Einige Indikatoren, denen eine große komplexitätsreduzierende Wirkung attestiert wird, korrespondieren sehr gut mit den stärksten Treibern, wie z. B. die Klarheit von Verantwortlichkeiten und Zielen. Nicht zuletzt angesichts der bestehenden Widersprüchlichkeiten ist auch die hohe Relevanz der Unterstützung durch die Unternehmensleitung bei der Zielerreichung nachvollziehbar. Mit den ebenfalls als komplexitätssenkend eingestuften Indikatoren, die sich auf die Erfahrungen und Qualifikationen der Projektmanager*innen selbst beziehen, rücken personenbezogene, individuelle Aspekte in den Vordergrund, die weder bei der Messung von Komplexität noch bei der Ableitung von Gestaltungsmaßnahmen vernachlässigt werden sollten (zur Differenzierung von subjektiver und objektiver Komplexität s. Latos & Harlacher et al. (2018)).

Nach der Aufteilung der Stichprobe nach dem Managementansatz wurden Unterschiede in der Rangfolge der Indikatoren erkennbar, die sich zumindest teilweise anhand der in Abschn. 3.2 beschriebenen Merkmale der Ansätze erklären lassen. Als besonders komplexitätstreibend stuften die befragten klassischen Projektmanager*innen den Indikator „Zeitdruck" ein. Im klassischen Projektmanagement werden die zeitbezogenen Ziele ebenso wie die Qualitäts- und Kostenziele typischerweise vor Projektbeginn vom Auftraggeber vorgegeben respektive mit diesem ausgehandelt und vertraglich fixiert – ungeachtet der zahlreichen Unsicherheiten und zum Teil sogar ohne Beteiligung der (späteren) Projektmanager*innen. Die Verantwortung für die Einhaltung liegt hingegen vollständig bei den Projektmanager*innen, die allerdings – je nach Organisationsform – nicht oder nicht allein über die Kapazitäten der Teammitglieder verfügen dürfen (Schelle et al. 2008). Die Bedingungen im klassischen Projektmanagement begünstigen zum einen die Entstehung von Zeitdruck, zum anderen lässt sich Zeitdruck im stark plangetriebenen klassischen Managementansatz weitaus schwerer kompensieren als in agilen Ansätzen, bei denen die Qualität der Arbeitsergebnisse explizit Vorrang hat und die zeitliche Arbeitsplanung kurze Planungszeiträume umfasst sowie insbesondere durch das Entwicklungsteam selbst vorgenommen wird (Schwaber und Sutherland 2017).

Beim hybriden Projektmanagement erwiesen sich neben den bereits genannten externen und arbeitsorganisatorischen Einflussfaktoren auch Anzahl und Umfang von

Änderungen der Projektziele als besonders relevant für die Komplexität. Dieses Ergebnis ist eher überraschend. Schließlich ist es ein wesentliches Merkmal der auch beim hybriden Management zur Anwendung kommenden agilen Methoden, auf Änderungen schnell und flexibel reagieren zu können (Schwaber und Sutherland 2017; Abrahamsson et al. 2003). Von den befragten agil arbeitenden Projektverantwortlichen wurde diesen Indikatoren ein deutlich geringerer Einfluss auf die Komplexität zugeschrieben.

Im Hinblick auf die Ableitung von Gestaltungsempfehlungen ist außerdem die Beurteilung des Indikators „Schwierigkeiten im Umgang mit den zur Zielerreichung eingesetzten Technologien" interessant, die bei den hybrid arbeitenden Projektmanager*innen deutlich höher ausfällt als bei den anderen Befragten. Hier ist zu vermuten, dass die kombinierte Anwendung der Managementansätze mit einer schwer(er) beherrschbaren Vielfalt an Techniken und Tools einhergeht.

In den Ergebnissen der agilen Stichprobe spiegeln sich die prägenden Merkmale dieser Managementansätze wider, insbesondere die Ausrichtung auf Kunden und andere Stakeholder. Zusätzlich zur Widersprüchlichkeit der Ziele taucht bei den Anwender*innen dieser Ansätze auch die Unterschiedlichkeit der inhaltlichen Ansprüche der Stakeholder unter den stärksten Komplexitätstreibern auf. Die Sensitivität für Veränderungen des Umfeldes (Märkte, politische Situation etc.) schlägt sich ebenfalls in einer höheren Komplexität nieder. Zu vermutende Zusammenhänge mit dem „Leistungsdruck", als weiterem Treiber mit großem Einfluss, sind durchaus zu vermuten, müssten allerdings noch empirisch untersucht werden.

Bei der Beurteilung der Ergebnisse sind verschiedene Limitationen zu beachten. Zum einen waren die Stichprobengrößen nach der Aufteilung des Datensatzes vergleichsweise klein. Zum anderen muss angesichts der Bandbreite an Umsetzungsalternativen der Managementansätze in der Praxis davon ausgegangen werden, dass die Zuordnung zu einem der Ansätze gegebenenfalls mit Unsicherheiten behaftet war. So ist beispielsweise nicht auszuschließen, dass sich auch Projektmanager*innen aus Unternehmen, die sich zum Zeitpunkt der Befragung in einem noch laufenden Prozess zur Einführung agiler Konzepte befanden, aufgrund (noch) unklarer Rollen und Zuständigkeiten einem hybriden Projektmanagementansatz zugeordnet haben.

Im Zuge der Befragung wurden aus der Literatur extrahierte Indikatoren hinsichtlich ihres Einflusses auf die Projektmanagementkomplexität bewertet, die Häufigkeit des Auftretens eines Indikators bei der Arbeitsbewältigung wurde dabei allerdings nicht explizit erfasst.

Trotz der genannten Limitationen kann hier abschließend festgehalten werden, dass sich insbesondere unter den TOP 10 der identifizierten Komplexitätstreiber zahlreiche Indikatoren finden, die in der Arbeitswissenschaft als Indikatoren für psychisch belastende Arbeitsbedingungen gelten (z. B. Zeit- und Leistungsdruck, Widersprüchlichkeit von Zielen, Rollenklarheit und -konflikte; s. Richter (2000), Sonntag und Feldmann (2018)) und in vereinzelten Studien bereits mit dem Auftreten bestimmter Erkrankungen in Verbindung gebracht werden konnten (s. Nübling et al. 2005; Rau und Buyken 2015).

3.5   Empfehlungen für die weitere Forschung

Die Literaturanalysen haben offengelegt, dass sich die bisherige Komplexitäts-forschung vorrangig auf die Analyse der Komplexität innerhalb eines einzelnen Projektes konzentriert. Es besteht ein Mangel an empirischen Untersuchungen, die die Arbeitstätigkeit von Projektmanager*innen in Gänze betrachten und das Phänomen der Komplexität in diesem speziellen Kontext untersuchen. Die vorgestellte Studie bedeutet einen ersten Schritt in diese Richtung, indem sie Komplexitätsindikatoren liefert, die aus Sicht von Projektmanager*innen einen großen Einfluss auf die Komplexität im Projekt-management haben. Diese Indikatoren können in weiterführenden Untersuchungen (mit größeren Stichprobenumfängen) für die Operationalisierung von Komplexitäts-dimensionen herangezogen werden.

Die Ergebnisse der Befragung lassen Zusammenhänge zwischen Dimensionen der Komplexität und der psychischen Belastung und Beanspruchung von Projektverantwort-lichen vermuten, die empirisch überprüft werden sollten. Von Interesse ist insbesondere die Frage, inwieweit ein Komplexitätsanstieg tatsächlich mit einer erhöhten psychischen Beanspruchung einhergeht bzw. inwieweit die identifizierten Komplexitätsdimensionen als Prädiktoren für negative Fehlbeanspruchungsfolgen (Richter und Hacker 2017), wie ein erhöhtes Burn-Out-Risiko, fungieren können. Trotz bekannter Schwierigkeiten bei der Messung psychischer Belastung und Beanspruchung (Nachreiner und Schütte 2002; Böckelmann und Seibt 2011; DIN EN ISO 10075-1 2018) sind Forschungsaktivitäten, die sich der Beantwortung dieser und verwandter Fragen in der Projektarbeit widmen, zu begrüßen (s. z. B. Gerlmaier und Latniak 2011) und auszubauen. In Anbetracht des gefundenen Einflusses des Projektmanagementansatzes erscheint eine entsprechende Differenzierung bei zukünftigen Untersuchungen angezeigt, mindestens aber eine Kontrolle dieser Variable. Eine zweite, ebenfalls im Rahmen des Forschungsprojekts TransWork durchgeführte, größer angelegte Online-Befragung verspricht hierzu weitere Erkenntnisse. Die Ergebnisse werden derzeit im Rahmen eines Promotionsvorhabens aufbereitet.

3.6   Empfehlungen für die Gestaltung von Arbeit im Projektmanagement

Zentrale Ansatzpunkte für die Beherrschung von Komplexität im Projektmanagement betreffen die Organisation, die beteiligten Personen sowie die eingesetzten Techno-logien, womit die drei klassischen Dimensionen der sozio-technischen Systemgestaltung angesprochen sind. Die organisatorische Dimension umfasst im vorliegenden Kontext sowohl die projektinterne Arbeitsorganisation als auch das organisationale Umfeld. In der Studie haben sich vor allem organisatorische Gestaltungsaspekte als besonders komplexitätstreibend erwiesen, sodass sich auch die Gestaltungsempfehlungen hierauf konzentrieren. Im Rahmen von betrieblichen Aktivitäten zur Analyse und Gestaltung von Projektarbeit sollten allerdings stets alle drei Dimensionen sowie alle Beteiligten (nicht nur die hier betrachtete Zielgruppe) in den Blick genommen werden.

Die Tätigkeit von Projektmanager*innen ist anspruchsvoll, abwechslungsreich und eröffnet in der Regel auch Lern- und Entwicklungsmöglichkeiten im Prozess der Arbeitsbewältigung. Das Ziel einer (Um-)Gestaltung kann deshalb nicht darin bestehen, aus einer in Bezug auf den Arbeitsinhalt „komplexen" Tätigkeit eine einfache, monotone zu machen. Die folgenden Empfehlungen zielen vielmehr darauf ab, Komplexität dort zu reduzieren, wo sie zu vermeidbaren Belastungen der Zielgruppe sowie darüber hinaus zu Ineffektivität und Produktivitätsverlusten in Unternehmen führt.

Bezogen auf das Umfeld von Projekten sind Unternehmen gefordert, die Widersprüchlichkeit von Zielen, Anforderungen und Regularien zu reduzieren. Es gilt unternehmensspezifische Zielsysteme, Regelwerke und Standards auf den Prüfstand zu stellen, Widersprüche aufzudecken und ggf. parallel bestehende Ziel- und Managementsysteme zu verschlanken und zu integrieren. Bei unvermeidbaren Widersprüchen mit Regelwerken anderer Länder oder Partnerorganisationen sind verbindliche Prioritätsregeln zu vereinbaren und transparent zu machen.

Transparenz ist auch in Bezug auf die Aufbauorganisation gefordert – sowohl innerhalb als auch außerhalb von Projekten. Auf der Grundlage der Studie kann keine generelle Empfehlung für die Auswahl des klassischen, agilen oder hybriden Projektmanagementansatzes gegeben werden. Von Bedeutung erscheint jedoch, die mit den jeweiligen Ansätzen verbundenen Rollen, Aufgaben und Entscheidungsbefugnisse zu definieren und Konfliktpotenziale zu reduzieren. Angesichts der hohen Volatilität und Dynamik der Wettbewerbsbedingungen und den daraus resultierenden Flexibilitätsanforderungen geht es nicht darum, Stellenprofile zu erstellen, in denen sämtliche Tätigkeitsbestandteile detailliert festgeschrieben sind. Überlappungen zwischen bewusst unscharf bzw. offen gehaltenen Rollenbeschreibungen sind im Sinne der Förderung von projekt- und bereichsübergreifender Kooperation und Kommunikation durchaus erlaubt. Allerdings sollten eben auch diese Überlappungen für die Beteiligten transparent sein. Unterdeckungen in Form von nicht zugeordneten, aber für die Ablauforganisation relevanten Aufgaben und Entscheidungsbefugnissen sollten hingegen vermieden werden.

Aus Sicht der befragten Projektmanager*innen zählt auch die Fluktuation im Projektteam zu den stärksten Komplexitätstreibern. Hier lassen sich Bezüge zu Befunden der Erfolgsfaktorenforschung im Bereich des Projektmanagements herstellen, die eine kontinuierliche Besetzung des Projektteams favorisieren.

In Abhängigkeit des Projektmanagementansatzes ergeben sich weitere Ansatzpunkte für die Reduzierung von Komplexitätsanforderungen. Um beispielsweise im klassischen Projektmanagement Zeitdruck zu vermeiden, sollte bereits im Zuge der Verhandlungen mit dem Projektauftraggeber eine Priorisierung der Projektziele vorgenommen werden (z. B. Qualität vor Termin). Ein Absenken des Anspruchs an die langfristige Planbarkeit von Projekten sowie kürzere Planungszeiträume können ebenfalls dazu beitragen, das Entstehen von Zeitdruck zu verhindern. Nicht zuletzt kann auch eine realistischere

Schätzung des geplanten Aufwands mithilfe neuartiger Verfahren Abhilfe verschaffen (s. Beitrag von Hacker et al. in diesem Band). Die Bezüge zu den agilen Konzepten sind offensichtlich. Eine höhere Agilität im Sinne des agilen Manifests lässt sich folglich auch im klassischen Projektmanagement erreichen, indem Kunden und Stakeholder regelmäßig einbezogen, die Zieldimensionen im Vorfeld priorisiert, die Planungszeiträume verkürzt und die Verantwortlichkeiten der Projektleitung zugunsten einer stärkeren Selbstorganisation im Projektteam reduziert werden.

Im agilen Managementansatz erscheint es besonders wichtig, Projektverantwortliche bei der Verarbeitung und Priorisierung der unterschiedlichen Interessen und Anforderungen der externen Projektstakeholder sowie aller anderen Einflüsse aus dem dynamischen Projektumfeld zu unterstützen. Dabei ist u. a. dafür Sorge zu tragen, dass Auftraggebern und anderen Stakeholdern die agile Arbeitsweise bekannt ist. Es gilt z. B. ein Bewusstsein dafür zu schaffen, dass die in frühen Phasen erstellten Produktinkremente zwar funktionsfähig sind, aber nicht alle Funktionen umfassen. Soll ein Anstieg der subjektiv wahrgenommenen Komplexität vermieden werden, ist zusätzlicher Leistungsdruck durch unternehmensinterne Stakeholder kontraproduktiv. Der in agilen Ansätzen postulierte Anspruch eines ertragbaren, gleichmäßigen Arbeitstempos sollte nicht nur für die Entwicklungsteams gelten, sondern auch für Projektverantwortliche bzw. im Fall von Scrum für Product Owner und Scrum Master realisiert werden.

Die bereits genannten Gestaltungsempfehlungen zur Zielharmonisierung, -priorisierung und Rollenklärung sollten auch bei hybriden Ansätzen zu einer Reduzierung der Komplexität führen. Aus der Kombination der Ansätze können zusätzliche Anforderungen und Herausforderungen entstehen. So ist besonderes Augenmerk darauf zu legen, dass die Vielfalt der zum Einsatz kommenden Methoden und Technologien noch beherrschbar ist und Überforderungen durch fehlende Qualifikationen oder ergonomisch schlecht gestaltete Benutzungsschnittstellen vermieden werden.

Einige der genannten Maßnahmen haben bereits das Potenzial, nicht fachlich begründete Konflikte zwischen Projektleiter*in und Projektteam zu vermeiden. Darüber hinaus erscheint es angebracht, den Umgang mit Konflikten durch spezifische Trainings und Teamentwicklungsmaßnahmen zu unterstützen. Die Kompetenz der Projektmanager*innen hat sich in der Untersuchung als ein zentraler Ansatzpunkt für die Senkung von Komplexität im Projektmanagement erwiesen. Auf eine Aufzählung der vielfältigen Methoden und Konzepte zur Erfassung und Förderung beruflicher Handlungskompetenz soll hier verzichtet und stattdessen auf die einschlägige Literatur verwiesen werden (s. z. B. Kauffeld und Frerichs 2018; Kauffeld 2009).

Damit die Gestaltung nicht an den individuellen Wahrnehmungen und Bedürfnissen der Beschäftigten sowie den spezifischen organisationalen Bedingungen und Bedarfen des Unternehmens vorbeiläuft, ist eine vorgeschaltete Analyse der konkreten betrieblichen Ausgangs- und Arbeitssituation und der jeweils individuellen Arbeitssituation dringend zu empfehlen. Sowohl bei der Instrumentenauswahl als auch bei der Durchführung der Analyse sind die vielfältigen Belastungen und Anforderungen, die bei der Leitung und Bearbeitung von Projekten auftreten können, zu berücksichtigen, um negative Auswirkungen auf die Gesundheit der Beteiligten, z. B. infolge von dauerhaft als zu hoch wahrgenommener Komplexitätsanforderungen, zu vermeiden. Des Weiteren wird empfohlen, entsprechende Aktivitäten durch Qualifizierungsmaßnahmen zu flankieren, die auf die Entwicklung von Arbeitsgestaltungskompetenz auf allen Hierarchieebenen abzielen. Hiermit ist die Hoffnung der Autor*innen verbunden, dass die Kenntnis der Auswirkungen von Entscheidungen auf die Arbeitsbedingungen anderer nicht zuletzt auch dazu beiträgt, dass bei der Einlastung neuer Projekte neben den fachlichen Fähigkeiten auch die zeitlichen und gesundheitlichen Ressourcen der Beschäftigten angemessen Beachtung finden.

Literatur

Abrahamsson P, Warsta J, Siponen Mikko T, Ronkainen J, Abrahamsson P, Warsta J, Siponen MT, Ronkainen J (2003) New Directions on Agile Methods: A Comparative Analysis 25th International Conference on Software Engineering. IEEE, Portland, Oregon, S 244–254

Beck K, Beedle M, van Bennekum A, Cockburn A, Cunningham W, Fowler M, Grenning J, Highsmith J, Hunt A, Jeffries R, Kern J, Marick B, Martin RC, Mellor S, Schwaber K, Sutherland J, Thomas D (2001) Manifest für Agile Softwareentwicklung. https://agilemanifesto.org/iso/de/manifesto.html. Zugegriffen: 12. Mai 2020

Bochtler W, Laufenberg L, Eversheim W (1995) Simultaneous Engineering. In: Eversheim W (Hrsg) Simultaneous Engineering. Erfahrungen aus der Industrie für die Industrie. Springer, Berlin, S 1–18

Böckelmann I, Seibt R (2011) Methoden zur Indikation vorwiegend psychischer Berufsbelastung und Beanspruchung – Möglichkeiten für die betriebliche Praxis. Z Arb Wiss 65:205–222. https://doi.org/10.1007/BF03373839

Botchkarev A, Finnigan P (2015) Complexity in the context of information systems project management. Organ Proj Manag 2:15. https://doi.org/10.5130/opm.v2i1.4272

Bowen P, Edwards P, Lingard H, Cattell K (2014) Occupational stress and job demand, control and support factors among construction project consultants. Int J Project Manag 32:1273–1284. https://doi.org/10.1016/j.ijproman.2014.01.008

Brown JL, Agnew NM (1982) Corporate agility. Bus Horiz 25:29–33. https://doi.org/10.1016/0007-6813(82)90101-X

Burghardt M (2013) Einführung in Projektmanagement; Definition, Planung, Kontrolle, Abschluss. Publicis Publishing, Erlangen

Chrobok H, Makarov A (2019) Gesundheitsförderlich gestaltete Projektarbeit bei Bühler Motor. In: Gerlmaier A, Latniak E (Hrsg) Handbuch psycho-soziale Gestaltung digitaler Produktionsarbeit. Gesundheitsressourcen stärken durch organisationale Gestaltungskompetenz. Springer, Wiesbaden, S 181–191

Cockburn A (2003) Agile Software-Entwicklung. verlag moderne industrie, Bonn

Cooper RG, Sommer AF (2016) Agile-stage-gate: new idea-to-launch method for manufactured new products is faster, more responsive. Ind Mark Manage 59:167–180. https://doi.org/10.1016/j.indmarman.2016.10.006

Dao B, Kermanshachi S, Shane J, Anderson S, Hare E (2016) Identifying and measuring project complexity. Procedia Eng 145:476–482. https://doi.org/10.1016/j.proeng.2016.04.024

DIN 69901-5 (2009) Projektmanagement – Projektmanagementsysteme, Berlin

DIN EN ISO 10075-1 (2018) Ergonomische Grundlagen bezüglich psychischer Arbeitsbelastung, Berlin

Enshassi A, El-Rayyes Y, Alkilani S (2015) Job stress, job burnout and safety per-formance in the Palestinian construction industry. J of Fin Man Prop Cons 20:170–187. https://doi.org/10.1108/JFMPC-01-2015-0004

Geraldi J, Maylor H, Williams T (2011) Now, let's make it really complex (complicated). Int J Op Prod Manag 31:966–990. https://doi.org/10.1108/01443571111165848

Gerlmaier A (2011) Stress und Burnout bei IT-Fachleuten – auf der Suche nach Ursachen. In: Gerlmaier A, Latniak E (Hrsg) Burnout in der IT-Branche. Ursachen und betriebliche Prävention. Asanger, Kröning, S 53–90

Gerlmaier A, Latniak E (Hrsg) (2011) Burnout in der IT-Branche, Ursachen und betriebliche Prävention. Asanger, Kröning

Goldman SL, Nagel RN, Preiss K, Warnecke H-J (1996) Agil im Wettbewerb. Springer, Berlin

Harlacher M, Hettenbach J, Przybysz PM, Mütze-Niewöhner S (2018) Dimensionen der Komplexität von Projekten. In: Gesellschaft für Arbeitswissenschaft e. V. (Hrsg) 64. Frühjahrskongress der Gesellschaft für Arbeitswissenschaft: Grundlage für Management & Kompetenzentwicklung. GfA Press, Dortmund

Harlacher M, Glawe L, Nitsch V, Mütze-Niewöhner S (2020) Agil, klassisch, hybrid: Unterschiede in der Bedeutung von Komplexitätstreibern in Abhängigkeit des Managementsansatzes. In: Gesellschaft für Arbeitswissenschaft e. V. (Hrsg) Grundlage für Management & Kompetenzentwicklung. GfA Press, Dortmund

Kauffeld S (Hrsg) (2009) Handbuch Kompetenzentwicklung. Schäffer-Poeschel, Stuttgart

Kauffeld S, Frerichs F (Hrsg) (2018) Kompetenzmanagement in kleinen und mittelständischen Unternehmen; Eine Frage der Betriebskultur? Springer, Berlin

Komus A (2020) Status Quo (Scaled) Agile 2019/2020; 4. Internationale Studie zu Nutzen und Erfolgsfaktoren (skalierter) agiler Ansätze. https://www.process-and-project.net/studien/studienunterseiten/status-quo-scaled-agile-2020/. Zugegriffen: 24. Mai 2020

Krieg A (2017) Agiler Projektleiter – Vermittler und Moderator im hybriden Pro-jektumfeld. In: Volland A, Engstler M, Fazal-Baqaie M, Hanser E, Linssen O, Mikusz M (Hrsg) Die Spannung zwischen dem Prozess und den Menschen im Projekt. Projektmanagement und Vorgehensmodelle 2017: PVM 2017: gemeinsame Tagung der Fachgruppen Projektmanagement (WI-PM) und Vorgehensmodelle (WI-VM) im Fachgebiet Wirtschaftsinformatik der Gesellschaft für Informatik e. V. in Kooperation mit der Fachgruppe IT-Projektmanagement der GPM e. V.: 5. und 6. Oktober 2017 in Darmstadt. Gesellschaft für Informatik e. V. (GI), Bonn, S 61–70

Latniak E (2014a) Ansätze der Arbeitsgestaltung in der IT-Arbeit. In: Pekruhl U, Spaar R, Zölch M (Hrsg) Jahrbuch Human Resource Management 2014. WEKA Zürich, Zürich, S 169–200

Latniak E (2014b) Arbeitsgestaltung bei Projektarbeit – widersprüchliche Anforde-rungen, Belastungen und Ressourcen. In: Vedder G (Hrsg) Befristete Beziehungen. Menschengerechte Gestaltung von Arbeit in Zeiten der Unverbindlichkeit. Hampp, München, S 135–137

Latos & Harlacher, Burgert F, Nitsch V, Przybysz P, Niewöhner SM, (2018) Complexity drivers in digitalized work systems: implications for cooperative forms of work. Adv Sci Technol Eng Syst J 3:171–185. https://doi.org/10.25046/aj030522

Lenhardt U (2017) Psychische Belastung in der betrieblichen Praxis. Z Arb Wiss 71:6–13. https://doi.org/10.1007/s41449-017-0045-z

Leung M-y, Cooper CL, Chan IYS (2014) Stress management in the construction industry. Wiley, Hoboken

Leung M-y, Liang Q, Olomolaiye P (2016) Impact of job stressors and stress on the safety behavior and accidents of construction workers. J Manage Eng 32:4015019. https://doi.org/10.1061/(ASCE)ME.1943-5479.0000373

Lu Y, Luo L, Wang H, Le Y, Shi Q (2015) Measurement model of project complexity for large-scale projects from task and organization perspective. Int J Proj Manag 33:610–622. https://doi.org/10.1016/j.ijproman.2014.12.005

Machado FJ, Martens CDP (2015) Project management success: a bibliometric analisys. GeP 06:28–44. https://doi.org/10.5585/gep.v6i1.310

Nachreiner F, Schütte M (2002) Über einige aktuelle Probleme der Erfassung, Messung und Beurteilung der psychischen Belastung und Beanspruchung. Z Arbeitswissenschaft 73:10–21

Nübling M, Stößel U, Hasselhorn H-M, Michaelis M, Hofmann F (2005) Methoden zur Erfassung psychischer Belastungen; Erprobung eines Messinstrumentes (COPSOQ); [Abschlussbericht zum Projekt „Methoden zur Erfassung psychischer Belastungen – Erprobung eines Messinstrumentes (COPSOQ)" – Projekt F 1885. Wirtschaftsverl, NW, Bremerhaven

Pichler R (2009) Scrum; Agiles Projektmanagement erfolgreich einsetzen. Dpunkt, Heidelberg

Radujković M, Sjekavica M (2017) Project management success factors. Procedia Eng 196:607–615. https://doi.org/10.1016/j.proeng.2017.08.048

Rau R, Buyken D (2015) Der aktuelle Kenntnisstand über Erkrankungsrisiken durch psychische Arbeitsbelastungen. Z Arbeits- Organ Psychol A&O 59:113–129. https://doi.org/10.1026/0932-4089/a000186

Reichhart T, Müller-Ettrich R (2014) Burnout bei ProjektmanagerInnen; Wie gefärdet sind ProjektmanagerInnen? https://www.gpm-ipma.de/fileadmin/user_upload/Know-How/studien/141015_Burnout-Studie_Web_Final.pdf

Richter G (2000) Psychische Belastung und Beanspruchung; Streß, psychische Ermüdung, Monotonie, psychische Sättigung. Wirtschaftsverl NW Verl. für Wiss, Dortmund

Richter P, Hacker W (2017) Belastung und Beanspruchung; Stress, Ermüdung und Burnout im Arbeitsleben. Asanger, Kröning

Schelle H, Ottmann R, Pfeiffer A (2008) ProjektManager. GPM Deutsche Gesellschaft für Projektmanagement, Nürnberg

Schlick C, Bruder R, Luczak H (2018) Arbeitswissenschaft. Springer Vieweg, Berlin

Schneider C, Wald A, Gröber M, Scheurer S, Klausing H (2017) Gehalt und Karriere im Projektmanagement 2017; Das Gehaltsbarometer für Projektmanagerinnen und Projektmanager im deutschsprachigen Raum

Schwaber K, Sutherland J (2017) Der Scrum Guide™; Der gültige Leitfaden für Scrum: Die Spielregeln. https://www.scrumguides.org/docs/scrumguide/v2017/2017-Scrum-Guide-German.pdf. Zugegriffen: 12. Febr. 2020

Sommer AF, Dukovska-Popovska I, Steger-Jensen K (2014) Barriers towards integrated product development – challenges from a holistic project management perspective. Complexities Manag Mega Constr Proj 32:970–982. https://doi.org/10.1016/j.ijproman.2013.10.013

Sonntag K, Feldmann E (2018) Objektive Erfassung psychischer Belastung am Arbeitsplatz – Anwendung des Verfahrens GPB in der Produktion. Z Arbeitswissenschaft 72:319–325. https://doi.org/10.1007/s41449-018-0127-6

Sverrisdottir HS, Ingason HT, Jonasson HI (2014) The role of the product owner in scrum-comparison between theory and practices. Procedia – Soc Behav Sci 119:257–267. https://doi.org/10.1016/j.sbspro.2014.03.030

Timinger H (2017) Modernes Projektmanagement; Mit traditionellem, agilem und hybridem Vorgehen zum Erfolg. Wiley, Weinheim

Timinger H, Seel C (2016) Ein Ordnungsrahmen für adaptives hybrides Projektmanagement. Projektmanagement Aktuell 4:55–61

Trepper T (2012) Agil-systemisches Softwareprojektmanagement. Springer-Gabler, Wiesbaden

Weiber R, Mühlhaus D (2014) Strukturgleichungsmodellierung; Eine anwendungsorientierte Einführung in die Kausalanalyse mit Hilfe von AMOS, SmartPLS und SPSS. Springer Gabler, Berlin

Wu G, Hu Z, Zheng J (2019) Role stress, job burnout, and job performance in construction project managers: the moderating role of career calling. Int J Environ Res Public Health 16. https://doi.org/10.3390/ijerph16132394

Open Access Dieses Kapitel wird unter der Creative Commons Namensnennung 4.0 International Lizenz (http://creativecommons.org/licenses/by/4.0/deed.de) veröffentlicht, welche die Nutzung, Vervielfältigung, Bearbeitung, Verbreitung und Wiedergabe in jeglichem Medium und Format erlaubt, sofern Sie den/die ursprünglichen Autor(en) und die Quelle ordnungsgemäß nennen, einen Link zur Creative Commons Lizenz beifügen und angeben, ob Änderungen vorgenommen wurden.

Die in diesem Kapitel enthaltenen Bilder und sonstiges Drittmaterial unterliegen ebenfalls der genannten Creative Commons Lizenz, sofern sich aus der Abbildungslegende nichts anderes ergibt. Sofern das betreffende Material nicht unter der genannten Creative Commons Lizenz steht und die betreffende Handlung nicht nach gesetzlichen Vorschriften erlaubt ist, ist für die oben aufgeführten Weiterverwendungen des Materials die Einwilligung des jeweiligen Rechteinhabers einzuholen.

Belastungs- und Ressourcensituation operativer Führungskräfte bei virtueller Teamarbeit. Herausforderungen für die Gestaltung der Arbeit

4

Erich Latniak und Jennifer Schäfer

4.1 Problemstellung

Zunehmende Digitalisierung und vernetzte Kommunikationsinfrastrukturen haben für viele Unternehmen die Voraussetzungen geschaffen, um sog. virtuelle Teamarbeit zu nutzen: Beschäftigte arbeiten dabei an unterschiedlichen geografischen Orten in einem Team an einer gemeinsamen Aufgabe oder Problemlösung zusammen, und setzen dafür IT-gestützte Kommunikationsmedien in variabler Form und Intensität ein (vgl. Boos et al. 2017; Kauffeld et al. 2016, S. 44 f.; Gilson et al. 2015, S. 1317). In den letzten Jahren haben Videokonferenzsysteme und Plattformen, die mobile Endgeräte für den Austausch unterschiedlicher Datentypen einbinden können, weite Verbreitung gefunden (vgl. Roth und Müller 2017). Dies wirkt sich auf die Tätigkeiten der Teams aus. Die Unternehmen nutzen das zeit- und ortsunabhängige Arbeiten, um weltweit Kompetenzen zu erschließen, Kosten zu reduzieren und interne Abläufe zu beschleunigen (vgl. u. a. Manager Monitor 2017; PAC Group 2015; SHRM 2012).

Zur aktuellen Verbreitung dieser Arbeitsform in Deutschland gibt es unseres Wissens nach keine repräsentativen Untersuchungen, die verfügbaren Daten geben insofern eher grobe Orientierungen: Akin und Rumpf (2013, S. 377 f.) ermittelten bei einer Führungs-kräftebefragung, dass 75 % der Unternehmen (mit Hauptsitz in Deutschland) bzw. 81 % (mit Hauptsitz im Ausland) virtuelle Teams nutzten. Ähnliche Werte ermittelte auch der

E. Latniak (✉) · J. Schäfer
Institut Arbeit und Qualifikation (IAQ), Universität Duisburg-Essen, Duisburg, Deutschland
E-Mail: erich.latniak@uni-due.de

J. Schäfer
E-Mail: jennifer.schaefer@uni-due.de

© Der/die Autor(en) 2021
S. Mütze-Niewöhner et al. (Hrsg.), *Projekt- und Teamarbeit in der digitalisierten Arbeitswelt*, https://doi.org/10.1007/978-3-662-62231-5_4

Manager Monitor (2017), zudem habe die Vertrautheit mit dieser Arbeitsform in den letzten Jahren bei den Befragten weiter zugenommen, was auf eine intensivere Nutzung hindeute. Virtuelle Teamarbeit hat sich offensichtlich zu einer in vielen Unternehmen genutzten, alltäglichen Form von Arbeit entwickelt (vgl. PAC Group 2015). Es ist anzunehmen, dass es, getrieben durch die fortschreitende Digitalisierung und Tertiarisierung, aber auch im Nachgang der aktuellen Corona-Krise sowie durch die arbeitspolitische Diskussion über ein Recht auf Homeoffice-Nutzung zur weiteren Verbreitung virtueller Team- und Projektarbeit kommen dürfte.

Diese Arbeitsform ist durch spezifische Herausforderungen gekennzeichnet, die sich als Anforderungen und Arbeitsbedingungen für die Beschäftigten niederschlagen. Hierzu gibt es zwar mittlerweile Forschungsbefunde in unterschiedlichen wissenschaftlichen Disziplinen (u. a. Kordsmeyer et al. 2019; Gilson et al. 2015; Malhotra und Majchrzak 2014; Maynard et al. 2012)[1], insbesondere die Arbeitssituation der operativen Führungskräfte (opFk) in virtuellen Teams erweist sich allerdings als Forschungsdesiderat: Empirische Untersuchungen zur Arbeitssituation der opFk im deutschsprachigen Raum fehlen, soweit uns bekannt, bisher gänzlich für virtuelle Teamarbeit (vgl. Gilson et al. 2015, S. 1330; Syrek et al. 2013). Als opFk werden im Folgenden Team- und Projektleitende bezeichnet, wobei Teamleitende – je nach Organisation – disziplinarisch und fachlich für ‚ihr‘ Team verantwortlich sind, während Projektleitende ihr(e) Projekt(e) zeitlich befristet leiten. In der bisherigen Forschung wird den opFk eine zentrale Rolle für Erfolg und Leistungsfähigkeit, aber auch für die Gesundheit der virtuell arbeitenden Teams zugeschrieben (vgl. Boos et al. 2017; Antoni und Syrek 2017; Hoegl und Muethel 2016, S. 8; Hoch und Kozlowski 2014; Akin und Rumpf 2013, S. 379).

Gegenstand in diesem Teilprojekt des vLead-Forschungsverbunds[2] (vgl. die Beiträge von Antoni et al. und Hellert et al. in diesem Band) ist es vor diesem Hintergrund, für virtuell arbeitende opFk – exemplarisch in den Bereichen IT-Services bzw. Softwareentwicklung – zu untersuchen, wie deren Arbeitsbedingungen aussehen. Die IT-Branche bietet sich für ein exploratives Vorgehen besonders an, weil sie in der Nutzung der technischen Infrastruktur für verteiltes Arbeiten weit fortgeschritten ist (vgl. Roth und Müller 2017, S. 49 ff.).

Ziel des Teilprojekts ist es, Arbeitsbedingungen (Rahmenbedingungen), Belastungen und Ressourcen (vgl. Abschn. 3.1) der opFk explorativ zu untersuchen, um darauf

---

[1]Die Gegenüberstellung von ‚lokalen‘ und ‚virtuellen‘ Teams als distinkten Arbeitsformen gilt mittlerweile als überholt (vgl. u. a. Bailey et al. 2012; Will-Zocholl und Flecker 2019).

[2]Das Verbundprojekt „Modelle ressourcenorientierter und effektiver Führung digitaler Projekt- und Teamarbeit (vLead)", in dessen Rahmen das Teilprojekt „Ressourcenstärkende Führung – operative Führungskräfte in virtuellen Kontexten stärken und gesund erhalten" vom 01.04.2017 – 31.12.2020 durchgeführt wird, wird gefördert vom Bundesministerium für Bildung und Forschung (BMBF) und dem Europäischen Sozialfonds unter dem Förderkennzeichen 2L15A081.

aufbauend angepasste Maßnahmen bzw. Bausteine für ein präventives Ressourcen-management zu entwickeln, die die Leistungsfähigkeit und Gesundheit dieser Führungs-kräfte fördern bzw. erhalten sollen. Praktisches Ziel war es dabei, deren individuelle Handlungsfähigkeit durch Reflexion sowie durch besseres individuelles Ressourcen-management zu verbessern, wodurch sowohl der Erhalt der Arbeits- und Leistungs-fähigkeit als auch die Effizienz und Effektivität der Arbeit unterstützt werden sollen. Dafür wurde u. a. ein leicht handhabbarer Fragebogen auf Screening-Niveau entworfen, der bei sog. Feedbackgesprächen mit den opFk eingesetzt wurde. Aufbauend auf den dabei gewonnenen Informationen wurden in diesen Gesprächen konkrete Vorschläge für Maßnahmen im Arbeitsumfeld oder bei der individuellen Arbeitsweise der opFk erarbeitet. Erste Ergebnisse, die im Rahmen der Gespräche mit dem Fragebogen erhoben wurden, werden im Folgenden dargestellt. Dabei stehen in diesem Beitrag drei Fragen im Vordergrund:

1. Welche spezifischen Herausforderungen stellen sich für operative Führungskräfte bei der Führung virtueller Teams bzw. der Arbeit in virtuellen Umgebungen?
2. Wie ist die Ressourcen- und Belastungssituation der opFk und wie unterscheidet sich diese zwischen höher und weniger beanspruchten opFk?
3. Welche Ansatzpunkte gibt es dabei für Verbesserungen der individuellen Arbeits-situation?

Im Weiteren werden zunächst die spezifischen Anforderungen an operative Führungs-kräfte in virtuellen Arbeitsumgebungen skizziert. Aufbauend darauf werden erste Befunde zur Ressourcen- und Belastungssituation der befragten opFk dargestellt. Aus diesen ersten Befunden werden schließlich Ansatzpunkte für Ressourcenmanagement und Arbeitsgestaltung abgeleitet.

4.2 Aktuelle Herausforderungen der operativen Führungsarbeit in virtuellen Teams

Für die operativen Führungskräfte ist charakteristisch, dass sie an einer multiplen Schnittstelle tätig sind und zwischen den unterschiedlichen Perspektiven und Interessen der internen sowie externen Kunden, dem strategischen Management (z. B. bei Ressourcenallokation bzw. Budgetfragen) und den jeweils ausführenden Teams vermitteln müssen (vgl. Latniak 2017). Ihre Tätigkeit lässt sich deshalb als kommunikationsintensives und spannungsreiches ‚Widerspruchsmanagement im All-tag' charakterisieren: OpFk kommt in virtuellen Teams die Aufgabe zu, die teilweise widersprüchlichen Vorgaben, Bedingungen und Ziele vereinbar zu machen (‚Scharnier-position') und dabei überwiegend digital vermittelte Kommunikationsformen zu nutzen. Die konkreten Aufgabenstellungen variieren dabei erheblich; es gibt kaum einheitliche

Aufgabenstrukturen, und auch die inhaltlich-fachliche Ausrichtung der Tätigkeiten ist ausdifferenziert.

Dabei mehren sich die Hinweise darauf, dass diese Konstellation zumindest bei einem relevanten Teil der opFk zu kritischen Beanspruchungssituationen beiträgt. So ermittelten u. a. Pangert und Schüpbach (2011), dass in den unteren Führungsebenen die Ressourcen geringer, die Stressoren stärker ausgeprägt waren als bei anderen Beschäftigtengruppen. Unterschiede fanden sich ebenfalls bei den Beanspruchungs-werten, die bei den unteren Führungskräften höher ausfallen (a. a. O., S. 76). Dies wird durch Befunde von Zimber et al. (2015) sowie frühere eigene Untersuchungen bestärkt (Latniak 2017).

Vor welchen spezifischen Herausforderungen stehen die opFk in virtuellen Arbeits-umgebungen? Um die Anforderungen konkreter zu fassen wurden in einer Vorstudie auf Basis einer Literaturübersicht und ergänzender Interviews zur Arbeitssituation spezi-fische Herausforderungen herausgearbeitet, denen sich Team- und Projektleitende in virtuellen Teams gegenübersehen. Charakteristisch für die Arbeitssituation opFk in virtuell arbeitenden Teams sind auf dieser Basis die folgenden Aspekte:

1. Die opFk sind von der Motivation und Kooperationsbereitschaft der Teammitglieder für die Lösung gemeinsamer Aufgaben abhängig. Die Autonomie in der Arbeitsaus-führung und die Homeoffice-Nutzung erschweren es den opFk einerseits, Transparenz und Kontrolle über die jeweilige Arbeitsleistung der Teammitglieder zu gewinnen. Dies ist eine Quelle von Unsicherheit in der Kommunikation und in der Steuerung der Prozesse (vgl. Breuer et al. 2017). Der Team-Erfolg ist von der Leistungsbereit-schaft der Teammitglieder abhängig (vgl. Boes und Kämpf 2019, S. 198), was die Steuerung und Kontrolle virtueller Teams anspruchsvoll macht, da auch bei Konflikten die Kooperation im Team gesichert werden muss. Gelingt die Integration der unterschiedlichen Perspektiven nicht, kann das zu psycho-sozialen Spannungen, emotionalen Belastungen und in der weiteren Bearbeitung zu Zusatzaufwänden bei-tragen. Im Gegensatz dazu können funktionierende Teams (durch Bereitstellen von Unterstützung) eine soziale Ressource darstellen.
2. In virtuellen Teams ist Personalführung tendenziell aufwendiger als dies bei traditioneller Führung der Fall ist. Einerseits schlägt sich der Vertrauensaufbau bei fehlenden direkten Kontakten häufig als Zusatzaufwand nieder (Breuer et al. 2017), etwa durch ergänzende Telefonate oder zusätzliche ‚reale' Treffen. Andererseits besteht bei Teammitgliedern, die ausschließlich im Homeoffice arbeiten und medien-vermittelt kommunizieren, das Risiko in eine soziale Isolation zu geraten. Ob eine solche entsteht, ist in virtuellen Arbeitskontexten schwerer zu erkennen, und es muss dem bewusst entgegen gesteuert werden.
3. Durch die medienvermittelte Kommunikation liegt eine kontinuierliche Einbindung der opFk in parallele Informationsflüsse nahe (vgl. u. a. Seidler et al. 2018; Gilson et al. 2015, S. 1327), die in ein quasi ungeregeltes Multitasking führen kann. Einer-seits sind störende Unterbrechungen, gerade bei der Bearbeitung konzentrations-

intensiver Aufgaben, kaum vermeidbar, wenn parallel z. B. Chats genutzt werden. Gleichzeitig verkürzen sich die erwarteten Reaktionszeiten auf Anfragen; insgesamt ist von einer zunehmenden Dynamisierung der Abläufe auszugehen (vgl. insg. Korunka und Hoonakker 2014), die mit Zeitdruck oder mit Regulationshindernissen (wie z. B. Arbeitsunterbrechungen und informationsbezogener Mehraufwand, vgl. Ulich 2011, S. 127) einhergehen kann. Andererseits droht – bedingt durch die jeweiligen Arbeitszeiten bei weltweit verteilten Teams – eine zeitliche Ausdehnung der Arbeit in die Morgen- oder Abendstunden für notwendige Teamtreffen und Kommunikation. Damit verschwimmt die Abgrenzung zwischen Phasen der Arbeit und Phasen der Regeneration, die sich in einer Work-Life-‚Imbalance‘ niederschlagen kann.

4. Die IT-technischen Kompetenz-Anforderungen an opFk steigen, insbesondere wenn Groupware- oder Kollaborationssysteme neu eingeführt werden oder nicht gut in die technische Arbeitsumgebung integriert sind. Sie sind für die opFk zentrales Arbeitsmittel und müssen sicher beherrscht werden (vgl. den Beitrag von Hardwig et al. in diesem Band; zur Nutzung neuer Medien vgl. Gilson et al. 2015, S. 1323 ff.). Dies kann sich arbeitserleichternd auswirken; hier können aber auch Quellen für Regulationsbehinderungen (Ulich 2011, S. 126) liegen. In unseren Interviews erwies sich gerade die Möglichkeit zur Einarbeitung in neue Tools als eine kritische, weil knappe Größe. Neue Systeme und Kommunikationswege *ersetzen* dabei i. d. R. *nicht* die bereits vorhandenen Mittel, sondern ergänzen die Bisherigen: Diese parallele Nutzung mehrerer Kommunikationskanäle trägt zur Wahrnehmung von informationeller Überlastung bei, der sich die opFk ausgesetzt sehen (vgl. Schulz-Dadaczynski et al. 2019, S. 281; Drössler et al. 2018; Antoni und Ellwarth 2017; Eppler und Mengis 2004).

5. OpFk sind durch ihre Position in der Organisation in einer Doppelrolle als Geführte und Führende: Häufig werden sie selbst virtuell geführt. Damit fällt z. B. eine kurzfristige Rückmeldung durch die Vorgesetzten als mögliche Ressource aus. Unterstützung ‚von oben‘ ist unter solchen Bedingungen nicht zeitnah verfügbar (vgl. Roth und Müller 2017). An dieser Stelle sind Rollen- und Zielklarheit sowie Unterstützung durch die eigenen Führungskräfte als Ressourcen (durch z. B. Feedback und Wertschätzung) bzw. – bei Fehlen derselben – als potenzieller Stressor zu berücksichtigen.

6. Meist ist die Position einer operativen Führungsaufgabe eine erste Bewährung für die weitere berufliche Entwicklung, die entsprechend gut bewältigt werden soll. Eine große Motivation der opFk für ihre Tätigkeit kann dazu beitragen, dass sie sich in die Tätigkeit auch mit großer Energie einbringen – oder in die Gefahr „interessierter Selbstgefährdung" (Krause et al. 2015) geraten; gemeint ist damit ein Verhalten, bei dem Beschäftigte sich bewusst gesundheitsschädigend verhalten, um Misserfolge zu vermeiden. Dabei werden quasi die Leistungs- und Verhaltensmuster Selbstständiger von abhängig Beschäftigten übernommen.

Als weitere Herausforderung zeichnet sich für die opFk die zunehmende Verbreitung agiler Methoden der Softwareentwicklung und des Projektmanagements ab, die u. a.

auch in einem der kooperierenden Unternehmen begonnen wurde. Mit den veränderten Rollen (wie z. B. Scrum Master oder Project Owner) und den anderen Ablaufstrukturen entstehen für die opFk neue Führungsanforderungen, die quer zum bisher im Unternehmen etablierten Führungshandeln liegen. Wie dies in virtuellen Arbeitskontexten in den Unternehmen umgesetzt werden kann und welche Bedingungen sich für die Beschäftigten und die opFk daraus ergeben ist eine offene Forschungsfrage (vgl. u. a. Boes und Kämpf 2019).

Diese Herausforderungen machen virtuelle Führung tendenziell zeit- und ressourcenintensiver als direkte Führung (vgl. Hoch und Kozlowski 2014), denn vieles, was in lokalen Teams in der direkten Interaktion emergent entsteht, muss in virtuellen Arbeitszusammenhängen bewusst hergestellt werden und führt zu zusätzlichen Arbeitsaufwänden. Gleichzeitig deutet sich anhand der skizzierten Spannungsverhältnisse an, dass die jeweils konkrete Ausprägung nicht ein-für-allemal gesetzt, sondern der Reflexion und Veränderung durch die Handelnden zugänglich ist. Insofern bietet sich hier durch Belastungsabbau bzw. ein entsprechendes Ressourcenmanagement die Möglichkeit, zu verbesserten Arbeitsbedingungen der opFk beizutragen.

4.3 Elemente eines Ressourcenmanagements für operative Führungskräfte

Vor diesem Hintergrund haben wir aufbauend auf den Befunden der Literaturanalyse und der Interviews mit opFk und Unternehmensvertretern relevante Ressourcen- und Belastungsfaktoren für den Screeningbogen ausgewählt und in den anschließenden Feedbackgesprächen erhoben. Die überarbeitete Endfassung des Instruments und die erarbeiteten Gestaltungsempfehlungen werden nach Projektende über die Webseite des Projekt verfügbar gemacht.

4.3.1 Ressourcen- und Belastungskonzept

Dabei verstehen wir Ressourcen als Handlungspotenziale, die von den Beschäftigten funktional unterstützend zur Bewältigung ihrer Anforderungen oder zur Reduzierung von Belastungen bzw. psychischer Kosten genutzt werden können (vgl. insg. Gerlmaier 2019a, S. 95 ff.). Wir gehen im Sinne des relationalen Belastungs- und Ressourcenkonzepts davon aus (vgl. Moldaschl 2005; Gerlmaier und Latniak 2007), dass Ressourcen nicht universell in allen Situationen als solche wirken, sondern erst im konkreten Gebrauch ihren Ressourcencharakter entfalten und insbesondere ihre stressreduzierende Wirkung von äußeren Bedingungen der Arbeitssituation bzw. der Handelnden abhängig sind.

Als mögliche situative Quellen gesundheitsförderlicher Ressourcen, die betrieblich beeinflusst werden können, unterscheiden wir im Anschluss an Gerlmaier (2019a) a) arbeitsorganisatorische und kapazitätsbezogene Ressourcen (kurz: ‚Arbeitsressourcen‘), die aus der Gestaltung des Arbeitssystems resultieren und z. B. in Form von Handlungs- und Gestaltungsspielräumen, Kapazitätspuffern oder Arbeitstandems (vgl. Gerlmaier 2019c) stressreduzierend wirken können.[3] Zweite wichtige Ressourcenquelle sind b) soziale Ressourcen, wie das soziale Klima im Team bzw. in der Organisation, soziale Unterstützung durch Kolleg*innen, oder ein unterstützendes Führungsverhalten des/r Vorgesetzten, für die jeweils stressmindernde Wirkungen als nachgewiesen gelten. c) Daneben gibt es Qualifikationsressourcen, die z. B. durch arbeitsimmanentes Lernen präventive Effekte in kritischen Situationen entfalten können. Hinzu kommen schließlich d) persönliche und Bewältigungsressourcen, die der Aufrechterhaltung der Gesundheit dienen können, wie etwa Selbstwirksamkeitserwartungen, Selbstmanagementfähig-keiten oder Erholungskompetenz. Sie wirken im Umgang mit den Anforderungen im Rahmen der organisatorisch vorgegebenen Möglichkeiten bei Nutzung problemlösend, belastungsreduzierend oder die Regeneration unterstützend.

Wir schließen uns darüber hinaus für die Entstehung psychischer Belastungen an das Konzept widersprüchlicher Arbeitsanforderungen an (vgl. Moldaschl 2005), das postuliert, dass psychische Belastungen in der Arbeit aus spezifischen Widersprüchen zwischen Anforderungen, Regeln und Ressourcen in der Arbeit entstehen, die von den Betroffenen dann nicht gelöst oder bearbeitet werden können (Einschränkung von Bewältigungsmöglichkeiten). Für den IT-Bereich wurden dafür 5 Widerspruchstypen identifiziert und operationalisiert (vgl. Gerlmaier und Latniak 2007, S. 135 ff.): Neben 1) widersprüchlichen Zielen in der Arbeit sind dies 2) Widersprüche zwischen Arbeits-anforderungen und Ausführungsbedingungen, 3) zwischen Aufgaben und Aneignungs-bedingungen (Lernbehinderungen), 4) zwischen subjektiven Erwartungen und betrieblichen Zielen sowie 5) zwischen Arbeits- und Lebensweltanforderungen (Work-Life-Balance). Stress und Fehlbelastungen sind nach diesem Verständnis Resultat einer unzureichenden Ressourcensituation für die Bewältigung der Anforderungen bzw. Folge widersprüchlicher Konstellationen von Anforderungen, Regeln und Ressourcen in der Arbeit.

Die für den Screeningbogen ausgewählten Indikatoren genügen damit zwei Kriterien: Zum einen werden Indikatoren berücksichtigt, die im Rahmen der Vorstudie (Literatur-auswertung, Interviews) als relevante Belastungs- und Ressourcenfaktoren identi-fiziert wurden. Hierzu zählten neben den skizzierten Spezifika virtueller Führung auch ‚klassische‘ Regulationsbehinderungen wie z. B. Zusatzaufwand, Arbeitsunter-brechungen oder Zeitdruck, die oft durch individuelle Mehrarbeit kompensiert werden. Gleichzeitig sollte das Instrument relativ kurz bleiben, um ein zügiges Ausfüllen zu Beginn der Gespräche zu ermöglichen. (vgl. o., sowie Kordsmeyer et al. 2019). Zum anderen sind je mindestens eine Kurzskala bzw. ein Item der konzeptionell entwickelten

---

[3]Im Gegensatz zu Gerlmaier (a. a. O.) werden diese Ressourcentypen hier zusammengefasst, denn auch Kapazitätsressourcen sind aus unserer Sicht auch organisatorisch bedingt.

Belastungs- und Ressourcentypen im Instrument berücksichtigt, um so ein möglichst breites Spektrum von Faktoren abzudecken. Auf Basis der Vorstudie (Literaturauswertung, Interviews) haben wir kapazitätsbedingte Aspekte (wie Zeitdruck, Work-Life-Balance), die informationsbezogenen Faktoren, Rollenklarheit und die Lerndimension berücksichtigt. Zum anderen standen individuelle Handlungspräferenzen im Fokus, die für die Feedbackgespräche gute Ansatzpunkte für unmittelbar umsetzbare Handlungsmöglichkeiten erschließen sollten.

4.3.2 Instrument und Stichprobe

Insgesamt haben wir für den Screeningbogen folgende Ressourcenaspekte übernommen (Tab. 4.1):

Für die Belastungen wurden folgende Aspekte berücksichtigt (Tab. 4.2):

Die Beantwortung erfolgte jeweils anhand angepasster 5-stufiger Vorgaben. Daneben wurden Fragen zu den individuellen und organisatorischen Rahmenbedingungen gestellt (u. a. zu Arbeitszeit und -orten, Zeitdifferenzen im Team, sowie Einschätzungen zu Teamkapazität/-stabilität/-kompetenzen) (vgl. Chudoba et al. 2005; Boos et al. 2017; Reif et al. 2018; Smith et al. 2011). Ergänzt wurde dies Output-seitig durch

Tab. 4.1 Ausgewählte Ressourcen

Typ	Items und Kurzskalen zu	Quellen
a) Arbeits-organisatorische und kapazitätsbezogene Ressourcen	• Rollenklarheit • Gestaltungsspielraum • Erholungsmöglichkeiten	In Anlehnung u. a. an Gerlmaier 2011; Glaser et al. 2015; Nübling et al. 2005; Schnell 2018; Syrek et al., 2011
b) Team- und soziale Ressourcen	• Unterstützung durch Führungskräfte • Unterstützung durch Kolleg*innen • Wertschätzung • Feedback	ergänzt durch eigene Items im Anschluss an Kaluza 2018; Heinrichs et al. 2015; Reif et al., 2018; Gerlmaier 2019a
c) Qualifikations-ressourcen	• Möglichkeiten das eigene Wissen zu erweitern	
d) persönliche und Bewältigungsressourcen	• Berufliche Sinnerfüllung • Work-Life-Balance • individuelles (instrumentales, mentales und regeneratives) Bewältigungsverhalten, z. B.: - Nutzung von Kurzpausen - Arbeiten nach der eigenen Leistungskurve - Situation mit Humor sehen - Regeneration in der Freizeit z. B. durch Sport	

Tab. 4.2 Ausgewählte Belastungen

Widerspruchstyp	Items und Kurzskalen zu	Quellen
1) widersprüchliche Ziele in der Arbeit	• Rollenkonflikt	in Anlehnung u. a. an Gerlmaier 2011; Nübling et al. 2005; Bock et al. 2010; Böhm et al. 2017 sowie Eigen-kreationen
2) Aufgabe vs. Ausführungs-bedingungen	• Arbeitsunterbrechungen • Zusatzaufwand • Zeitdruck • Informationsüberflutung • Kommunikationsrauschen • Virtuelle Distanz	
3) Aneignung vs. Kapazität	• Aneignungsbehinderungen	
4) widersprüchliche subjektive Erwartungen und Ziele	• psycho-soziale Belastungen/ Emotionsarbeit	
5) widersprüchliche Anforderungen von Arbeits- und Privatleben	• Entgrenzung	

Fragen zur arbeitsbedingten Motivierung, psychischem Erleben (Stress/Burnout) und Befindensbeeinträchtigungen als Beanspruchungsaspekten (u. a. Hacker und Rheinhold 1999; Mohr et al. 2005 in der Fassung von Gerlmaier 2011; Maslach und Jackson 1984 in der Fassung von Böhm et al. 2017; Fahrenberg 2004 in der Fassung von Gerlmaier 2011).

Eingesetzt wurde der Screeningbogen in der zweiten Jahreshälfte 2019 in insgesamt 24 Feedback-Gesprächen. Diese wurden überwiegend im direkten Kontakt geführt (23 Gespräche erfolgten face-to-face sowie eines video-basiert). Die Gespräche dauerten jeweils zwischen 90 und 120 min. Zu Beginn der Gespräche wurde der Screeningbogen von den Gesprächspartner*innen ausgefüllt.

Die Teilnehmenden kamen aus insgesamt 3 Unternehmen, davon ein großes IT-Service-Unternehmen, eine IT-Service-Tochterfirma eines großen produzierenden Konzerns, sowie einer Forschungseinrichtung. 23 Teilnehmende waren im IT- bzw. Softwareentwicklungsbereich tätig, ein/e Teilnehmende/r arbeitete in einem Forschungsbereich. Von den Teilnehmenden waren rund 71 % männlich, 29 % weiblich, etwa 55 % hatten ein oder mehrere Kinder, die im Haushalt lebten. 50 % der Befragten waren zum Befragungszeitpunkt zwischen 51 und 60 Jahren alt, 33,3 % zwischen 41 und 50, 12,5 % zwischen 31 und 40 Jahren, 4,2 % waren älter als 60 Jahre. 25 % der Teilnehmenden verfügten über bis zu 5,5 Jahre, die anderen 75 % bis zu 25 Jahre Führungserfahrung. Dabei waren rund 67 % der Teilnehmenden disziplinarisch für ihre Teams verantwortlich; die Hälfte der Gesprächspartner*innen war (z. T. zusätzlich) projektleitend tätig, wobei diese Teilnehmenden zudem in der Regel mehr als ein Projekt leiteten. Die Mehrzahl der Befragten (ca. 71 %) hatte dabei mehr als 10 Mitarbeitende in ihrem wichtigsten Projekt.

4.4   Ergebnisse

4.4.1   Kontext der Befunde: Rahmenbedingungen und Arbeitssituation

Virtuelle Teamarbeit ist für die befragten opFk weitgehend routinisiert und gelebter Alltag. Ihre Arbeit vollzieht sich primär digital vermittelt über Kollaborationsplattformen,
Chats, E-Mail, Video- bzw. Telefonkonferenzen. Die Homeoffice-Nutzung wurde in
einem IT-Dienstleistungsunternehmen (IT-Tochter eines großen Industriekonzerns,
in dem wir die überwiegende Mehrzahl der Gespräche geführt haben) durch ein Desk
Sharing-Konzept bei der Raumnutzung forciert; den Beschäftigten standen dort keine
individuellen lokalen Büro-Arbeitsplätze mehr zur Verfügung. Es zeigte sich, dass sich
ein Mix aus unterschiedlichen räumlichen Konstellationen eingespielt hat: Rund 71 %
der Befragten arbeiten selbst mindestens einmal wöchentlich vom Homeoffice (oder
anderen Orten) aus.

Charakteristisch sind dort international zusammengesetzte Teams mit großen Zeit-
zonendifferenzen sowie kulturellen und sprachlichen Unterschieden. Mitarbeitende aus
unterschiedlichen Unternehmensstandorten, von Dienstleistern sowie alternierend Tele-
arbeitende sind eingebunden (‚hybride' Teams). Rund 75 % der Befragten arbeiten dabei
täglich mit Personen zusammen, die eine andere Sprache (als Muttersprache) sprechen,
und rund 63 % arbeiten täglich mit Beschäftigten aus unterschiedlichen Zeitzonen
zusammen, was zu entsprechenden Restriktionen bei der Meeting-Planung beiträgt.

Die dafür notwendige technische Infrastruktur läuft aus Sicht der Befragten
zufriedenstellend; lediglich individuelle technische Bedingungen einzelner Teammitglieder (z. B. instabile Leitung, mangelhaftes WLAN) führen hier zu Einschränkungen. Die Einschätzung der genutzten digitalen Medien durch die opFk ist
überwiegend positiv, wobei Unterschiede hinsichtlich der digitalen Kommunikation im
deutschen Sprachraum (83 % ‚gut/sehr gut'), über unterschiedliche Zeitzonen (61 %)
und bei der Kommunikation mit Personen mit anderem sprachlichen oder kulturellen
Hintergrund (54 %) festzustellen sind.

Das Arbeitsumfeld der Teilnehmenden ist hoch dynamisch: Es ist durch häufige
Restrukturierungsmaßnahmen und Änderungen in der Teambesetzung gekennzeichnet.
Die letzten 6 Arbeitsmonate der Teilnehmenden waren geprägt von Veränderungen in
der Teambesetzung (ja: 88 % der Teilnehmenden), Restrukturierungsmaßnahmen am
Standort (75 %), Wechsel in den Arbeitsaufgaben/im Aufgabenfeld (46 %,) und häufig
wechselnden Aufgabenprioritäten und Ziele bei den opFk und in ihrem Team (immer/oft:
50 %). Lediglich technisch verursachte Probleme traten vergleichsweise selten auf (25 %
immer/oft).

Motivation und Kompetenz ihrer Teammitglieder für die anstehenden Aufgaben
haben die Teilnehmenden als gut oder sehr gut bewertet (rund 67 % bei der Kompetenz;
71 % bei der Motivation). Problematischer wird hingegen die Personalkapazität für die

anstehenden Aufgaben gesehen; hier gaben etwa 30 % der Teilnehmenden an, dass diese ‚schlecht/sehr schlecht' sei.

Die Befragten arbeiten damit in einem hoch dynamischen organisatorischen Umfeld, das bis in die individuellen Aufgabenzuschnitte hinein häufigen Veränderungen unterworfen ist, und dies unter kritischen Kapazitätsvoraussetzungen bei etwa einem Drittel der Befragten.

4.4.2 Ansatzpunkte für das Ressourcenmanagement

Im Folgenden werden die explorativen deskriptiven Befunde zu den Belastungen von opFk und deren Nutzung von Arbeits- sowie Bewältigungsressourcen auf Item-Ebene dargestellt. Im Anschluss daran wird untersucht, ob es erkennbare Unterschiede zwischen höher und weniger beanspruchten opFk gibt: Dafür wurde ein Mediansplit auf Grundlage der verwendeten Items/Skalen zu Beanspruchung (Stress/Burnout) durchgeführt (vgl. o.), um die Vergleichsgruppen zu bilden, die 11 (niedrigere Beanspruchungswerte) bzw. 13 Personen (mit höheren Werten) umfassten.

Betrachtet man zunächst die Angaben zu den psychischen Belastungen, so zeigt sich, dass 1) Unterbrechungen bei der Arbeit durch Personen und Telefonate und 2) das Erledigen beruflicher Dinge außerhalb der Arbeitszeit mit jeweils rund 71 % am häufigsten („trifft völlig/eher zu") genannt werden, gefolgt von 3) Problemen an Weiterbildungsmaßnahmen teilzunehmen („Eine Teilnahme an beruflichen Weiterbildungsmaßnahmen gestaltet sich für mich schwierig") mit 54 %. Es folgt dann 4) der Zusatzaufwand bei der Beschaffung von Informationen, die vorliegen sollten (mit 50 %), 5) die Erreichbarkeit für Personen, mit denen die opFk beruflich zu tun haben, auch außerhalb der Arbeitszeit (50 %), gefolgt von 6) großem Zeitdruck durch Terminvorgaben, 7) Unterbrechungen durch fehlende oder fehlerhafte Zuarbeiten, 8) der Notwendigkeit von Rückfragen bei unzulänglichen Informationen, 9) dem Gefühl, nicht alle Informationen effektiv verarbeiten zu können, sowie 10) der Aussage, dass Aufgaben eigentlich anders bearbeitet werden sollten und schließlich dem Item, dass 11) man sich während der Arbeit nicht angemessen in neue Sachverhalte einarbeiten kann (bei 6-11 antworteten jeweils 37,5 % aller Befragten „trifft völlig/häufig zu").

Dies verweist einerseits auf die große Bedeutung von Regulationshindernissen beim Belastungsgeschehen (5 Items u. a. zu Unterbrechungen und fehlenden Informationen), daneben werden die Probleme mit der Entgrenzung der Arbeit (mit 2 Items) sowie mit der Weiterbildung (2 Items) thematisiert, sowie Zeitdruck (als Regulationsüberforderung; vgl. Ulich 2011, S. 128 f.), Informationsverarbeitungsprobleme und kritische Bearbeitungsformen der jeweiligen Arbeitsaufgabe.

Für die *Arbeitsressourcen* ist bemerkenswert, dass die Befragten von einer für sie relativ günstigen Ressourcenausstattung berichten: Die höchsten Werte ermittelten wir für die Items 1) Verlässlichkeit von Kollegen, wenn es bei der Arbeit schwierig wird als

ein Aspekt sozialer Unterstützung und 2) die Klarheit über den eigenen Verantwortungsbereich („Ich weiß genau welche Aufgaben in meinen Verantwortungsbereich fallen")
mit je 87,5 % ‚trifft völlig zu/eher zu' sowie 3) die Klarheit über die Erwartungen
Anderer an die eigene Arbeit (mit rund 79 %). Deutlich wird auch die Bedeutung von
beruflicher Sinnerfüllung (3 weitere Items unter den 10 am häufigsten genutzten) sowie
der Work-Life-Balance (2 Items unter den 10 am häufigsten genutzten) im Erleben der
Befragten.[4]

Die Gesprächspartner*innen nannten als am häufigsten genutzte *Bewältigungsressourcen* 1) die Erweiterung der Kompetenzen und des Wissens (79,2 % hier mit den
Antwortkategorien ‚immer/oft'), daneben 2) die verbesserte Planung und Organisation
(70,8 %), sowie 3) Distanz schaffen zur Arbeit (66,7 %). Dieses Ergebnis ist insofern
bemerkenswert als das am häufigsten genutzte Mittel (Wissen erweitern) gerade das ist,
das im Alltag offenbar bei einigen der Befragten einem deutlichen Kapazitätsproblem
unterliegt.

4.4.3 Vergleich von operativen Führungskräften mit höherer und niedrigerer Beanspruchung

4.4.3.1 Belastungen

Für den Mediansplit-basierten Vergleich von Gruppen unterschiedlich Beanspruchter
zeigt sich, 1) dass deutliche Unterschiede beim erlebten *Zeitdruck* auftreten: Die höher
Beanspruchten geben dabei zu fast 62 % („trifft völlig zu/eher zu") an, dass sie nicht
fertig werden, wenn sie ihre Arbeit gründlich erledigen wollen, während dies nur
für rund 9 % der geringer Beanspruchten gilt. Unterschiede zeigen sich auch 2) beim
Aspekt ‚*Informationsüberflutung*', bei dem rund 62 % der höher Beanspruchten angaben
(vs. 9 % bei der Gruppe weniger Beanspruchter), nicht alle Informationen effektiv
bearbeiten zu können. Rund 31 % (vs. 18,2 %) gaben an, von den Informationen
überwältigt zu sein. Auch das Item „Ich verschwende viel Zeit damit, E-Mails
und Sprachnachrichten zu beantworten, die (…) nicht direkt mit dem zusammenhängen, was ich erledigen muss" belegt deutliche Unterschiede zwischen höher und
weniger Beanspruchten (38,5 % vs. 9 %). Menge und Qualität der zu bearbeitenden
Informationen scheinen damit bei den befragten operativen Führungskräften eine
kritische Größe für Beanspruchungsrisiken darzustellen.

---

[4]Hohe Ausprägungen zur beruflichen Sinnerfüllung hatten „Meine Arbeit erfüllt mich", „Meine
beruflichen Tätigkeiten passen gut zu dem, was ich mir in meinem Leben vorgenommen habe"
und „Ich empfinde meine Arbeit als sinnvoll" (79,2–70,8 % „trifft völlig/eher zu"). Hohe Werte für
Work-Life-Balance-Aspekte hatten „Ich kann die Anforderungen aus meinem Privatleben und die
Anforderungen aus meinem Berufsleben gleichermaßen gut erfüllen" und „Es gelingt mir, einen
guten Ausgleich zwischen belastenden und erholsamen Tätigkeiten in meinem Leben zu erreichen"
(75 % bzw. 70,8 % „trifft völlig/eher zu").

Das Ausmaß der Beeinträchtigung von Tätigkeiten durch *Arbeitsunterbrechungen* unterscheidet 3) die beiden untersuchten Gruppen ebenfalls: Während fast 85 % der höher Beanspruchten mit „trifft völlig zu/eher zu" bei dieser Frage antworteten, waren es unter den weniger Beanspruchten lediglich 54,5 %. Alle weiteren Fragen zum Zusatzaufwand ergaben keine großen Unterschiede zwischen den verglichenen Gruppen.

Diese zeigen sich schließlich 4) hinsichtlich der *Aneignungsbehinderungen.* Hier ergibt der Mediansplit allerdings ein widersprüchliches Bild: Einerseits geben fast 54 % der höher Beanspruchten (vs. 18,2 %) an, dass sie Probleme hätten, sich während der Arbeit angemessen in neue Sachverhalte einzuarbeiten. Andererseits bemängeln 73 % der geringer Beanspruchten (vs. 38,5 % der höher Beanspruchten), dass Teilnahmen an beruflichen Weiterbildungsmaßnahmen für sie schwierig wären. Für die Aneignungsbehinderungen zeigen sich damit möglicherweise zwei unterschiedliche Muster: Einerseits besteht bei den höher Beanspruchten die Tendenz, im Alltag keine Zeit mehr für die Einarbeitung in neue Themen zu finden, andererseits sind die weniger Beanspruchten – parallel dazu – nicht in der Lage, sich für Weiterbildungsmaßnahmen aus dem Alltag auszuklinken. Beide Muster deuten auf unterschiedliche Weise darauf hin, dass für die Befragten aus ihrer Sicht zu wenig Zeit oder Priorität im Alltag für Einarbeitung und Weiterbildung und damit für den Aufbau der zentralen Ressource Kompetenz gegeben ist.

Entgegen der Erwartungen verläuft die Verteilung beim Entgrenzungsaspekt; hier zeigen sich höhere Werte für die Erreichbarkeit in der Freizeit bei den geringer Beanspruchten. Offensichtlich gelingt es diesen besser, mit der zeitlich flexibilisierten Kommunikation in einer für sie schonenderen Weise umzugehen; in den Gesprächen wurden hierfür sehr unterschiedliche Umgangsformen berichtet. Zudem wiesen mehrere Gesprächspartner*innen darauf hin, dass sie zwar prinzipiell oder im Notfall erreichbar sind, dies aber insbesondere von ihren Vorgesetzten faktisch kaum in Anspruch genommen werde.

Insgesamt zeigen sich bei den Belastungen deutliche Anhaltspunkte für eine hohe Gesamt-Workload bei den Befragten, die bei den höher Beanspruchten tendenziell mit höherem Zeitdruck, mehr ‚Informationsüberflutung' und häufigeren Unterbrechungen einhergeht.

4.4.3.2 Ressourcen in der Arbeit

Bei den Arbeitsressourcen zeigen sich für viele Faktoren nur relativ geringe Differenzen zwischen den unterschiedlichen Gruppen, mit meist günstigeren Ausprägungen für die weniger Beanspruchten. Größere Differenzen zeigen sich allerdings 1) bei der *Zielklarheit* als einem Aspekt von *Rollenklarheit.* Hier liegen die Häufigkeiten der Antworten für das Item „Es gibt klare Ziele für meine Arbeit" mit ‚trifft völlig/eher zu' bei 46,2 % für die höher Beanspruchten gegenüber 72,7 % bei den geringer Beanspruchten. Die beiden anderen Fragen dieser Skala liefern auf hohem Niveau ebenfalls günstigere Werte für die geringer Beanspruchten [‚wissen welche Aufgaben im Verantwortungsbereich liegen' (76,9 % vs. 100 %), ‚wissen, was von mir bei der Arbeit erwartet wird' (69,9 % vs. 90,9 %)].

Nennenswerte Unterschiede zeigen sich 2) bei der Ressource *Gestaltungsspielraum:* Hinsichtlich der Möglichkeit, Arbeitsaufgaben an das Team zu delegieren, sind die Unterschiede zwischen beiden Gruppen zwar noch vergleichsweise gering (61,5 % für höher Beanspruchte vs. 72,7 %). Bei der Möglichkeit, Einfluss auf Fertigstellungstermine oder Arbeitsvolumen zu nehmen, trennt sich dies weiter (38,5 % vs. 54,5 %) und erreicht die größte Differenz (30,8 % vs. 54,5 %) beim Item „Ich kann Arbeitsvolumen oder Terminvorgaben mit dem Vorgesetzten oder Kunden neu aushandeln, wenn der Arbeitsanfall zu groß wird". Insgesamt sind die Gestaltungsmöglichkeiten der höher Beanspruchten geringer ausgeprägt.

Unterschiede zeigen sich auch bei der 3) Unterstützung durch Kollegen sowie bei der 4) Unterstützung durch Vorgesetzte. Die Unterschiede sind dabei für die Unterstützung unter Kollegen auf hohem Niveau deutlich (76,9 % höher Beanspruchte vs. 100 %), für die Vorgesetztenunterstützung etwas geringer; sie deuten aber auf unterschiedlich gute Unterstützungsstrukturen hin, die für die Kompensation bzw. das Puffern von alltäglichen Lasten genutzt werden können.

Bemerkenswert sind schließlich noch die Unterschiede zwischen den beiden Gruppen bei den Werten für 5) Work-Life-Balance und berufliche Sinnerfüllung, die wir abgefragt haben (vgl. FN 4). Dabei ist zum einen auffallend, dass es den geringer Beanspruchten besser gelingt, einen Ausgleich zwischen Privat- und Berufsleben herzustellen. Bei der Bewertung sind allerdings die höher Beanspruchten insgesamt zufriedener. Schließlich zeigen die Werte für 6) berufliche Sinnerfüllung im Vergleich nennenswerte Differenzen zwischen den beiden Gruppen: Die höher Beanspruchten haben dabei höher ausgeprägte Werte (84,6 % vs. 63,3 % bzw. zu 54,5 % bei den beiden Items).

Angesichts dieser Befunde verdichtet sich der Eindruck, dass die Gruppe der höher Beanspruchten einerseits über geringere Rollenklarheit, aber vor allem deutlich geringere Verhandlungs- und Entscheidungsspielräume verfügt als ihre geringer beanspruchten Kolleg*innen. Die Unterstützung ist dabei insgesamt hoch, allerdings auch hier besser für die geringer Beanspruchten mit deutlichen Unterschieden ausgeprägt. Bei der beruflichen Sinnerfüllung gibt es klärungsbedürftige Bezüge zwischen beruflicher Sinnerfüllung und Beanspruchung: Die Befunde könnten sich als Anzeichen für eine interessierte Selbstgefährdung (Krause et al. 2015) deuten lassen, bei der hohe Motivationswerte mit vergleichsweise höheren Beanspruchungen einhergehen.

4.4.3.3 Bewältigungsressourcen

Für die Bewältigungsressourcen zeigen sich beim Vergleich der höher und geringer Beanspruchten für die folgenden sechs Aspekte deutlichere Unterschiede: Zunächst gibt es Unterschiede 1) bei die Nutzung von Kurzpausen (vgl. Latniak 2019) und das 2) Arbeiten nach der persönlichen Leistungskurve (Gerlmaier 2019b, S. 327): Für Kurzpausen stellten wir fest, dass die höher Beanspruchten diese zu 38,5 % ‚immer/oft' nutzen, während die geringer Beanspruchten sie zu 72,7 % nutzen. Nur 15,4 % der höher

Beanspruchten achten bei der Bearbeitung der Aufgaben (immer/oft) auf ihre persönliche Leistungskurve, während dass bei den geringer Beanspruchten zu 45,5 % der Fall ist. Hier besteht offenbar noch erhebliches Potenzial.

Relevant sind auch die Unterschiede, die sich hinsichtlich eher arbeits-organisatorischer Aspekte [*Arbeit besser gestalten* 3) *bessere Planung/Organisation* 4) und 5) Lernmöglichkeiten *(Kompetenzen/Wissen erweitern)*] auf Grundlage der Befunde eröffnen. So unterscheiden sich die beiden Gruppen hinsichtlich der Nutzung dieser drei Aspekte deutlich: Eine aktive Bearbeitung der Verbesserungsmöglich-keiten von Arbeit (zusammen mit Kollege*innen und Vorgesetzten) nutzen 38,5 % der höher Beanspruchten, aber 63,6 % der geringer Beanspruchten, für bessere Planung und Organisation sind die Werte 61,5 % vs. 81,8 %, für das Wissen-Erweitern 69,2 % vs. 90,9 %. In der Summe nutzen also die weniger Beanspruchten diese Mittel deutlich häufiger.

Ein weiterer Unterschied betrifft 6) das Item ‚Distanz zur Arbeit schaffen‘: Die höher Beanspruchten nutzen dieses eher kognitive Coping zu 53,8 % ‚immer/oft‘, die geringer Beanspruchten zu 81,8 %. Korrespondierend damit ist, dass Letztere zu 72,7 % ‚selten/nie‘ Freizeitaktivitäten reduzieren, während dies die höher beanspruchte Gruppe zu lediglich 53,8 % macht.

Kaum nennenswerte Unterschiede ergaben sich bei den ebenfalls erfragten Freizeit-aktivitäten: Dies ist auch vor dem Hintergrund eines umfassenden Sport- und Beratungs-angebots zu sehen, das von den Teilnehmenden z. T. intensiv genutzt wird (bei der überwiegenden Mehrheit der Teilnehmenden bestand hierzu ein Unternehmensangebot am Standort).

4.4.4 Grenzen des Instruments und der Befunde – weitere Forschungsbedarfe

Für diese Ergebnisse sind folgende Einschränkungen zu berücksichtigen: 1) Wir haben das Screeninginstrument nicht als Experteninstrument zum wissenschaftlichen Nach-weis von Wirkungszusammenhängen ausgelegt, sondern als Hilfsmittel für einen praktischen Einsatz (z. B. beim Coaching). Die dargestellten explorativen Ergebnisse auf Item-Basis geben insofern eher Hinweise für weitergehende Forschungen. Es besteht weiterer Forschungsbedarf hinsichtlich der Güte des Instruments, das noch anhand einer größeren Stichprobe eingehender evaluiert werden sollte. 2) Die zweite Einschränkung liegt darin begründet, dass bei den Gesprächen ausschließlich freiwillig Teilnehmende mitwirkten. Dies birgt das Risiko einer Verzerrung der Ergebnisse, da die Stichprobe ggf. nur Interessierte mit verfügbarer Kapazität umfasst, während akut Überlastete sich dafür erfahrungsgemäß eher keine Zeit nehmen.

4.5   Arbeitspolitische und arbeitsgestalterische Ansatzpunkte

Anhand dieser Befunde wird deutlich, dass die befragten operativen Führungskräfte mit häufigen Aufgaben- und Kontextwechseln konfrontiert sind, die entsprechenden Koordinations(-zusatz-)aufwand mit sich bringen, und zudem häufig parallel mehrere Aufgaben oder Probleme zu bearbeiten haben (Multitasking bzw. Mehrstellenarbeit). Dies geschieht teilweise unter Zeitdruck und bei einem hohen Anteil von – durch Meetings oder Kommunikation – verplanter Zeit. Wichtige Ressourcen sind dabei offenbar der Gestaltungsspielraum, Rollenklarheit, die Unterstützung durch Führungskräfte und Kolleg*innen, sowie die ausgewogene Work-Life-Balance. Die wesentlichen psychischen Belastungsfaktoren sind neben dem Zeitdruck und den Arbeitsunterbrechungen in erster Linie die mit der Kommunikation verbundenen Informationsverarbeitungsprobleme.

Vor diesem Hintergrund können präventiv ausgerichtete Arbeitsgestaltungsansätze darauf gerichtet sein, zu einer ‚Entzerrung‘ und zu einer nach eigenen Möglichkeiten und Bedarfen geplanten Arbeitstätigkeit beizutragen. Wir knüpfen damit an die Überlegungen in Gerlmaier und Latniak (2013) an, wo dies als „Defragmentierung" bezeichnet wurde: Diese Maßnahmen sind primär darauf gerichtet, insgesamt weniger Aufgaben parallel zu bearbeiten (d. h. die Ausführung der Aufgaben möglichst sequenziell durchzuführen), um damit die individuelle Informationsverarbeitung zu verbessern und die Aufgabenbearbeitung kontrollierbarer und sicherer zu machen. Dies hat nicht nur gesundheitspräventive Effekte, sondern trägt auch zur Effektivierung und sicheren Bearbeitung der Prozesse bei.

Eine ganze Reihe angesprochener belastungsreduzierender bzw. ressourcenaufbauender Maßnahmen gehören dabei schon zum gängigen instrumentellen Handlungs- und Maßnahmenspektrum, das operativen Führungskräften zur Verfügung steht und genutzt wird, wie z. B. das Delegieren und Priorisieren, frühzeitig Unterstützung zu organisieren oder zusätzliche Kapazitäten zu schaffen sowie unterschiedliche kognitive Bewältigungsmaßnahmen (wie z. B. Maßnahmen zur Distanzierung von der Arbeit). Zudem zeigten sich Ansatzpunkte zur Verbesserung z. B. für die Nutzung von Kurzpausen, für die Berücksichtigung der persönlichen Leistungskurve, für den Wechsel von konzentrationsintensiven Aufgaben mit Aufgaben, die weniger konzentrationsintensiv sind, oder für das Festlegen von Zeiten für ungestörtes Arbeiten (Blockzeiten). Diese unterschiedlichen Ansätze gilt es weiter zu fördern und z. B. in Coaching-Gesprächen bzw. in Trainings einzuführen und zur Nutzung zu empfehlen.

Neben diesen eher individuellen Aspekten und den eher kleinschrittigen Maßnahmen zur Effektivierung virtueller Besprechungen oder des Mailverkehrs sehen wir auf Unternehmensebene eine Reihe von Ansatzpunkten, die zur Belastungsreduzierung an der für die opFk verfügbaren Arbeitskapazität ansetzen können. Es handelt sich dabei um regulierende Maßnahmen, wie z. B. eine 1) Begrenzung der Zahl der Projekte (Abbau von Mehrstellenarbeit, Begrenzungen für das Multitasking) oder der Führungsspannen, für die die opFk jeweils verantwortlich sind (Team- bzw. Projektgröße). Dies könnte zu reduziertem Zeitdruck beitragen. Dieses Ziel kann auch 2) mit dem Einsatz von ‚Führungstandems' erreicht werden, bei dem jeweils Leiter*in plus Stellvertretende/r für das jeweilige Team oder Projekt benannt werden und als Tandem in wechselseitiger Abstimmung arbeiten. Dies würde die individuellen Spielräume der opFk vergrößern und zudem die Möglichkeit eröffnen, sich einfacher in emotional kritischen Situationen auszutauschen und die Spannungen im Gesprächskontext abzufangen und teilweise abzubauen. Zudem hätte es den Nebeneffekt einer verbesserten Urlaubs- bzw. Krankheitsvertretung für das Unternehmen.

Ein weiterer entlastender Ansatzpunkt ist die 3) Einführung spezifischer Kostenstellen für Lernaufwände im Unternehmen, auf die Lernzeiten gebucht werden können. Dies würde dazu beitragen, einerseits notwendige Lernaufwände weniger in die Regenerationsphasen außerhalb der Arbeitszeit abzudrängen, und andererseits zu verdeutlichen, dass das Unternehmen dieses Lernen als eine Investition in die Beschäftigten begreift, die es zu fördern gilt.

Daneben deuten die dargestellten Befunde darauf hin, dass sowohl in der Arbeit wie an der Grenze zwischen Arbeitszeit und Regenerationsphasen ein bewussterer Umgang mit der eigenen Arbeitskraft bei den opFk unterstützt werden sollte. Für die Regeneration in der Arbeit sind u. a. die o. g. 4) Kurzpausen förderlich. Für die Arbeitszeitgrenzen bleiben 5) z. B. die in den beteiligten Unternehmen bereits geltenden Regelungen zu Wochenendarbeit (Mailverbot bzw. keine Beantwortung von E-Mails am Wochenende) weiter zu schulen bzw. zu reflektieren und ggf. anzupassen. Daneben sollte in 6) Trainings oder im Rahmen von Coachings verstärkt daran gearbeitet werden, dass die opFk eine für sich jeweils tragfähige Abgrenzung von Arbeit und Regeneration entwickeln, die z. B. durch bestimmte Handlungsmuster (Rituale wie die Tasse Tee nach dem „nach Hause kommen") unterstützt wird. Da die opFk in der Regel keine festgelegten Wochenarbeitszeiten haben, gibt es bei Zeitregelungen allerdings kaum wirkliche Ansatzpunkte; Vieles bleibt von der Interaktion zwischen opFk und den jeweiligen Vorgesetzten abhängig. Umso wichtiger wären hier Schulungen oder Trainings im Rahmen der Führungskräfteentwicklung, die zu Verhältnis von Verausgabung und Entspannung Informationen vermitteln, d. h. Gestaltungskompetenz aufbauen. Dies könnte praktisch umgesetzt und durch ‚Lerngruppen' sowie seitens der Vorgesetzten praktisch unterstützt werden.

Angesichts der skizzierten dynamischen Organisationsstrukturen erscheint es allerdings insbesondere notwendig, für eine regelmäßige Reflexion der Arbeitssituation zu sorgen, bei der leistungsbeeinträchtigende Arbeitsbedingungen in den Blick genommen werden. Zudem wäre dies die Gelegenheit, bei der (Arbeits-)Gestaltungskompetenzen im Ansatz vermittelt werden könnten. Dies wäre ein erster Schritt zur dauerhaften Verminderung der Belastungen und dem kontinuierlichen Aufbau von Ressourcen der operativen Führungskräfte in virtuellen Arbeitskontexten.

Literatur

Akin N, Rumpf J (2013) Führung virtueller Teams. Gruppendynamik Organisationsberatung 44:373–387. https://doi.org/10.1007/s11612-013-0228-9

Antoni CH, Ellwarth T (2017) Informationsüberlastung bei digitaler Zusammenarbeit – Ursachen, Folgen und Interventionsmöglichkeiten. Gruppe. Interaktion. Organisation. Z Angewandte Organisationspsychologie (GIO) 48(4):305–315. doi: https://doi.org/10.1007/s11612-017-0392-4

Antoni CH, Syrek C (2017) Digitalisierung der Arbeit. Konsequenzen für Führung und Zusammenarbeit. Gruppe. Interaktion. Organisation. Z Angewandte Organisationspsychologie (GIO) 48(4):247–258. doi: https://doi.org/10.1007/s11612-017-0391-5

Bailey DE, Leonardi PM, Barley SR (2012) The lure of the virtual. Organ Sci 23(5):1485–1504. https://doi.org/10.1287/orsc.1110.0703

Bock GW, Mahmood M, Sharma S, Kang YJ (2010) The impact of information overload and contribution overload on continued usage of electronic knowledge repositories. J Organ Comput Electron Commer 20(3):257–278. https://doi.org/10.1080/10919392.2010.494530

Böhm SA, Baumgärtner MK, Breier C, Brzykcy AZ, Kaufmann F, Kreiner P et al (2017) Lebensqualität und Lebenszufriedenheit von Berufstätigen in der Bundesrepublik Deutschland: Ergebnisse einer repräsentativen Studie der Universität St Gallen. Universität St. Gallen, St. Gallen

Boes A, Kämpf T (2019) Wie nachhaltig sind agile Arbeitsformen? In: Badura B et al (Hrsg) Fehlzeiten-report 2019. Springer Nature, S 193–204. doi: https://doi.org/10.1007/978-3-662-59044-7_13

Boos M, Hardwig T, Riethmüller M (2017) Führung und Zusammenarbeit in verteilten Teams. Hogrefe, Göttingen

Breuer C, Hüffmeier J, Hertel G (2017) Vertrauen per Mausklick: Wie vertrauen in virtuellen Teams entstehen kann. PERSONALquarterly 02(17):10–16

Chudoba KM, Wynn E, Lu M, Watson-Manheim MB (2005) How virtual are we? Measuring virtuality and understanding its impact in a global organization. Inf Syst J, 15(4):279–306

Drössler S, Steputat A, Schubert M, Günther N, Staudte R, Kofahl M, Hegewald J, Seidler A (2018) Informationsüberflutung durch digitale Medien. Systematischer Review qualitativer Studien. Zbl Arbeitsmedizin, Arbeitsschutz und Ergonomie 68:77–88. https://doi.org/10.1007/s40664-018-0267-8

Eppler MJ, Mengis J (2004) The concept of information overload: a review of literature from organization science, accounting, marketing, MIS, and related disciplines. Inf Soc 20:325–344. https://doi.org/10.1080/01972240490507974

Fahrenberg J (2004) Die Freiburger Beschwerdeliste (FBL). Form FBL-G und revidierte Form FBL-R. Handanweisung. Hogrefe, Göttingen

Gerlmaier A (2011) Stress und Burnout bei IT-Fachleuten – auf der Suche nach Ursachen. In: Latniak E, Gerlmaier A (Hrsg) Burnout in der IT-Branche. Ursachen und betriebliche Prävention. Kröning, Asanger, S 53–90

Gerlmaier A (2019a) Neue Gestaltungsoptionen oder Null-Puffer? Arbeitsgestaltungspotenziale bei Anlerntätigkeiten, qualifizierter Facharbeit und produktionsnaher Wissensarbeit aus Sicht von betrieblichen Gestaltern und Beschäftigten. In Gerlmaier & Latniak, S 93–124. https://link.springer.com/chapter/10.1007/978-3-658-26154-2_6

Gerlmaier A (2019b) Blockzeiten für störungsfreies Arbeiten. In Gerlmaier & Latniak, S 325–328. https://link.springer.com/chapter/10.1007/978-3-658-26154-2_21

Gerlmaier A (2019c) Arbeitstandems. Gerlmaier & Latniak 2019:319–324. https://link.springer.com/chapter/10.1007/978-3-658-26154-2_20

Gerlmaier A, Latniak E (2007) Zwischen Innovation und alltäglichem Kleinkrieg: Arbeits- und Lernbedingungen bei Projektarbeit im IT-Bereich. In: Moldaschl M (Hrsg) Verwertung immaterieller Ressourcen: Nachhaltigkeit von Unternehmensführung und Arbeit III. Hampp, München, S 131–170

Gerlmaier A, Latniak E (2013) Psychische Belastungen in der IT-Projektarbeit – betriebliche Ansatzpunkte der Gestaltung und ihre Grenzen. In: Junghanns G, Morschhäuser M (Hrsg) Immer schneller, immer mehr: psychische Belastung bei Wissens- und Dienstleistungsarbeit. Bundesanstalt für Arbeitsschutz und Arbeitsmedizin (BAuA). Springer VS, Wiesbaden, S 165–193. doi: https://doi.org/10.1007/978-3-658-01445-2_8

Gerlmaier A, Latniak E (Hrsg) (2019) Handbuch psycho-soziale Gestaltung digitaler Produktions-arbeit. Gesundheitsressourcen stärken durch organisationale Gestaltungskompetenz. Springer Gabler, Wiesbaden. https://link.springer.com/book/10.1007%2F978-3-658-26154-2

Gilson LL, Maynard MT, Young NCJ, Vartiainen M, Hakonen M (2015) Virtual teams research: 10 years, 10 themes and 10 opportunities. J Manage 41(5):1313–1337. https://doi.org/10.1177/0149206314559946

Glaser J, Seubert C, Hornung S, Herbig B (2015) The impact of learning demands, work-related resources, and job stressors on creative performance and health. J Pers Psychol 14(1):37–48. https://doi.org/10.1027/1866-5888/a000127

Hacker W, Reinhold S (1999) Beanspruchungsscreening bei Humandienstleistungen (BHD-System). Swets Test Serv, Frankfurt a. M.

Heinrichs M, Stächele T, Domes G (2015) Stress und Stressbewältigung. Fortschritte der Psycho-therapie, Bd 58. Hogrefe, Göttingen

Hoch JE, Kozlowski SWJ (2014) Leading Virtual Teams: Hierarchical Leadership, Structural Supports, and Shared Team Leadership. J Appl Psychol 99(3):390–403. https://doi.org/10.1037/a0030264

Hoegl M, Muethel M (2016) Enabling shared leadership in virtual projekt teams: a practitioners' guide. Proj Manage J 47(1):7–12. https://doi.org/10.1002/pmj21564

Kaluza G (2018) Stressbewältigung. Trainingsmanual zur psychologischen Gesundheitsförderung, 4., korrigierte Aufl. Berlin, Springer (Psychotherapie). doi: https://doi.org/10.1007/978-3-662-55638-2

Kauffeld S, Handke L, Straube J (2016) Verteilt und doch verbunden: Virtuelle Teamarbeit. Gruppe. Interaktion. Organisation. Z Angewandte Organisationspsychologie (GIO) 47:43–51. doi: https://doi.org/10.1007/s11612-016-0308-8

Kordsmeyer AC, Mette J, Harth V, Mache S (2019) Arbeitsbezogene Belastungsfaktoren und Ressourcen in der virtuellen Teamarbeit. Zbl Arbeitsmedizin, Arbeitsschutz Ergonomie 48(4):239–244. https://doi.org/10.1007/s40664-018-0317-2

Korunka C, Hoonakker P (2014) The future of ICT and quality of working life: challenges, benefits, and riss. In: Korunka C, Hoonakker P (Hrsg) The impact of ICT on quality of working life. Dordrecht, Springer, S 205–220. doi: https://doi.org/10.1007/978-94-017-8854-0_13

Krause A, Baeriswyl S, Berset M, Deci N, Dettmers J, Dorsemagen C, Meier W, Schraner S, Stetter B, Straub L (2015) Selbstgefährdung als Indikator für Mängel bei der Gestaltung mobil-flexibler Arbeit. Wirtschaftspsychologie 4–2014(1–2015):49–59

Latniak E (2019) Kurzpausen. In: Gerlmaier & Latniak. S 371–375. https://link.springer.com/chapter/10.1007/978-3-658-26154-2_29

Latniak E (2017) Ressourcenstärkende Führung – operative Führungskräfte in virtuellen Kontexten. Gruppe. Interaktion. Organisation. Z Angewandte Organisationspsychologie (GIO) 48(4):263–271. doi: https://doi.org/10.1007/s11612-017-0389-z

Malhotra A, Majchrzak A (2014) Enhancing performance of geographically distrubuted teams through targeted use of information and communication technologies. Hum Relat 67(4):386–411. https://doi.org/10.1177/0018726713495284

Manager Monitor (2017) Umfragen und Stimmungsbilder zu aktuellen Themen aus Steuerpolitik, Sozialpolitik, Arbeitspolitik, Europapolitik und Management. Ausgabe 01/2017 vom 07. Februar 2017. https://www.ula.de/wp-content/uploads/2017/02/20170208-manager-monitor.pdf. Zugegriffen: 4. Dez. 2019

Maslach C, Jackson SE (1984) Burnout in organizational settings. In: Oskamp S (Hrsg) Applied social psychology annual: applications in organizational settings, Bd 5. Sage, Beverly Hills, S 133–153

Maynard MT, Mathieu JE, Rapp TL, Gilson LL (2012) Something(s) old and something(s) new: modeling drivers of global virtual team effectiveness. J Organ Behav 33:342–365. https://doi.org/10.1002/job.1772

Mohr G, Rigotti T, Müller A (2005) Irritation – ein Instrument zur Erfassung psychischer Befindensbeeinträchtigungen im Arbeitskontext. Skalen- und Itemparameter aus 15 Studien. Z Arbeits-und Organisationspsychologie, 49(1):44–48

Moldaschl M (2005) Ressourcenorientierte Analyse von Belastung und Bewältigung. In: Moldaschl M (Hrsg) Immaterielle Ressourcen: Nachhaltigkeit von Unternehmensführung und Arbeit I. Hampp, München, S 243–280

Nübling M, Stößel U, Hasselhorn HM, Michaelis M, Hofmann F (2005) Methoden zur Erfassung psychischer Belastungen: Erprobung eines Messinstrumentes (COPSOQ). Wirtschaftsverlag NW, Dortmund

PAC Group (2015). Zusammenarbeit virtueller Teams in deutschen Unternehmen. Relevanz, Herausforderungen, Lösungsstrategien. Executive Summary. https://www.pac-online.com/download/19446/157014. Zugegriffen: 4. Dez. 2019

Pangert B, Schüpbach H (2011). Arbeitsbedingungen und Gesundheit von Führungskräften auf mittlerer und unterer Hierarchieebene. In: Badura B, Ducki A, Schröder H, Macco K (Hrsg) Fehlzeiten-Report 2011. Führung und Gesundheit. Springer, Berlin, S 71–79

Reif JAM, Spieß E, Stadler P (2018) Stress bewältigen. In: Reif JAM, Spieß E, Stadler P (Hrsg) Effektiver Umgang mit Stress. Gesundheitsmanagement im Beruf. Berlin, Springer. https://ebookcentral.proquest.com/lib/gbv/detail.action?docID=5387288

Roth I, Müller N (2017) Digitalisierung und Arbeitsqualität. Eine Sonderauswertung auf Basis des DGB-Index Gute Arbeit 2016 für den Dienstleistungssektor. ver.di (Hrsg) Oktoberdruck AG, Berlin. https://innovation-gute-arbeit.verdi.de/themen/digitale-arbeit/++co++36c61f80-46a7-11e7-b7f5-52540066e5a9

Schnell T (2018) Von Lebenssinn und Sinn in der Arbeit. Warum es sich bei beruflicher Sinnerfüllung nicht um ein nettes Extra handelt. In: Badura B, Ducki A, Schröder H, Klose J, Meyer M (Hrsg) Fehlzeiten-Report 2018. Springer, Berlin, S 11–21

Schulz-Dadaczynski A, Junghanns G, Lohmann-Haislah A (2019) Extensives und intensives Arbeitenin der digitalisierten Arbeitswelt – Verbreitung, gesundheitliche Risiken und mögliche Gegenstrategien. In: Badura B et al (Hrsg) Fehlzeiten-Report 2019. Springer Nature, S 267–283. doi: https://doi.org/10.1007/978-3-662-59044-7_18

Seidler A, Steputat A, Drössler S, Schubert M, Günther N et al (2018) Determinanten und Auswirkungen von Informationsüberflutung am Arbeitsplatz. Ein systematischer Review. Zbl Arbeitsmedizin, Arbeitsschutz Ergonomie 68:12–26. https://doi.org/10.1007/s40664-017-0252-7

SHRM [Society for Human Resource Management] (2012) SHRM survey findings: virtual teams. July 13, 2012. https://blog.shrm.org/trends/shrm-survey-findings-virtual-teams. Zugegriffen: 4. Dez. 2019

Smith DC, Bruyns M, Evans S (2011) A project manager's optimism and stress management and IT project success. Int J Managing Projects Bus 4(1):10–27. https://doi.org/10.1108/17538371111096863

Syrek C, Apostel E, Antoni CH (2013) Stress in highly demanding IT jobs. Transformational leadership moderates the impact of time pressure on exhaustion and work-life balance. J Occup Health Psychol 18(3):252–261. doi: https://doi.org/10.1037/a0033085

Syrek C, Bauer-Emmel C, Antoni CH, Klusemann J (2011) Entwicklung und Validierung der Trierer Kurzskala zur Messung von Work-Life Balance (TKS-WLB). Diagnostica 57(3):134–145. https://doi.org/10.1026/0012-1924/a000044

Ulich E (2011) Arbeitspsychologie, 7. Aufl. vdf, Zürich

Will-Zocholl M, Flecker J (2019) Zur realen Virtualität von Arbeit. Raumbezüge digitalisierter Wissensarbeit. Arbeits- und Industriesoziologische Studien 12(1):36–54

Zimber A, Hentrich S, Bockhoff K, Wissing C, Petermann F (2015) Wie stark sind Führungskräfte psychisch gefährdet? Z Gesundheitspsychologie 23(3):123–140. https://doi.org/10.1026/0943-8149/a000143

Open Access Dieses Kapitel wird unter der Creative Commons Namensnennung 4.0 International Lizenz (http://creativecommons.org/licenses/by/4.0/deed.de) veröffentlicht, welche die Nutzung, Vervielfältigung, Bearbeitung, Verbreitung und Wiedergabe in jeglichem Medium und Format erlaubt, sofern Sie den/die ursprünglichen Autor(en) und die Quelle ordnungsgemäß nennen, einen Link zur Creative Commons Lizenz beifügen und angeben, ob Änderungen vorgenommen wurden.

Die in diesem Kapitel enthaltenen Bilder und sonstiges Drittmaterial unterliegen ebenfalls der genannten Creative Commons Lizenz, sofern sich aus der Abbildungslegende nichts anderes ergibt. Sofern das betreffende Material nicht unter der genannten Creative Commons Lizenz steht und die betreffende Handlung nicht nach gesetzlichen Vorschriften erlaubt ist, ist für die oben aufgeführten Weiterverwendungen des Materials die Einwilligung des jeweiligen Rechteinhabers einzuholen.

Prävention zeitlicher Überforderung bei komplexer Wissens- und Innovationsarbeit

5

Ulrike Pietrzyk, Michael Gühne und Winfried Hacker

Dieser Beitrag trägt zu dem Teilthema „Teamarbeit" bei. Teamarbeit, verstanden als das gemeinsame Bearbeiten einer Aufgabe oder Lösen eines Problems durch mehrere Erwerbstätige, hat vielfältige Organisationsformen. Der Beitrag behandelt die Gestaltung und den Nutzen zeitweiliger kurzzeitiger Kleingruppenarbeit Betroffener beim Lösen eines verbreiteten Problems mit wachsender Dringlichkeit, nämlich der Bewältigung von Zeitdruck und Planungsunsicherheit.[1]

5.1 Problemlage

Ein Effekt der fortschreitenden Digitalisierung der Arbeitswelt ist die Automatisierung repetitiver geistiger Arbeitsaufträge und damit der Rückgang algorithmischer geistiger Arbeit (Frey und Osborne 2013). Nicht umfassend automatisierbar und daher beim

---

[1]Das skizzierte Vorgehen wurde durch den ESF sowie das BMBF im Rahmen des Verbundprojekts GADIAM gefördert.

U. Pietrzyk (✉) · M. Gühne · W. Hacker
Fakultät Psychologie, Arbeitsgruppe Wissen-Denken-Handeln, Technische Universität Dresden, Dresden, Deutschland
E-Mail: ulrike.pietrzyk@tu-dresden.de

M. Gühne
E-Mail: michael.guehne@tu-dresden.de

W. Hacker
E-Mail: winfried.hacker@tu-dresden.de

© Der/die Autor(en) 2021   97
S. Mütze-Niewöhner et al. (Hrsg.), *Projekt- und Teamarbeit in der digitalisierten Arbeitswelt,* https://doi.org/10.1007/978-3-662-62231-5_5

Menschen verbleibend ist komplexe Wissens- und Innovationsarbeit. Komplexe Wissens-
und Innovationsarbeit ist charakterisiert durch das Aufnehmen, Weiterleiten, Verarbeiten
und Erzeugen von Informationen (Hacker 2020). Sie ist nicht vollständig algorithmisch
beschreib- und damit schlecht planbar. Dies hat zwei Folgen: Zum einen nimmt durch
den Rückgang algorithmischer geistiger Arbeit der Anteil komplexer Wissens- und
Innovationsarbeit an der Erwerbsarbeit zu (Dengler und Matthes 2018). Zum anderen
erhöht sich infolgedessen die Relevanz komplexer Wissens- und Innovationsarbeit für
die Wertschöpfung von Unternehmen.

Ein zweiter Effekt der Digitalisierung der Arbeitswelt ist die Senkung von Trans-
aktionskosten auf Märkten, infolge direkter Kunden-Lieferanten-Interaktion und der Verringerung zeitlicher und räumlicher Kommunikations- und Austauschbeschränkungen
(Aepli et al. 2017). In Kombination mit der steigenden Bedeutung für die Unternehmens-
wertschöpfung (Effekt 1) ergibt sich daraus ein zunehmender Druck des Marktes zur
Prozessoptimierung bei komplexer Wissens- und Innovationsarbeit. Da Personalkosten in
den meisten Branchen einen zentralen Faktor darstellen, ist die Anpassung von Zeitvorgaben dafür eine wichtige Möglichkeit.

Ein dritter Effekt der Digitalisierung der Arbeitswelt ist die zeitliche und räumliche
Entgrenzung von Arbeit, infolge der Nutzung vernetzter digitaler Kommunikationsmittel.
Dies hat u. a. zur Folge, dass Arbeitsaufträge in der Freizeit und von zu Hause erledigt
werden können (Junghanns und Morschhäuser 2013).

Ein Resultat des Marktdrucks zur Prozessoptimierung (Effekt 1 und Effekt 2)
durch die Digitalisierung der Arbeitswelt ist die Gefahr der zeitlichen Überforderung
von Beschäftigten bei komplexer Wissens- und Innovationsarbeit, infolge fehlender
oder inadäquater fremd- oder selbstgesetzter Zeitvorgaben. So können beim Versuch der Prozessoptimierung zu geringe Zeitvorgaben für die Beschäftigten durch das
Unternehmen fremdgesetzt werden. Ebenso können bei der Verwendung indirekter
Steuerungsformen zu geringe Zeitvorgaben auch selbstgesetzt sein. Infolge der Entgrenzung von Arbeit (Effekt 3) durch die Digitalisierung der Arbeitswelt werden die zu
geringen Zeitvorgaben von den Beschäftigten oftmals durch Arbeit im privaten Rahmen
kompensiert (Schulthess 2017). Durch die schlechte Sichtbarkeit der im privaten
Rahmen durchgeführten Arbeitsaufträge werden die zu geringen Zeitvorgaben durch das
Unternehmen in vielen Fällen über längere Zeit nicht bemerkt und nicht korrigiert.

Da zeitliche Überforderung infolge zu geringer selbst- oder fremdgesetzter Zeitvorgaben das Risiko gesundheitlicher Beeinträchtigungen der Beschäftigten erhöht (u. a.
Rau und Buyken 2015), zu großzügige Zeitvorgaben jedoch durch ineffiziente Prozesse
die Wettbewerbsfähigkeit von Unternehmen beeinträchtigen, hat die Digitalisierung
der Arbeitswelt eine Zunahme des Bedarfs der Verwendung nachhaltiger Zeitvorgaben
für komplexe Wissens- und Innovationsarbeit zur Folge. Zeitvorgaben sind nachhaltig,
wenn sie sowohl ökonomische Erfordernisse der Unternehmen als auch gesundheitliche
Erfordernisse der Beschäftigten berücksichtigen (Dunkel und Kratzer 2016).

Die Verwendung nachhaltiger Zeitvorgaben setzt das Wissen um nachhaltige Zeitbedarfe für zukünftige Arbeitsaufträge voraus. Zwar existieren verschiedene arbeitswissenschaftliche Zeitbedarfsermittlungsverfahren für elementare Bestandteile algorithmischer geistiger Arbeit (REFA, MTM, Work Factor Mento), Verfahren zur Ermittlung nachhaltiger Zeitbedarfe bei komplexer Wissens- und Innovationsarbeit fehlen jedoch in der Literatur (Hacker 2020; Stab und Schulz-Dadaczynski 2017).

Daher wird der Frage nachgegangen, wie nachhaltige Zeitbedarfswerte bei komplexer Wissens- und Innovationsarbeit ermittelt werden können. In einem ersten Schritt werden Schwierigkeiten für die Zeitbedarfsermittlung bei komplexer Wissens- und Innovationsarbeit herausgearbeitet und ein in der Literatur dargestelltes Zeitermittlungsverfahren für algorithmische geistige Arbeit von Debitz et al. (2012) vorgestellt, welches einen möglichen Ansatz bietet, diesen Schwierigkeiten zu begegnen. Daran anschließend wird das zweischrittige Fallstudiendesign erläutert, mit welchem untersucht wurde, wie das Verfahren von Debitz et al. (2012) für die Anwendbarkeit auf komplexe Wissens- und Innovationsarbeit weiterentwickelt werden kann. Die Ergebnisse der Fallstudien werden im vierten Abschnitt vorgestellt. Den Abschluss des Beitrags bildet die Darstellung des entwickelten Verfahrens zur Ermittlung nachhaltiger Zeitbedarfe bei komplexer Wissens- und Innovationsarbeit.

5.2　Erkenntnisstand in der Literatur

5.2.1　Schwierigkeiten der Zeitbedarfsermittlung bei komplexer Wissens- und Innovationsarbeit

Die Zeitbedarfsermittlung bei komplexer Wissens- und Innovationsarbeit ist mit zwei zentralen Schwierigkeiten verbunden: Dem Planungsfehlschluss und der individuellen Abhängigkeit der erfassten Zeitbedarfe.

Planungsfehlschluss
Bei der Ermittlung von Zeitbedarfen für komplexe Wissens- und Innovationsarbeit ist der Planungsfehlschluss (planning fallacy) zu beachten. Der Planungsfehlschluss beschreibt den Effekt, dass zukünftige Zeitbedarfe durch die ausführenden Personen systematisch unterschätzt werden (Kahneman 2011; Lovallo und Kahneman 2003).

Eine Ursache des Planungsfehlschlusses ist die subjektive Wahrnehmung von Zeit, welche von tatsächlichen zeitlichen Abläufen abweichen kann und u. a. auf individuelle inhaltsbezogene Bewertungen und Gefühle zurückzuführen ist. Aufgrund dieser zeitbezogenen Erinnerungstäuschungen tritt der Planungsfehlschluss nicht nur bei neuen Arbeitsaufträgen auf, sondern auch wenn ein Arbeitsauftrag von einer Person schon mehrmals ausgeführt wurde (Roy et al. 2005; Roy und Christenfeld 2007). Damit geht einher, dass die retrospektive Erfassung von früheren Zeitbedarfen, d. h. das nachträgliche Notieren oder Berichten von Zeiten, unzuverlässig ist.

Individuelle Abhängigkeit der erfassten Zeitbedarfe

Eine Alternative zur Zeitbedarfsermittlung aufgrund verzerrter subjektiver Zeitwahrnehmung ist die Ermittlung zukünftiger Zeitbedarfe auf Basis erfasster Zeitbedarfe früherer identischer oder anforderungsähnlicher Arbeitsaufträge durch die ausführenden Personen.

Die Erfassung von Zeitbedarfen komplexer Wissens- und Innovationsarbeit während der Ausführung ist jedoch mit Besonderheiten verbunden. Da komplexe Wissens- und Innovationsarbeit im Kopf abläuft, sind die mit ihr verbundenen Zeitbedarfe nicht von externen Beobachtern erfassbar. Die Erfassung von Zeitbedarfen durch Aussagen der ausführenden Personen ist jedoch ebenfalls nicht zuverlässig, da wesentliche Teile geistiger Leistungen (Erinnerungs-, Vergleichs-, Urteils-, Denkleistungen) nicht bewusst im langsamen System 2, sondern unbewusst im schnellen automatischen System 1 ablaufen (Evans und Frankish 2009; Kahneman 2011). Zudem weist komplexe Wissens- und Innovationsarbeit in vielen Fällen keinen systematischen linearen Ablauf auf, sondern folgt einer opportunistischen Ablaufstruktur (Visser 1994). Darüber hinaus werden Ideen und Lösungen nicht notwendigerweise in der Arbeitszeit, sondern auch in der Freizeit entwickelt. Das erschwert das Nachvollziehen der abgelaufenen Schritte sowie das Erheben dafür benötigter Zeitbedarfe. Erschwerend für die Erhebung von Zeitbedarfen kommt hinzu, dass komplexe Wissens- und Innovationsarbeit oftmals parallel zu anderen Arbeitsaufträgen ausgeführt wird und die Wechsel zwischen den Arbeitsaufträgen sehr schnell erfolgen können (Gonzalez und Mark 2004). Die Mehrzahl der skizzierten Probleme tritt nicht bei allen Formen komplexer Wissens- und Innovationsarbeit gleichermaßen auf, sondern nimmt tendenziell mit der „Neuartigkeit" der Zielstellung zu.

5.2.2 Zeitermittlung bei algorithmischer geistiger Arbeit (Debitz et al. 2012)

Ein möglicher Ansatz diesen Schwierigkeiten zu begegnen, findet sich in einem von Debitz et al. (2012) entwickelten Verfahren zur Ermittlung von Zeitbedarfen für algorithmische geistige Arbeit.[2]

Vermeidung des Planungsfehlschlusses

Zum Vermeiden des Planungsfehlschlusses wird bei der Ermittlung zukünftiger Zeitbedarfe von Arbeitsaufträgen Bezug auf vorliegende vergleichbare Referenzleistungen (reference class forecasting) genommen (Lovallo und Kahneman 2003). Damit wird der verzerrte Blick von Personen „nach innen" (inside view), d. h. auf ihren Plan und ihre

---

[2]Zur ausführlichen Darstellung des Verfahrens siehe auch Hacker et al. (2007) und Hacker (2020).

Erinnerung, ersetzt durch den Blick „nach außen" (outside view) auf bereits bekannte Zeitbedarfe von identischen oder anforderungsähnlichen Arbeitsaufträgen.

Der Planungsfehlschluss wird weiterhin verringert, indem Arbeitsaufträge in Prozessbausteine (definiert als abgrenzbare Teile von Arbeitsaufträgen) zerlegt (unpacking) werden, deren Zeitbedarf einfacher zu ermitteln ist (Kruger und Evans 2004).

Reduzierung der individuellen Abhängigkeit der erfassten Zeitbedarfe

Da die retrospektive Erhebung von Zeitbedarfen aufgrund der individuell unterschiedlichen Wahrnehmung von Zeit unzuverlässig und eine Beobachtung geistiger Arbeit nicht möglich ist, werden im Rahmen des Verfahrens nach Debitz et al. (2012) die Zeitbedarfe von Arbeitsaufträgen durch die Beschäftigten bei der Ausführung der Arbeitsaufträge erfasst. Zur Verringerung individueller Abhängigkeiten, beispielsweise von individuellen Arbeitsweisen oder Stärken bzw. Lücken in Fertigkeiten und Kenntnissen, wird eine spezifische moderierte Kleingruppentechnik angewendet, der „Aufgabenbezogene Informationsaustausch" (Neubert und Tomczyk 1986; Pietzcker und Looks 2010; Hacker 2016). Dabei werden Daten zuerst individuell und unabhängig voneinander erfasst (Individualarbeit), dann durch eine moderierende Person zusammengestellt (Nominalgruppentechnik) und anschließend in der Realgruppe diskutiert (Realgruppenarbeit) (INR-Technik).

Bei der Individualarbeit vergleichen die Personen ihre individuell erhobenen Zeitbedarfswerte sowie die im Vorfeld durch Bezug auf Messwerte von Referenzleistungen oder durch Schätzung ermittelten Zeitbedarfe und versuchen individuell Ursachen von Differenzen zu identifizieren.

Bei der Nominalgruppenarbeit werden die Ergebnisse der Individualarbeit aller Einzelpersonen durch die moderierende Person zusammengestellt und visualisiert.

Darauf aufbauend werden in der Realgruppenarbeit die Differenzen zwischen den erhobenen Zeitbedarfswerten sowie zwischen erhobenen und vorab ermittelten Zeitbedarfen sowohl auf Ebene von Einzelpersonen (intraindividuell) als auch zwischen Einzelpersonen (interindividuell) ausgewertet und analysiert. Nunmehr wird gemeinsam in der Gruppe versucht, Ursachen für die Unterschiede zu identifizieren und konsensual belastbare Werte zu ermitteln.

Mithilfe der INR-Technik ist es somit möglich, individuelle Abhängigkeiten der erfassten Zeitbedarfe zu identifizieren und bei der Ermittlung zukünftiger Zeitbedarfe für Arbeitsaufträge zu beachten.

Weitere Merkmale des Verfahrens

Die Umsetzung des skizzierten Vorgehens zur Vermeidung des Planungsfehlschlusses und zur Verringerung der individuellen Abhängigkeiten der erfassten Zeitbedarfe sowie die Erfordernisse der praktischen Umsetzung im Unternehmen werden im Verfahren von Debitz et al. (2012) durch verschiedene Prinzipien und Abläufe gewährleistet.

Das Verfahren ist partizipativ, d. h. die Personen, welche den zu untersuchenden Arbeitsauftrag ausführen, werden aktiv einbezogen.

Zur effizienten Anwendung der INR-Technik erfolgt die Bildung von Gruppen, welche einerseits möglichst klein sein sollten (Ringelmann-Effekt) (Zysno 1998; Zysno und Bosse 2009), andererseits jedoch keine relevanten Personen, d. h. Personen mit Wissen zu Ursachen von Zeitbedarfsdifferenzen und Messunterschieden, ausschließen dürfen.

Damit die Ergebnisse des Verfahrens im Arbeitsalltag Anwendung finden, soll die zuständige Führungskraft ein Mitglied der Kleingruppe sein. Ergänzend zur Berücksichtigung gesundheitlicher Erfordernisse durch die Beteiligung der ausführenden Personen ermöglicht die Einbeziehung der Führungskraft die Beachtung ökonomischer Notwendigkeiten bei der Ermittlung von Zeitbedarfen.

Zur Berücksichtigung gruppenpsychologischer Effekte wird der Gruppenprozess durch eine neutrale, von keinem Gruppenmitglied abhängige, moderierende Person angeleitet.

Beschlüsse der Kleingruppe werden konsensual getroffen, d. h. weder Abstimmungen (Mehrheitsbeschlüsse) noch Mittelwertbildungen erfolgen, sondern Ursachen für Unterschiede werden ermittelt und diskutiert, womit eine wichtige Voraussetzung von Unterschieden beseitigt oder verringert werden kann. Dies soll zum einen die Berücksichtigung des Wissens aller Gruppenmitglieder ermöglichen und zum anderen die Akzeptanz der Gruppenbeschlüsse erhöhen. So erfolgt auch die Ermittlung der zukünftigen Zeitbedarfe von Arbeitsaufträgen konsensual. Die Umsetzung dieser Prinzipien ist durch die moderierende Person zu sichern (Hacker 2018).

Die Berücksichtigung differierender Ausführungsbedingungen von Arbeitsaufträgen erfolgt durch die Bildung der Verfahrensvarianten „günstigste", „häufigste" und „ungünstigste" Ausführungsbedingung der einzelnen Prozessbausteine.

Der Einsatz der INR-Technik erfolgt an verschiedenen Stellen des Verfahrens (u. a. auch bei der Zerlegung des Arbeitsauftrags in Prozessbausteine, der Auswertung und Analyse der erfassten Zeitbedarfe sowie bei der Ermittlung zukünftiger Zeitbedarfe) mit dem Ziel, alle Gruppenmitglieder in die Gruppenarbeit zu integrieren, sodass kein Wissen unberücksichtigt bleibt und kein Veränderungswiderstand entsteht.

Insofern möglich, sollten im Laufe des Verfahrens identifizierte Ansätze der Prozessoptimierung (insbesondere die Verringerung von Verzögerungen) vor der Fortführung der Zeitbedarfsermittlung umgesetzt werden (Zijlstra et al. 1999).

Weiterentwicklungsbedarf für die Ermittlung nachhaltiger Zeitbedarfe für komplexe Wissens- und Innovationsarbeit

Durch die Berücksichtigung der skizzierten Schwierigkeiten bei der Ermittlung von Zeitbedarfen für komplexe Wissens- und Innovationsarbeit sowie die Integration gesundheitlicher und ökonomischer Erfordernisse, liefert das Verfahren von Debitz et al. (2012) einen möglichen Ansatz für die Ermittlung nachhaltiger Zeitbedarfe für komplexe Wissens- und Innovationsarbeit.

Da das Verfahren jedoch für algorithmische geistige Arbeit entwickelt und erprobt wurde, stellt sich die Frage, wie das Vorgehen nach Debitz et al. (2012) für die Ermittlung nachhaltiger Zeitbedarfswerte für komplexe Wissens- und Innovationsarbeit weiterentwickelt werden kann.

5.3   Untersuchungsdesign: Stichprobe und Vorgehen

Die Bearbeitung der Frage, wie das Verfahren von Debitz et al. (2012) weiterentwickelt werden kann, erfolgte im Rahmen eines zweischrittigen Fallstudiendesigns (Yin 2014).

Das Design wurde in drei KMU umgesetzt. Die Ausführung der komplexen Wissens- und Innovationsarbeit ist in den Unternehmen durch umfassende digitale Vernetzung charakterisiert. Unternehmen 1 hat seinen Schwerpunkt in der Planung, Konstruktion und Auslegung technischer Baugruppen und Systeme, Unternehmen 2 ist im Bereich der Unternehmensberatung tätig und Unternehmen 3 arbeitet im Geschäftsfeld des Innenausbaus von Schiffen im Luxussegment.

1. Schritt

Im ersten Schritt des Fallstudiendesigns wurde das Verfahren von Debitz et al. (2012) in den drei Unternehmen eingesetzt, um Anpassungsbedarf bezüglich der Besonderheiten komplexer Wissens- und Innovationsarbeit zu identifizieren.

Das Verfahren kam in Unternehmen 1 in vier Gruppen (technologische Angebotskalkulation, Entwicklung, Arbeitsvorbereitung, Auftragsabwicklung) mit insgesamt 18 Personen, in Unternehmen 2 für den Arbeitsauftrag „Angebotsabwicklung" mit insgesamt 18 Personen aus vier Funktionsbereichen und in Unternehmen 3 in vier Gruppen (Arbeitsvorbereitung, Projektleiter, leitende Konstrukteure, Konstrukteure) mit insgesamt 12 Personen zur Anwendung.

Die Arbeit an den Fällen erfolgte in vier Schritten: a) Analyse der Ausgangssituation in den Unternehmen auf Basis von Interviews, Befragungen und Dokumentenanalysen. b) Wissenschaftlich begleitete Anwendung des Verfahrens nach Debitz et al. (2012) in den Unternehmen. Die Datenerhebung wurde mittels Dokumentenanalyse, Befragungen, Selbstaufschreibungen sowie Beobachtungen von moderierten Gruppenberatungen durchgeführt. c) Auswertung der erhobenen Daten und Identifizierung von Anpassungsbedarf. d) Weiterentwicklung des Verfahrens.

Die Umsetzung in den Unternehmen erfolgte zeitversetzt. Die Auswertung der erhobenen Daten in den Unternehmen 1 und 2 identifizierte Anpassungsbedarf (z. B. hinsichtlich der Gruppenzusammenstellung). Da auch in Unternehmen 3 der identifizierte Anpassungsbedarf den Einsatz des Verfahrens von Debitz et al. (2012) stark erschwert hätte, wurde die Verfahrensumsetzung in Unternehmen 3 nicht abgeschlossen.

2. Schritt

Im zweiten Schritt des Fallstudiendesigns wurde das – auf Basis des ersten Schritts – weiterentwickelte Verfahren bei Unternehmen 1 und zeitversetzt bei Unternehmen 3 auf komplexe Wissens- und Innovationsarbeit angewandt, um weiteren Anpassungsbedarf für die praktische Anwendung zu identifizieren.

Das weiterentwickelte Verfahren kam in Unternehmen 1 in fünf Gruppen (technologische Angebotskalkulation, Entwicklung, Arbeitsvorbereitung-Dreherei, Arbeitsvorbereitung-Montage, Auftragsabwicklung) mit insgesamt 17 Personen und in Unternehmen

3 in zwei Gruppen (Engineering-Projekt 1, Engineering-Projekt 2) mit insgesamt 10 Personen zum Einsatz.

Die Arbeit an den Fällen erfolgte in drei Schritten: a) Wissenschaftlich begleitete Anwendung des weiterentwickelten Verfahrens in den Unternehmen. Die Datenerhebung wurde mittels Dokumentenanalyse, Befragungen, Selbstaufschreibungen sowie Beobachtungen von moderierten Gruppenberatungen durchgeführt. b) Auswertung der erhobenen Daten und Identifizierung von Anpassungsbedarf. c) Überarbeitung des weiterentwickelten Verfahrens.

5.4   Ergebnisse und Interpretation

Die Auswertung der beiden Schritte des Fallstudiendesigns stützt das gewählte Vorgehen zur Verringerung des Planungsfehlschlusses sowie zur Reduzierung der Verzerrung der erfassten Zeitbedarfe. Darüber hinaus konnte Anpassungsbedarf identifiziert werden, dessen Berücksichtigung notwendig ist, damit das Verfahren von Debitz et al. (2012) für die Anwendung bei komplexer Wissens- und Innovationsarbeit weiterentwickelt werden kann. Obgleich die Untersuchung des Anpassungsbedarfs für die Zeitbedarfsermittlung bei komplexer Wissens- und Innovationsarbeit erfolgte, sind einige Erkenntnisse auch bei der Zeitbedarfsermittlung für algorithmische geistige Arbeit beachtenswert.[3]

Zeitweilige moderierte Kleingruppentechnik
In den untersuchten Fällen konnte durch den Einsatz der INR-Technik umfangreiches Wissen bezüglich realer Prozessabläufe, auftretender Unterbrechungen, organisationalen Problemen und alternativer Lösungswege erarbeitet werden. Dieses Wissen wurde von den Unternehmen zur Prozessoptimierung verwendet und bildet auch die Basis der Zeitbedarfsermittlung für komplexe Wissens- und Innovationsarbeit.

Eine Herausforderung für die Umsetzung der INR-Technik in den untersuchten Fällen betraf die Zusammenstellung der Gruppen. Bei komplexer Wissens- und Innovationsarbeit ist es oftmals schwierig, Personen zu identifizieren, welche identische Prozessabschnitte bearbeiten und sich über diese in der Gruppe austauschen können. Dieses Problem verstärkt sich in KMU und bei hoch innovativer Arbeit. Ein Lösungsansatz besteht darin, bei der Zusammenstellung der Kleingruppen Personen zusammenzufassen, welche zwar keine identischen Prozessabschnitte bearbeiten, bei ihrer Arbeit jedoch interagieren, sodass sie die Prozessabschnitte anderer Gruppenmitglieder beurteilen und diskutieren können.

Eine weitere Herausforderung in den untersuchten Fällen betraf die Besetzung der Moderatorenrolle. In den untersuchten KMU war es schwierig eine Person zu finden,

---

[3]Weitere Unterschiede zwischen dem Verfahren nach Debitz et al. (2012) und dem GADIAM-Verfahren finden sich bei Hacker (2020).

welche sowohl die Kompetenz für die Rolle hat, als auch unabhängig gegenüber allen Gruppenmitgliedern und der Unternehmensführung agieren kann. Die Unabhängigkeit der moderierenden Person ist für das Funktionieren des Verfahrens jedoch zentral, da ansonsten keine realistischen Antworten der Gruppenmitglieder zu erwarten sind, was verzerrte Zeitbedarfe und damit verzerrte Zeitvorgaben zur Folge hätte. Die moderierende Person hat weiterhin sicherzustellen, dass die Führungskraft die Gruppendiskussion nicht dominiert und behindert, da es ansonsten zu einer einseitigen Betonung ökonomischer Aspekte und der Missachtung gesundheitlicher Erfordernisse kommen kann. Gleichwohl ist das Einbeziehen der Führungskraft wegen ihrer Anweisungsbefugnis für Gruppenergebnisse unverzichtbar. Sollte das Problem der fehlenden Unabhängigkeit im Unternehmen nicht lösbar sein, so empfiehlt sich bei der Zeitbedarfsermittlung für komplexe Wissens- und Innovationsarbeit das Besetzen der Moderatorenrolle mit einer externen Person, welche für alle Gruppenmitglieder vertrauenswürdig ist. Die Bewertung der Gruppenprozesse sollte kontinuierlich erfolgen, um der moderierenden Person Rückmeldungen und erforderlichenfalls Verbesserungshinweise geben zu können. Dafür kann beispielsweise auf den Fragebogen von Wetzstein (Pietzcker und Looks 2010) zurückgegriffen werden.

Eine ähnliche Herausforderung betrifft den Datenschutz in Unternehmen, welcher in einem der betrachteten Unternehmen aufgrund einer intern nicht kontrollierten machtvollen Geschäftsführung schwierig umsetzbar war. Sollten die Gruppenmitglieder befürchten, dass ihre Aussagen und erhobenen Daten zur Leistungsbewertung genutzt werden, so sind keine belastbaren Aussagen und Daten bei der Anwendung der INR-Technik zu erwarten, was die Ermittlung realistischer Zeitbedarfe für komplexe Wissens- und Innovationsarbeit unmöglich macht. Auch hierbei ist eine befähigte moderierende Person unverzichtbar.

Unpacking

Die Zerlegung des zu untersuchenden Arbeitsauftrags in Prozessbausteine (unpacking) ist ein wichtiger Schritt bei der Ermittlung nachhaltiger Zeitbedarfe für komplexe Wissens- und Innovationsarbeit. Eine Herausforderung bei der Bildung von Prozessbausteinen für komplexe Wissens- und Innovationsarbeit ist der oftmals unbewusste, opportunistische d. h. nicht-lineare Ablauf der Arbeitsaufträge. Dies hat zur Folge, dass die durch die Zerlegung des zu untersuchenden Arbeitsauftrags ermittelten Prozessbausteine unvollständig oder unzutreffend definiert sein können. Insbesondere für hoch innovative Arbeitsaufträge ist die Zerlegung in Prozessbausteine im Vorfeld kaum möglich. In den betrachteten KMU kam zudem erschwerend hinzu, dass oftmals keine Vorstrukturierung der Prozessschritte (z. B. durch eine Organisationsabteilung) vorhanden war, an welche angeschlossen werden konnte. Falls die formal definierten Prozesse und die realen Abläufe auseinanderfallen, erschwert dies die Bildung von Prozessbausteinen zusätzlich. Eine Technik zur Verbesserung der Ergebnisse ist die Anwendung der INR-Technik. Deren Anwendung kann zwar die Qualität erhöhen, gleichwohl haben die zu Beginn der Zeitermittlung für komplexe Wissens- und Innovationsarbeit erarbeiteten

Prozessbausteine Initialcharakter, d. h. sie sind teilweise unvollständig und sind im weiteren Verfahrensverlauf iterativ zu präzisieren.

Die Kleinteiligkeit erarbeiteter Prozessbausteine stellt eine weitere Herausforderung dar. So zeigte sich in den untersuchten Fällen, dass die Erfassung von Zeitwerten für präzise, aber kleinteilige Prozessbausteine den Arbeitsalltag der Personen stark beeinflusste, was die Akzeptanz des Vorgehens einschränkte. Ein Lösungsansatz besteht in der Bildung von inhaltlich sinnvollen Aggregaten bei der Zeiterfassung, für welche Durchlaufzeiten erfasst werden. Dies schränkt zwar den Detailgrad der Daten ein, kann aber realistische Werte auch über längere Zeiträume hinweg liefern. Aufgrund des nicht-algorithmischen Charakters komplexer Wissens- und Innovationsarbeit ist dieses Vorgehen bei der Zeitbedarfsermittlung der scheinbar präziseren, aber nur kurzzeitig anwendbaren, Datenerhebung kleinteiliger Prozessbausteine vorzuziehen. Die Erhebung von Aggregaten ermöglicht die Zeiterfassung mannigfaltiger Verfahrensvarianten, was die Bandbreite dokumentierter anforderungsähnlicher Prozessbausteine bzw. Aggregate erhöht. Im Ergebnis sollten aus praktischen Erwägungen Prozessbausteine bzw. Aggregate so groß wie möglich und so klein wie nötig definiert werden.

Eine weitere Herausforderung zeigte sich bei der Analyse komplexer Wissens- und Innovationsarbeit bei der Arbeit mit Verfahrensvarianten von Prozessbausteinen in den untersuchten Unternehmen. So hatten die beteiligten Personen oft abweichende Vorstellungen davon, was unter der „günstigsten", „häufigsten" und „ungünstigsten" Ausführungsbedingung zu verstehen sei. Eine Lösung besteht im Verzicht auf die Vorabunterteilung in Verfahrensvarianten und die sukzessive Bildung von Verfahrensvarianten von Prozessbausteinen anhand der erhobenen Daten im Laufe des Verfahrens.

Die Auswertung der untersuchten Fälle zeigte weiterhin die Herausforderung, dass ein erheblicher Teil des für Arbeitsaufträge komplexer Wissens- und Innovationsarbeit benötigten Zeitbedarfs durch Verzögerungen aufgrund von Unterbrechungen (z. B. Anrufe, ungeplante Meetings, Verwaltungsaufgaben) entsteht und damit Wiedereinarbeitungszeiten erforderlich werden. Zwar lassen sich manche Verzögerungen beseitigen, viele Verzögerungen gehören jedoch zum untersuchten Arbeitsauftrag oder betreffen andere berufliche Aufgaben der Person. Für eine realistische Abbildung der Prozessabläufe sollten deswegen bei der Bildung von Prozessbausteinen für komplexe Wissens- und Innovationsarbeit Verzögerungen explizit berücksichtigt werden (Zijlstra et al. 1999; Lin et al. 2013; Baethge und Rigotti 2010).

Reference class forecasting
Die Ermittlung des Zeitbedarfs für zukünftige Durchläufe eines Prozessbausteins soll im Rahmen des Verfahrens auf Basis erhobener Zeitbedarfe (Messwerte) vergleichbarer Referenzleistungen erfolgen. Da komplexe Wissens- und Innovationsarbeit oft von vorherigen Durchläufen abweicht, war dieses Vorgehen in den untersuchten Fällen bei der Ermittlung von Zeitbedarfen für komplexe Wissens- und Innovationsarbeit nur näherungsweise umsetzbar. Zur Lösung dieser Herausforderung kann versucht werden,

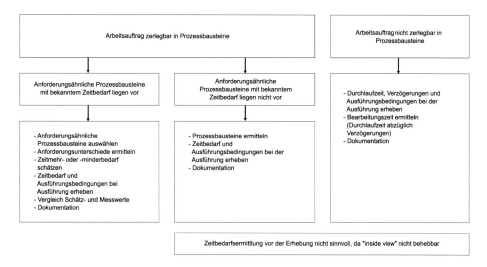

Abb. 5.1 Reference class forecasting bei komplexer Wissens- und Innovationsarbeit

anforderungsähnliche Prozessbausteine zu identifizieren, für welche erfasste Zeitbedarfe vorliegen. Durch die Analyse der Merkmale der Verfahrensvarianten kann mithilfe der INR-Technik versucht werden, in der Gruppe den abweichenden Zeitbedarf (Mehrbedarf oder Minderbedarf des anforderungsähnlichen Arbeitsauftrags) zu schätzen („schätzen", da keine Messwerte als Referenz vorliegen). Das Ergebnis wird mit dem bei der Ausführung ermittelten Zeitbedarf verglichen und ausgewertet (siehe Abb. 5.1).

Sollten für einen zu analysierenden Prozessbaustein keine anforderungsähnlichen Prozessbausteine identifizierbar sein, so ist kein zukünftiger Zeitbedarf ermittelbar, da kein Ansatzpunkt zur Kontrolle des Planungsfehlschlusses existiert. In diesem Falle soll der Zeitbedarf des neuartigen Prozessbausteins erhoben und dessen Ausführungsbedingungen dokumentiert werden, damit die erhobenen Werte bei einer weiteren Durchführung als anforderungsähnliche Referenzleistung verwendet werden können (siehe Abb. 5.1).

Sollte ein zu analysierender neuartiger Arbeitsauftrag vorab nicht in Prozessbausteine zerlegt werden können, so sollen in diesem Falle die Durchlaufzeit des Arbeitsauftrags, Verzögerungen sowie Ausführungsbedingungen erhoben werden. Im Anschluss kann die Bearbeitungszeit als Differenz von Durchlaufzeit und Verzögerungen ermittelt werden (siehe Abb. 5.1).

IT-Unterstützung

Bei der Anwendung des Verfahrens zeigte sich bei den untersuchten Fällen die Herausforderung, dass die Erfassung von Zeiten mit Stift und Papier bzw. mithilfe eines einfachen Tabellenkalkulationsprogramms durch die Gruppenmitglieder als umständlich und zeitaufwendig beschrieben wurde. Da aufgrund des nicht-algorithmischen

Charakters komplexer Wissens- und Innovationsarbeit die Ermittlung von Zeitbedarfswerten auf einer breiten Datenbasis erfolgen sollte um anforderungsähnliche Ver-
gleichsarbeitsaufträge zu identifizieren, d. h. über einen längeren Zeitraum zum Einsatz
kommen sollte, empfiehlt sich als Lösungsansatz die Verwendung einer Software
zur Zeiterfassung. Diese sollte sich wenig invasiv in den Arbeitsalltag der Personen
integrieren lassen, um die Akzeptanz der Erfassung und damit auch die Qualität der
erhobenen Daten zu gewährleisten.

Eine weitere Herausforderung in den untersuchten Fällen war das Management
der bei der Verfahrensanwendung entstehenden umfangreichen Datenmengen, was
insbesondere bei der im Vergleich zu algorithmischer geistiger Arbeit längeren
Anwendungsdauer bei komplexer Wissens- und Innovationsarbeit relevant ist. Zur
Lösung empfiehlt sich der Einsatz einer Datenbank in allen Schritten des Verfahrens.
Diese sollte mit der verwendeten Zeiterfassungssoftware kompatibel sein und zur
Gewährleistung der effizienten Auswertung konsequent gepflegt werden. Das schließt
die exakte Definition von Prozessbausteinen, inkl. Start- und Endpunkt sowie Details zu
Arbeitsanforderungen ein.

Darüber hinaus kann bei der Vielzahl der sich ergebenden Verfahrensvarianten der
Einsatz von Software zur Ermittlung des Zeitbedarfs zukünftiger Ausführungen eines
Arbeitsauftrags sinnvoll sein.

Verfahrensanwendung

Eine Herausforderung bei der Anwendung des Verfahrens besteht in den vielfältigen
Ausführungsvarianten komplexer Wissens- und Innovationsarbeit, sodass Zeitbedarfs-
werte fortwährend anzupassen sind. Aus der Charakteristik komplexer Wissens- und
Innovationsarbeit folgt die weitere Herausforderung, dass aufgrund des Erfahrungs-
gewinns der Personen auch bei gleichbleibenden Arbeitsaufträgen die Definitionen der
Prozessbausteine iterativ präzisiert werden müssen.

Ein Lösungsansatz für diese beiden Herausforderungen besteht in der mehrmaligen
Anwendung des Verfahrens bei der Zeitbedarfsermittlung für komplexe Wissens- und
Innovationsarbeit. Darüber hinaus ist es durch die mehrmalige Verfahrensanwendung
möglich, Veränderungen in den Ausführungsbedingungen zu berücksichtigen. Ein weiterer
Vorteil der mehrmaligen Verfahrensanwendung liegt in der Möglichkeit, dass vergleichbare Referenzleistungen von Arbeitsaufträgen auch gefunden werden können, wenn in
einem Verfahrensdurchlauf keine anforderungsähnlichen Prozessbausteine identifiziert
werden. Des Weiteren kann die mehrmalige Anwendung des Verfahrens aufgrund des
durch die Personen wiederholt durchzuführenden Schätzens von Zeitmehr- oder -minder-
bedarf bei anforderungsähnlichen Arbeitsaufträgen zur Reduktion des Schätzfehlers sowie
zur kontinuierlichen Prozessoptimierung (z. B. Reduktion von Verzögerungen) beitragen.

Wichtig ist in diesem Zusammenhang, dass begleitend evaluiert wird, ob die mehrmalige Anwendung des Verfahrens die Qualität der ermittelten Zeitbedarfswerte verbessert und die zeitliche Überforderung der beteiligten Personen verringert, d. h. ob die
Kosten der Verfahrensanwendung geringer sind als der Nutzen.

Forschungsbedarf

Obwohl mithilfe der Fallstudien ein Verfahren zur Ermittlung nachhaltiger Zeitbedarfe für komplexe Wissens- und Innovationsarbeit entwickelt werden konnte, zeigte die Arbeit in den Unternehmen auch Bedarf für Anschlussforschung. So wäre es wichtig zu untersuchen, ob das Verfahren in Abhängigkeit vom Komplexitätsgrad der Wissens- und Innovationsarbeit zu variieren ist. Damit einhergehend wäre auch die Untersuchung von Einsatzgrenzen von Zeitermittlungsverfahren allgemein bei hochkomplexer Innovationsarbeit von Interesse.

5.5 Empfehlungen für die Zeitbedarfsermittlung bei komplexer Wissens- und Innovationsarbeit

Die Ergebnisse zeigen, dass die Ermittlung nachhaltiger Zeitbedarfe für komplexe Wissens- und Innovationsarbeit in fünf Schritten erfolgen sollte (Abb. 5.2), welche teilweise wiederholt durchzuführen sind.

Schritt 1: Festlegung des zu analysierenden Arbeitsauftrags und der beteiligten Beschäftigten

Im ersten Schritt wird der zu analysierende Arbeitsauftrag mit relevanten Anteilen komplexer Wissens- und Innovationsarbeit festgelegt, für welchen der Zeitbedarf künftiger Durchläufe ermittelt werden soll. Daran anschließend wird eine Gruppe von maximal 4–5 Personen gebildet, welche den Arbeitsauftrag oder vergleichbare Arbeiten ausführen oder bei ihrer Arbeit mit den Bearbeitenden des betreffenden Arbeitsauftrags interagieren. Die zuständige Führungskraft sollte Bestandteil der Gruppe sein und eine neutrale Person ist für die Moderatorenrolle zu benennen.

Beim Auftakttreffen der Gruppe stellt die moderierende Person den Ablauf des Zeitbedarfsermittlungsverfahrens und den zu analysierenden Arbeitsauftrag vor. Daran anschließend wird in der Gruppe diskutiert, ob die vom Unternehmen gewählte Gruppenzusammenstellung für den Arbeitsauftrag adäquat ist oder ob Anpassungen nötig sind. Wurden beispielsweise wichtige Personen übersehen, so sollten diese hinzugezogen werden.

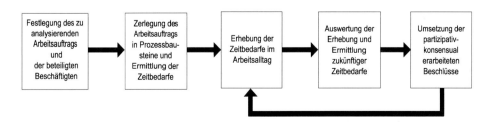

Abb. 5.2 Schritte der Zeitbedarfsermittlung bei komplexer Wissens- und Innovationsarbeit

Schritt 2: Zerlegung des Arbeitsauftrags in Prozessbausteine und Ermittlung der Zeitbedarfe

In Teil A des zweiten Schrittes wird, unterstützt durch die Anwendung der INR-Technik, der zu analysierende Arbeitsauftrag partizipativ-konsensual in Prozessbausteine zerlegt. Zudem werden bei der Durchführung auftretende Verzögerungen ermittelt. Die Zerlegung sollte so kleinteilig sein, dass die Prozessbausteine für die Arbeitsplanung im Unternehmen nicht weiter unterteilt werden müssen.

In Teil B des zweiten Schritts werden, unterstützt durch die Anwendung der INR-Technik, die Zeitbedarfe der erarbeiteten Prozessbausteine für die nächsten Durchläufe des analysierten Arbeitsauftrags partizipativ-konsensual ermittelt. Falls die erarbeiteten Prozessbausteine zu kleinteilig sind (siehe Abschn. „Ergebnisse und Interpretation"), empfiehlt es sich Aggregate zu bilden.

Alle Daten sind eindeutig beschrieben und definiert, in einer im gesamten Verfahren verwendeten Datenbank zu speichern.

Anmerkung: Sollten keine erhobenen Zeitbedarfe für identische oder anforderungsähnliche Prozessbausteine (z. B. von früheren Erhebungen bei der Untersuchung anderer Arbeitsaufträge) zur Zeitbedarfsermittlung verfügbar sein, so sollen in Teil B trotzdem die Zeitbedarfe der Prozessbausteine geschätzt werden. Da in diesen Fällen kein Ansatzpunkt zur Kontrolle des Planungsfehlschlusses existiert (siehe Abb. 5.1), sollten diese Werte ausschließlich bei der Auswertung der erhobenen Zeitbedarfe in Schritt 4 Verwendung finden. Warum ist das sinnvoll? Das Ermitteln des Zeitbedarfs vor dem Messen und das Vergleichen von Schätzung und Messung individuell und in der Kleingruppe haben auch einen Übungszweck: Es werden die Grenzen und Verbesserungsmöglichkeiten von Zeitbedarfsschätzungen für die Fälle gezeigt, bei denen kein Bezug auf existierende Messwerte möglich ist, z. B. bei neuartigen Arbeitsaufträgen oder Arbeitsaufträgen mit zu planendem Zeitmehr- oder -minderbedarf (anforderungsähnliche Arbeitsaufträge).

Schritt 3: Erhebung der Zeitbedarfe im Arbeitsalltag

Im dritten Schritt werden softwaregestützt die Zeitbedarfe der definierten Prozessbausteine, Aggregate und Verzögerungen im Arbeitsalltag erfasst.

Die verwendete Zeiterfassungssoftware sollte sowohl die Zeiterfassung bei der Ausführung eines Prozessbausteins bzw. bei dem Auftreten einer Verzögerung als auch retrospektive Anpassungen sowie die parallele Erfassung mehrerer Prozessbausteine bzw. Verzögerungen unterstützen. Es sollte ebenfalls möglich sein, zu erfassten Datensätzen Kommentare zu verfassen. Weiterhin sollte die Software das Anlegen mehrerer Benutzer erlauben sowie das Editieren von Prozessbausteinen und Verzögerungen bei der Anwendung zulassen. Wichtig ist, dass die Software den Export der erhobenen Daten in die im Verfahren verwendete Datenbank unterstützt. Verschiedene proprietäre und Open Source Lösungen (z. B. Kimai) decken diese Anforderungen ab.

Im Vorfeld der Erhebung sind die definierten Prozessbausteine, Aggregate und Verzögerungen in die Software einzupflegen. Anforderungsmerkmale des analysierten Arbeitsauftrags sind zu hinterlegen.

Schritt 4: Auswertung der Erhebung und Ermittlung zukünftiger Zeitbedarfe
In Teil A des vierten Schrittes werden, unterstützt durch die Anwendung der INR-Technik, die erhobenen Werte partizipativ-konsensual ausgewertet. Dabei werden die erhobenen Werte mit den zuvor ermittelten Werten bzw. mit den erhobenen Werten anderer Personen verglichen und intraindividuelle sowie interindividuelle Abweichungen analysiert. Daran anschließend wird konsensual festgelegt, mithilfe welcher Prozessbausteine und Verfahrensvarianten die folgenden Durchläufe des analysierten Arbeitsauftrags beschrieben werden sollen. Falls erforderlich, sind neue Prozessbausteine bzw. Verfahrensvarianten zu definieren.

Sollte die auszuwertende Datenmenge in Teil A zu umfassend sein, so kann mithilfe der in Schritt drei erhobenen Informationen zur Priorisierung eine Beschränkung auf zentrale Aspekte vorgenommen werden. Diese sollte transparent kommuniziert werden, sodass der unbeabsichtigte Ausschluss wichtiger Informationen durch die Gruppe korrigiert werden kann.

In Teil B des vierten Schrittes werden, unterstützt durch die Anwendung der INR-Technik, die Zeitbedarfe der erarbeiteten Prozessbausteine und Verfahrensvarianten für die nächsten Durchläufe des analysierten Arbeitsauftrags partizipativ-konsensual ermittelt. Falls nötig, werden Prozessbausteine aggregiert. Sollten keine erhobenen Zeitbedarfe für identische oder anforderungsähnliche Prozessbausteine zur Zeitbedarfsermittlung verfügbar sein, sollen trotzdem die Zeitbedarfe der Prozessbausteine geschätzt werden (zur Erläuterung siehe Anmerkung bei Schritt 2).

Alle Daten sind eindeutig beschrieben und definiert in der verwendeten Datenbank zu speichern.

Schritt 5: Umsetzung der partizipativ-konsensual erarbeiteten Beschlüsse
Im fünften Schritt erfolgt die Umsetzung der in der Gruppe partizipativ-konsensual erarbeiteten Beschlüsse: Maßnahmen der Prozessoptimierung, welche während der Umsetzung des Verfahrens identifiziert werden konnten, werden, sofern möglich, durchgeführt und Anpassungen bezüglich Prozessbausteinen, Merkmalen von Verfahrensvarianten, Aggregaten sowie Verzögerungen werden in die verwendete Zeiterhebungssoftware eingepflegt.

Zentral für die Reduktion des Risikos negativer gesundheitlicher Folgen aufgrund zu geringer zeitlicher Vorgaben ist, dass die erarbeiteten und auf Nachhaltigkeit geprüften Zeitbedarfswerte als Zeitvorgaben für die folgenden Durchläufe des analysierten Arbeitsauftrags tatsächlich verwendet werden.

Anwendungshinweise für das Verfahren

Im Anschluss an den fünften Schritt kann, beginnend mit Schritt drei, das Verfahren neu begonnen werden, sodass sich ein Kreislauf der Schritte drei, vier und fünf ergibt (Abb. 5.2), was die Genauigkeit der ermittelten Zeitbedarfe erhöht sowie die Definitionen der Prozessbausteine und Verfahrensvarianten verbessert.

Der Natur komplexer Wissens- und Innovationsarbeit folgend ist anzumerken, dass ermittelte Zeitbedarfe für diese Art von Arbeitsaufträgen Näherungscharakter aufweisen und nicht den Anspruch exakter Vorhersagen erfüllen können. Dies gilt es bei der Arbeitsplanung in Unternehmen zu berücksichtigen.

Um die benötigten zeitlichen Ressourcen für die Anwendung des Verfahrens gering zu halten, ist es ratsam, bei Teil A von Schritt vier eine Priorisierung vorzunehmen und sich auf leistungs- und beanspruchungsbestimmende Aspekte zu konzentrieren.

Die Anwendung des Verfahrens kann ausgesetzt werden, wenn die Differenz zwischen den vorab ermittelten und den bei der realen Ausführung erhobenen Zeitbedarfswerten über die Durchläufe hinweg für die Arbeitsplanung hinreichend gering ist und wenn zukünftige Variationen des analysierten Arbeitsauftrags mit den erarbeiteten Prozessbausteinen und Verfahrensvarianten adäquat abgebildet werden können.

Für die erfolgreiche Umsetzung des Verfahrens sollten, hinausgehend über die empfohlene Vorgehensweise (z. B. Partizipation, neutrale Moderation), Erkenntnisse aus der Literatur des Change Managements frühzeitig berücksichtigt werden.

Es ist weiterhin anzumerken, dass der Fokus des entwickelten Verfahrens auf Strukturen und Abläufen im Unternehmen liegt. Individuelle Unterschiede der beteiligten Personen sind bei der praktischen Anwendung zu beachten.

Das skizzierte Vorgehen hat für Unternehmen und Beschäftigte doppelten Nutzen: 1) Es hilft Verzögerungen und anderen Verbesserungsbedarf in den Ausführungsbedingungen komplexer Wissens- und Innovationsarbeit, den wesentlichen Quellen betrieblicher Effektivität, zu ermitteln. 2) Es liefert belastbare Grundlagen für wirtschaftliche Effekte, z. B. zeitliche Planungssicherheit und für die betriebliche Gefährdungsbeurteilung bei komplexer Wissens- und Innovationsarbeit.

Literatur

Aepli M, Angst V, Iten R, Kaiser H, Lüthi I, Schweri J (2017) Die Entwicklung der Kompetenzanforderungen auf dem Arbeitsmarkt im Zuge der Digitalisierung. Arbeitsmarktpolitik, Bd 47. Staatssekretariat für Wirtschaft SECO, Zürich

Baethge A, Rigotti T (2010) Arbeitsunterbrechungen und Multitasking. Bundesanstalt für Arbeitsschutz und Arbeitsmedizin, Dortmund

Debitz U, Hacker W, Stab N, Metz U (2012) Zeit- und Leistungsdruck? Anforderungsgerechte partizipative Personal- bzw. Zeitbemessung bei komplexer und interaktiver Arbeit als Grundlage von Nachhaltigkeit. In Gesellschaft für Arbeitswissenschaft e. V. (Hrsg) Gestaltung nachhaltiger Arbeitssysteme – Wege zur gesunden, effizienten und sicheren Arbeit. GfA-Press, Dortmund, S 397–400

Dengler K, Matthes B (2018) Substituierbarkeitspotenziale von Berufen. Wenige Berufsbilder halten mit der Digitalisierung Schritt. IAB-Kurzbericht 4/2018

Dunkel W, Kratzer N (2016) Zeit- und Leistungsdruck bei Wissens- und Interaktionsarbeit. Neue Steuerungsformen und subjektive Praxis, Nomos, Baden-Baden

Evans JS, Frankish K (Hrsg) (2009) In two minds: Dual processes and beyond. Oxford University Press, New York

Frey CB, Osborne MA (2013) The Future of Employment: How Susceptible are Jobs to Computerization? Oxford Martin School (OMS) working paper, University of Oxford

Gonzalez VM, Mark G (2004) „Constant, Constant, Multitasking Craziness": Managing Multiple Working Spheres. CHI 6(1):113–120

Hacker W (2016) Zeitweilige Gruppenarbeit für Prozessinnovationen: Grundlagen, Organisation und Wirkungen. In Jöns I (Hrsg) Erfolgreiche Gruppenarbeit. Konzepte, Instrumente, Erfahrungen, 2. Aufl. Springer-Gabler, Wiesbaden, S 25–35

Hacker W (2018) Menschengerechtes Arbeiten in der digitalisierten Welt. Eine wissenschaftliche Handreichung. Schriftenreihe Mensch – Technik – Organisation, Bd 49. vdf Hochschulverlag, Zürich

Hacker W (2020) Prävention von zeitlicher Überforderung bei entgrenzter komplexer Wissens- sowie Innovationsarbeit: Möglichkeiten und Grenzen der Zeitbedarfsermittlung – eine Fallstudie. Psychologie des Alltagshandelns 13(1):12–27

Hacker W, Debitz U, Metz U, Stab N (2007) Planung mit Prozessbausteinen – ein Beitrag zur Akzeptanz von Leistungszielen bei Verwaltungstätigkeiten, Bd 56. Projektbericht. TU Dresden Eigenverlag, Dresden

Junghanns G, Morschhäuser M (2013) Psychische Belastung bei Wissens- und Dienstleistungsarbeit – eine Einführung. In Junghanns G, Morschhäuser M (Hrsg) Immer schneller, immer mehr. Psychische Belastung bei Wissens- und Dienstleistungsarbeit. Springer, Wiesbaden, S 9–16

Kahneman D (2011) Thinking, fast and slow. Farrar Straus ans Giroux, New York

Kruger J, Evans M (2004) If you don't want to be late, enumerate: Unpacking reduces the planning fallacy. J Exp Soc Psychol 40(5):586–598

Lin BC, Kain JM, Fritz C (2013) Don't interrupt me! An examination of the relationship between intrusions at work and employee strain. Int J Stress Manage 20(2):77–94

Lovallo D, Kahneman D (2003) Delusions of success: how optimism undermines executives' decisions. Harvard Bus Rev 81(7):56–63

Neubert J, Tomczyk R (1986) Gruppenverfahren der Arbeitsanalyse und Arbeitsgestaltung. Spezielle Arbeits- und Ingenieurpsychologie, Ergänzungsband 1. Deutscher Verlag der Wissenschaften, Berlin

Pietzcker F, Looks P (Hrsg) (2010) Der aufgabenbezogene Informationsaustausch – Zeitweilige partizipative Gruppenarbeit zur Problemlösung. Reihe Mensch-Technik-Organisation, Bd 45. Verlag der Fachvereine, Zürich

Rau R, Buyken D (2015) Der aktuelle Kenntnisstand über Erkrankungsrisiken durch psychische Arbeitsbelastungen: Ein systematisches Review über Metaanalysen und Reviews. Z Arb Organ 59(3):213–229

Roy MM, Christenfeld NJ (2007) Bias in memory predicts bias in estimation of future task duration. Mem Cognition 35(3):557–564

Roy MM, Christenfeld NJ, McKenzie CR (2005) Underestimating the Duration of Future Events: Memory Incorrectly Used or Memory Bias? Psychol Bull 131(5):738–756

Schulthess S (2017) Indirekte Unternehmenssteuerung, interessierte Selbstgefährdung und die Folgen für die Gesundheit – eine Analyse von Kadermitarbeitenden. Psychologie des Alltagshandelns 10(2):22–35

Stab N, Schulz-Dadaczynski A (2017) Arbeitsintensität: Ein Überblick zu Zusammenhängen mit Beanspruchungsfolgen und Gestaltungsempfehlungen. Z Arb Wiss 71(1):14–25

Visser W (1994) Organisation of design activities: opportunistic, with hierarchical episodes. Interact Comput 6(3):239–274

Yin RK (2014) Case Study Research Design and Methods, 5. Aufl. Sage, Thousand Oaks, CA

Zijlstra FR, Roe RA, Leonora AB, Krediet I (1999) Temporal factors in mental work: Effects of interrupted activities. J Occup Organ Psych 72(2):163–185

Zysno PV (1998) Vom Seilzug zum Brainstorming: Die Effizienz der Gruppe. In Witte EH (Hrsg) Sozialpsychologie der Gruppenleistung. Pabst, Lengerich, S 184–220

Zysno PV, Bosse A (2009) Was macht Gruppen kreativ? In Witte EH, Kahl CH (Hrsg) Sozialpsychologie der Kreativität und Innovation. Pabst, Lengerich, S 120–150

Open Access Dieses Kapitel wird unter der Creative Commons Namensnennung 4.0 International Lizenz (http://creativecommons.org/licenses/by/4.0/deed.de) veröffentlicht, welche die Nutzung, Vervielfältigung, Bearbeitung, Verbreitung und Wiedergabe in jeglichem Medium und Format erlaubt, sofern Sie den/die ursprünglichen Autor(en) und die Quelle ordnungsgemäß nennen, einen Link zur Creative Commons Lizenz beifügen und angeben, ob Änderungen vorgenommen wurden.

Die in diesem Kapitel enthaltenen Bilder und sonstiges Drittmaterial unterliegen ebenfalls der genannten Creative Commons Lizenz, sofern sich aus der Abbildungslegende nichts anderes ergibt. Sofern das betreffende Material nicht unter der genannten Creative Commons Lizenz steht und die betreffende Handlung nicht nach gesetzlichen Vorschriften erlaubt ist, ist für die oben aufgeführten Weiterverwendungen des Materials die Einwilligung des jeweiligen Rechteinhabers einzuholen.

Valeria Bernardy, Rebecca Müller, Anna T. Röltgen und Conny H. Antoni

6.1 Einführung – Herausforderungen in der Führung hybrider Formen virtueller Teamarbeit

„Virtual teams amplify both the benefits and the costs of teamwork." – Cohen und Gibson (2003, S. 2)

Die Zunahme virtueller Zusammenarbeit in der Wissensarbeit ist in erster Linie getrieben von der Flexibilisierung der Arbeit, die diese mit sich bringt. Moderne Informations- und Kommunikationstechnologien ermöglichen einen schnellen und frei zugänglichen Zugriff auf gemeinsame Informationen und erlauben die räumlich und zeitlich verteilte Zusammenarbeit von Teams (Antoni und Syrek 2017). Diese Flexibilität wird von Mitarbeitenden und Unternehmen gleichermaßen geschätzt. Wie bspw. eine Deloitte Studie unter Millenials aufzeigt (2016), betrachten diese Flexibilität als ein wichtiges Arbeitgeberkriterium. Auch Unternehmen profitieren davon, dass Mitarbeitende entgrenzt arbeiten können und zeitlich sowie räumlich flexibel sind. Kosten für Dienstreisen können eingespart werden, Talente können räumlich

V. Bernardy (✉) · R. Müller · A. T. Röltgen · C. H. Antoni
Abteilung für Arbeits, Betriebs- und Organisationspsychologie, Universität Trier,
Trier, Deutschland
E-Mail: bernardy@uni-trier.de

R. Müller
E-Mail: muellerre@uni-trier.de

A. T. Röltgen
E-Mail: roeltgen@uni-trier.de

C. H. Antoni
E-Mail: antoni@uni-trier.de

© Der/die Autor(en) 2021
S. Mütze-Niewöhner et al. (Hrsg.), *Projekt- und Teamarbeit in der digitalisierten Arbeitswelt*, https://doi.org/10.1007/978-3-662-62231-5_6

unabhängig in Teams eingebunden werden und durch die dadurch mögliche globale Aufstellung von Teams ist eine zeitliche Abdeckung der Arbeit rund um die Uhr darstellbar (Kauffeld et al. 2016). Der in den letzten Jahren kontinuierliche Anstieg an und die Professionalisierung von digitalen Medien, die zur virtuellen Kommunikation und Zusammenarbeit in Teams genutzt werden, ist ein weiteres Signal für die Weiterführung dieses Trends.

Aber was unterscheidet virtuelle von face-to-face Teams? In erster Linie ist es die Nutzung digitaler Medien für die Zusammenarbeit (Kirkman und Mathieu 2005), um wie bei face-to-face Teams die gemeinsamen Aufgaben zu erledigen und die gemeinsamen Ziele zu erreichen (Cohen und Gibson 2003). Digitale Medien ermöglichen zugleich eine räumlich und zeitlich verteilte Zusammenarbeit. Neben der Synchronität der Kommunikation unterscheiden sich digitale Medien auch in ihrem Informationsgehalt. So ermöglichen Videotelefonie oder -konferenzen eine synchrone, auditive und visuelle Kommunikation, während E-Mails eine asynchrone schriftliche Kommunikation ermöglichen, die aber auch, beispielsweise durch Emoticons, emotional angereichert werden kann. Neben der Nutzung von Computern trägt die vermehrte Nutzung mobiler Geräte dazu bei, dass man nicht nur im Büro oder Home-Office digital vermittelt zusammenarbeitet, sondern auch auf Dienstreisen, beim Kunden oder Lieferanten, auf dem Weg zu oder von der Arbeit oder von jedem Platz aus, an dem man sich befindet, sofern eine Internetverbindung gegeben ist.

In der heutigen Arbeitswelt finden sich meist Teams, die sowohl digital vermittelt als auch face-to-face zusammenarbeiten. In manchen Phasen arbeiten sie mehr, in anderen weniger virtuell zusammen und bewegen sich damit variabel auf einem Kontinuum der Virtualität (Kauffeld et al. 2016). Teile des Teams können aber auch vor Ort face-to-face kommunizieren, während andere Teile des Teams nur virtuell zu erreichen sind. Das kann in manchen Teams eine relativ stabile „Online- vs.- Offline-Zusammensetzung" mit sich bringen, wenn es bspw. feste Home-Office-Plätze gibt, jedoch kann sich die „Online- und Offline-Zusammensetzung" der Teams auch tagtäglich verändern. Das kann zu Ungleichgewichten im Team im Informationsfluss und der Eingebundenheit im Team führen. Gerade diese hybriden Formen virtueller Zusammenarbeit stellen damit neue Herausforderungen an die Führung des Teams. Hierzu liegen jedoch bislang noch kaum Untersuchungen vor, weshalb wir in diesem Beitrag den Fokus auf die Frage legen wollen, welche Herausforderungen hybride Formen virtueller Zusammenarbeit an die Führung und die Teammitglieder stellen.

Das Ziel eines jeden Teams ist es, die Arbeit auf ein gemeinsames Ziel hin zu koordinieren (Hinds und Weisband 2003). Geteilte Teamkognitionen, wie ein gemeinsames Verständnis der Ziele und Aufgaben im Team, und geteilte Teamemotionen, die sich bspw. im Vertrauen im Team widerspiegeln, sind Faktoren, die diese Koordination der Teamarbeit unterstützen, in Teilen sogar erst ermöglichen. In der virtuellen Zusammenarbeit ist die Entwicklung geteilter Teamkognitionen und Teamemotionen aus unterschiedlichen Gründen erschwert. Für die Entwicklung von Teamkognition ist die Integration von Wissen und Informationen der einzelnen Teammitglieder unabdingbar. In digital zusammenarbeitenden Teams hat sich gezeigt, dass im Vergleich zu face-to-face Teams eine deutliche Reduzierung der Kommunikation stattfindet (Kauffeld et al. 2016). Die virtuelle Kommunikation fokussiert vorrangig aufgabenbezogene Informationen, vernachlässigt jedoch die Beziehungsebene. Das hat auch einen Einfluss auf die Ausbildung von Teamemotionen, die wiederum bestimmte Teamprozesse, wie bspw. den offenen Wissensaustausch, negativ beeinflussen (Hinds und Weisband 2003). In Teams, in denen eine reichhaltigere face-to-face Kommunikation für einen Teil der Teammitglieder möglich ist, andere daran jedoch nicht teilhaben, können sich Teamkognitionen und Teamemotionen für Teile des Teams unterschiedlich entwickeln und einzelne Teammitglieder könnten von dem Entwicklungsprozess sogar weitgehend ausgeschlossen sein. So kann es zu Subgruppenbildung kommen, die sich negativ auf die Kommunikation über das ganze Team hinweg auswirken kann (Straube und Kauffeld 2020).

Aufgabe der Führung ist daher, Teamprozesse so zu gestalten, dass sich geteilte Kognitionen und Emotionen im gesamten Team entwickeln, um so letztendlich die Identifikation mit dem Team und dessen Effektivität zu fördern. Hierbei sind einerseits das Team und die Teamprozesse Ansatzpunkt für konkrete Führungsmaßnahmen, andererseits spielt auch die Führung eines jeden Individuums im Team eine zentrale Rolle, da sich Team- und Individualebene gegenseitig bedingen (s. Abb. 6.1). Dadurch ist auch die dyadische Beziehung zwischen Führungskraft und jedem Teammitglied und deren Einfluss auf die Motivation, den Affekt und die Kognition des Teammitglieds wichtig. Die Einbindung jedes Teammitglieds erscheint uns in hybriden Formen virtueller Teamarbeit umso relevanter, da ein Abstimmen mit Einzelnen notwendig ist, um die Durchgängigkeit von Informationen trotz unterschiedlicher Teamerfahrungen

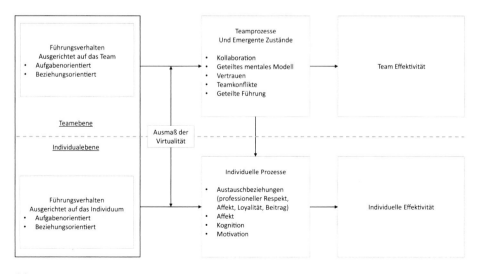

Abb. 6.1 Multilevel Modell virtueller Führung, angelehnt an Liao (2017)

sicherzustellen. Im virtuellen Kontext ist dies über hierarchische Führung alleinig kaum zu realisieren. Strukturelle Formen der Führung sowie die Delegation von Führungsaufgaben an das Team im Sinne einer geteilten Führung sind erforderlich und müssen von der Führungskraft unterstützt werden (Hoch und Kozlowski 2014).

Unser Beitrag zeigt auf, wie Führung virtueller Teamarbeit auf Team- und Individualebene Affekt und Kognition sowie Motivation beeinflusst. Unser Fokus liegt dabei auf den spezifischen Auswirkungen, die hybride Formen virtueller Teams mit sich bringen. Hierzu fassen wir zunächst den aktuellen Forschungsstand zur Führung virtueller Teamarbeit zusammen. Darauf aufbauend berichten wir die Ergebnisse einer qualitativen Erhebung in IT-Unternehmen mit hybriden Formen virtueller Teams und zeigen aus Führungs- sowie aus Team- und Mitarbeiterperspektive konkrete Handlungsmaßnahmen auf, die in der Praxis angewendet werden können. Weiterhin stellen wir als ein Ergebnis unseres Forschungsprojekts ein Führungsinstrument vor, welches die Führung virtueller Teams unterstützt.

6.2   Einfluss von Führung auf die Entwicklung von Teamkognitionen und -emotionen in der virtuellen Zusammenarbeit

Die Forschung zu virtuellen Teams hat gezeigt, dass Teamkognitionen und Teamemotionen, die schon in der face-to-face Zusammenarbeit einen hohen Stellenwert einnehmen, in virtuellen Teams eine noch größere Bedeutung zukommt (Bell und Kozlowski 2002; Peters und Manz 2007). Wie von Cohen und Gibson (2003) beschrieben sind in virtuellen Teams sowohl der Nutzen als auch die Kosten von Teamarbeit verstärkt. Dies ist vor allem bedingt durch die veränderte Kommunikation in der virtuellen Zusammenarbeit. Sowohl Häufigkeit als auch Qualität und Inhalt der Kommunikation verändern sich durch die virtuelle Zusammenarbeit und üben darüber einen Einfluss auf die Ausbildung von Teamemotionen und Teamkognitionen aus (Marlow et al. 2017).

Im Folgenden beschreiben wir die Herausforderungen der Führung bei der Entwicklung von Teamkognitionen und -emotionen in virtuellen Teams. Teamkognitionen und -emotionen sind emergente Zustände im Team, d. h. sie entstehen durch Interaktionen von Teammitgliedern als im Team geteilte Phänomene und sind dynamischer Natur, unterliegen also einer kontinuierlichen Veränderung (Kozlowski und Chao 2018). Sie sind distinkte Faktoren, üben jedoch einen wechselseitigen Einfluss aufeinander aus und sollten daher zusammen betrachtet werden.

6.2.1   Herausforderungen für die Führung bei der Entwicklung von Teamkognitionen in der virtuellen Zusammenarbeit

Um die Ausrichtung des virtuellen Teams auf das gemeinsame Ziel und die Koordination der Handlungen in Bezug auf dieses Ziel zu gewährleisten, sind geteilte mentale Modelle, d. h. ein gemeinsames Verständnis des gemeinsamen Ziels und der Prozesse notwendig, die das Erreichen dieses Ziels ermöglichen (Hinds und Weisband 2003). Geteilte mentale Modelle sind kollektive Wissensstrukturen der Teammitglieder (Cannon-Bowers et al. 1993; Marlow et al. 2017), die sich in einem Konsens bei der Interpretation aufgabenrelevanter Informationen und teambezogener Aspekte zeigen (Andres 2011). Diese geteilten mentalen Modelle im Team umfassen ein gemeinsames Verständnis 1) der aktuellen situativen Anforderungen (situatives Bewusstsein), 2) der gemeinsamen Ziele, Strategien und Aufgaben (Aufgabenmodelle), 3) der Rollen und Verantwortlichkeiten im Team (Teammodelle), 4) der zeitlichen Abhängigkeiten (temporale Modelle) sowie 5) der Mediennutzung (IKT Modelle) und fördern die effiziente Zusammenarbeit und darüber vermittelt die Teameffektivität (DeChurch und Mesmer-Magnus 2010; Mathieu et al. 2000; Müller und Antoni 2019). Geteilte mentale Modelle ermöglichen implizite Koordination, reduzieren den Kommunikationsbedarf und damit die Effizienz der Teamarbeit. Geteilte mentale Modelle erlauben es den Teammitgliedern das Verhalten der anderen Teammitglieder erklären und vorhersagen zu können und reduzieren so Unsicherheiten im Umgang miteinander (Cannon-Bowers und Salas 2001). Gemeinsame Erfahrungen und ähnliche Hintergründe, aber auch ein verstärkter Austausch zu Beginn der Teamarbeit in Bezug auf relevante aufgabenbezogene und teambezogene Aspekte fördern die Entwicklung geteilter mentaler Modelle (Hinds und Weisband 2003).

Die Forschung zeigt, dass in virtuellen Teams geteilte mentale Modelle einerseits insbesondere für deren Leistung relevant sind (Antoni und Syrek 2017; Hinds und Weisband 2003; Liao 2017), andererseits aber ihre Entwicklung erschwert ist (Marlow et al. 2017). Das liegt zum einen daran, dass in virtuellen Teams die Kommunikationshäufigkeit oft reduziert ist, die gerade zu Beginn der Teamarbeit die Entwicklung geteilter mentaler Modelle fördert (Kauffeld et al. 2016). Außerdem bezieht sich die Kommunikation in virtuellen Teams vorrangig auf aufgabenbezogene Aspekte und lässt somit die Beziehungsebene außer Acht, die für das Ausbilden von Teammodellen, d. h. das Kennenlernen gegenseitiger Präferenzen und Stärken, von großer Bedeutung ist (Cannon-Bowers und Salas 2001; Kauffeld et al. 2016; Marlow et al. 2017). Durch asynchrone Kommunikation mit wenig reichhaltigen Medien kann auch die Kommunikationsqualität leiden (Kirkman und Mathieu 2005; Marlow et al. 2017). Diese Faktoren können dazu führen, dass mit zunehmender Virtualität der zur Integration des verteilten Wissens der Teammitglieder notwendige Wissensaustausch beeinträchtigt wird (Hinds und Weisband 2003; Marlow et al. 2017). Eine höhere Kommunikationsqualität zeigt sich wiederum entscheidend für die Ausbildung gemeinsamer Teamkognitionen (Marlow et al. 2017).

Eine weitere wichtige Herausforderung der Führung betrifft die Gestaltung des Informationsflusses. Zum einen kann es zu Informationsdefiziten kommen, da in virtuellen Teams mitunter aufgrund des größeren Aufwands weniger Informationen geteilt werden (Kauffeld et al. 2016). Bei hybriden Formen virtueller Teams dürfte es vor allem schwierig sein, Klarheit darüber zu erlangen, wer schon welche Informationen vorliegen hat. Zum anderen kann es aufgrund der Möglichkeit auf viele Informationen über digitale Kanäle zugreifen zu können und aufgrund der Verteilung irrelevanter Informationen zu einer Informationsüberflutung kommen, die die Verarbeitung weiterer Informationen beeinträchtigt (Antoni und Ellwart 2017). Marlow et al. (2017) weisen darauf hin, dass eine hohe Kommunikationshäufigkeit bei virtueller Zusammenarbeit eine Informationsüberflutung zur Folge haben kann, da die Nutzung unterschiedlicher Medien zu einem größeren Aufwand führt. Hier kann jedoch mithilfe von geteilten IKT Modellen entgegengesteuert werden. Eine zu geringe Kommunikationshäufigkeit insbesondere zu Beginn der Teamarbeit wirkt sich wiederum wie beschrieben negativ auf die Ausbildung von Teammodellen aus. Das bedeutet, dass über die Kommunikationshäufigkeit je nach Phase der Teamarbeit entschieden werden sollte und die Kommunikation durch geteilte IKT Modelle gestützt werden sollte (Müller und Antoni 2020).

Bei der Betrachtung hybrider Formen virtueller Teams kommt unseres Erachtens der Kommunikation im Team und ihrer Facetten Häufigkeit, Qualität und Inhalt und deren Auswirkung auf die Ausbildung von Teamkognitionen eine besondere Rolle zu. Hier dürfte es eine entscheidende Rolle spielen, ob es große Unterschiede zwischen den Teammitgliedern gibt, wie häufig sie face-to-face oder virtuell zusammenarbeiten. Gibt es beispielsweise Teammitglieder, die nur im Büro arbeiten und dort viele Absprachen mit weiteren dort arbeitenden Teammitgliedern face-to-face durchführen, so ist zu vermuten, dass es leicht zu Informationsdefiziten bei denjenigen Teammitgliedern kommt, die zu der Zeit nicht vor Ort sind und nicht in die Kommunikation mit eingebunden werden. In diesem Fall haben die Teammitglieder vor Ort möglicherweise ein stärker und anders ausgeprägtes gemeinsames Verständnis ihrer Aufgaben im Gegensatz zu den remote arbeitenden Teammitgliedern. Es würde somit zu Ungleichgewichten im Team kommen und es bestünde die Gefahr der Bildung von Wissensinseln im Team. Das reduziert die Übereinstimmung mentaler Modelle der Einzelnen im Team und wirkt sich negativ auf die Teamleistung aus (Cannon-Bowers und Salas 2001). Wenn sich die Online- und Offline-Zusammensetzung des Teams ständig verändert, entstehen womöglich weniger Wissensinseln, jedoch verstärkt sich die Gefahr von fragmentiertem Wissen im Team und damit die Reduzierung einer Übereinstimmung der geteilten mentalen Modelle. Auch hier spielen geteilte IKT Modelle eine entscheidende Rolle zur Einflussnahme auf die weiteren mentalen Modelle, da über diese die Nutzung der Kommunikationskanäle gesteuert wird.

Die Führung ist gefordert, die Teamleistung zu steuern und effektive Teamprozesse zu implementieren, die die Entwicklung von Teamkognitionen unterstützen (Bell und Kozlowski 2002). Entscheidend bei hybriden Formen virtueller Teams ist es unseres

Erachtens, alle Teammitglieder gezielt einzubinden und, aufgrund des möglicherweise unterschiedlichen Informationsstands innerhalb des Teams, eine Balance zwischen dem Austausch zu vieler und zu weniger Informationen zu finden. Um einen effizienten Informationsfluss zu unterstützen, könnten Führungskräfte Teamnormen bzw. -regeln vereinbaren, welche Art von Information wo abgelegt werden soll, aber auch was in der Holschuld des Mitarbeiters liegt – also wie häufig selbstständig festgelegte Ablageorte auf Informationsupdates zu prüfen sind. Beim Managen des Informationsflusses kommt der Führungskraft eine entscheidende Rolle zu. Jedoch hat sich gerade in virtuellen Teams auch die Relevanz der geteilten Führung im Team gezeigt, bei der Führungsaufgaben für Teilaspekte an das Team delegiert werden (Hoch und Kozlowski 2014). Dies setzt voraus, dass die hierzu erforderlichen Kompetenzen im Team vorhanden sind. Bei geteilter Führung liegt die Verantwortung für die Steuerung des Teams nicht allein bei der Führungskraft, sondern bei den Teammitgliedern und verlangt von ihnen die Übernahme von Eigenverantwortung.

Einige Autoren empfehlen, zu Beginn der Teamarbeit face-to-face Meetings stattfinden zu lassen, in denen eine gemeinsame Wissensbasis geschaffen und ein gegenseitiges Kennenlernen ermöglicht wird, um darüber die Entwicklung von geteilten mentalen Modellen im Team zu fördern (Hinds und Weisband 2003). In solchen Präsenzphasen ist die Führung in ihrer leitenden und Orientierung gebenden Funktion gefordert. So sollte das Augenmerk auf der Klärung von Zielen und Visionen des Teams sowie den Rollen und Verantwortlichkeiten der einzelnen Teammitglieder liegen (Liao 2017). Neben diesem aufgabenbezogenen Führungsverhalten ist auch das beziehungsorientierte Führungsverhalten wichtig. Dieses beinhaltet die Unterstützung der Teammitglieder als auch das Fördern des Aufbaus guter Teambeziehungen. Auch bei hybriden Formen virtueller Teams machen solche Präsenzphasen zu Anfang eines Projekts Sinn. In laufenden Teams, in denen es keine dezidierte Anfangsphase gibt, sind solche Phasen sinnvoll, wenn neue Teammitglieder zu dem bestehenden Team stoßen. Präsenzphasen unterstützen neben der Entwicklung geteilter aufgaben-, zeit- und IKT-bezogener mentaler Modelle auch das Ausbilden von geteilten teambezogenen mentalen Modellen, die das gemeinsame Wissen über die Kompetenzen der einzelnen Teammitglieder beinhalten. Das wiederum erleichtert die Delegation von Führungsaufgaben an das Team und damit eine geteilte Führung. Darüber zeigt sich strukturelle Unterstützung seitens der Führung als essenziell für die Arbeit mit virtuellen Teams (Bell und Kozlowski 2002; Hoch und Kozlowski 2014). Zur Stärkung von Teamkognitionen sollten Routinen zum regelmäßigen und systematischen Wissensaustausch aufgesetzt sowie transparente Kommunikationsregeln etabliert werden (Hinds und Weisband 2003; Liao 2017).

Effektiv für den Erhalt und die Weiterentwicklung von gemeinsam aufgebauten Teamkognitionen hat sich eine gemeinsame Reflexion im Team zu den gemeinsamen Zielen, Strategien und Prozessen gezeigt (Konradt et al. 2015; Schippers et al. 2015). Teamreflexion ist besonders erfolgreich, wenn sie regelmäßig im Laufe der Teamarbeit stattfindet, Feedback zu bisherigen Teamleistungen beinhaltet und angeleitet wird. Konradt et al. (2015) haben zeigen können, dass angeleitete Reflexionen mit Feedback zu ver-

besserten Team- und Aufgabenmodellen führen und darüber Adaptationsverhalten auslösen, was letztendlich die Teamleistung positiv beeinflusst. In virtuellen Teams findet
man weniger solcher Reflexions- und Feedbackprozesse im Team (Hertel et al. 2005),
jedoch zeigt der Grad der Virtualität keinen Einfluss auf die Reflexionsprozesse im
Team, wenn diese angeleitet wird (Konradt et al. 2015). Hier kommt der Führung
eine wichtige Rolle in der Initiierung der Reflexion im Team zu. Für hybride Formen
von virtuellen Teams erscheint uns diese besonders relevant, da über die gemeinsame
Reflexion unterschiedliche Informationsstände aufgedeckt werden können.

6.2.2 Herausforderungen für die Führung bei der Entwicklung von Identität, Zusammenhalt und Vertrauen in der virtuellen Zusammenarbeit

Neben Kognitionen spielen Emotionen und das Verhalten der Teammitglieder eine
wichtige Rolle für die Zusammenarbeit in virtuellen Teams. Die Entwicklung einer
gemeinsamen Identität als Team sowie der Zusammenhalt und das Vertrauen im Team
sind essenzielle Erfolgsfaktoren virtueller Teamarbeit, lassen sich jedoch aufgrund des
fehlenden face-to-face-Kontakts hier schwieriger und vor allem langsamer aufbauen
(Webster und Wong 2008). Teamidentität, -zusammenhalt und -vertrauen umfassen
kognitive, behaviorale und affektive Aspekte, und wirken sich positiv auf die Bereitschaft Wissen miteinander zu teilen, aber auch auf kooperatives Verhalten sowie eine
effektivere Kommunikation aus. Team- oder Gruppenidentität spiegelt die Wahrnehmung
eins mit dem Team zu sein wider, und umfasst eine kognitive Dimension der Zugehörigkeit, eine affektive der emotionalen Anziehung, sowie eine behaviorale des Strebens
nach einem gemeinsamen Ziel (Webster und Wong 2008). Eine gemeinsame Identität befriedigt individuelle Bedürfnisse nach Zugehörigkeit. Der Theorie der sozialen
Identität (Tajfel und Turner 1986) zu folge beinhaltet der Prozess der Identifizierung ein
Angleichen der Einstellungen, Wahrnehmungen und Verhaltensweisen im Team (Lemke
und Wilson 1998). Webster und Wong (2008) haben in ihrer empirischen Studie face-
to-face und virtuell arbeitende Teams mit semi-virtuellen Teams, in denen Teile des
Teams konstant face-to-face und Teile des Teams konstant virtuell arbeiten, in Bezug auf
ihre Teamidentität und ihr Vertrauen hin verglichen. Ihre Ergebnisse zeigen, dass sich
in semi-virtuellen Teams Subgruppen bilden, die mit ihrem Team vor Ort eine starke
Identität und ein hohes Vertrauen entwickeln, jedoch nicht mit den virtuell arbeitenden
Teammitgliedern. Das ging einher mit einer niedrigeren Kommunikationsfrequenz
zwischen dem Teil-Team vor Ort und den virtuellen Teammitgliedern. Interessanterweise
zeigte sich in den Ergebnissen, dass die Teamidentität und das Vertrauen unter den vor
Ort arbeitenden Teammitgliedern stärker ausgeprägt war im Vergleich zu den komplett
face-to-face arbeitenden Teams. Begründet wurde dies damit, dass das Teil-Team vor
Ort starke Ingroup-Beziehungen ausbildete. Darüber entwickelten sich gegenüber den
virtuellen Teammitgliedern Vorurteile und es entstanden Konflikte. Die Ergebnisse der

Studie weisen deutlich auf die Unterschiede zwischen komplett virtuell arbeitenden Teams und semi-virtuellen Teams hin, jedoch wurden nur konstante Teamformationen untersucht. In weniger konstanten Teamformationen gehen wir davon aus, dass die Subgruppenbildung eine weniger hohe Gefahr darstellt und daher die Probleme, die mit einer stärkeren Ingroup-Outgroup Kategorisierung einhergehen, weniger häufig auftreten. Auch der Zusammenhalt im Team kann sich positiv auf die Teamleistung auswirken, und kann über Feedback zur Leistung des Teams in virtuellen Teams gestärkt werden (Huang et al. 2004).

Einer der am meisten untersuchten Faktoren für den Erfolg eines virtuellen Teams ist das Vertrauen im Team. Vertrauen zeichnet sich laut Cummings und Bromiley (1996) durch die Überzeugung aus, dass andere sich dafür einsetzen, eingegangene Verpflichtungen einzuhalten, ehrlich zu sein und sich keinen Vorteil zum Nachteil der Gruppe verschaffen (Jarvenpaa und Leidner 1999). Vertrauen ist, wie die geteilten mentalen Modelle im Team, ein emergentes Teamphänomen, welches dynamischer Natur ist und sich durch gemeinsame Erfahrungen im Team herausbildet (Breuer et al. 2016). Teamvertrauen zeigt sich durch die gemeinsame Bereitschaft, sich dem Team gegenüber verwundbar zu machen. Es basiert auf der Erwartung, dass sich die Teammitglieder konform zu den Teamzielen und -normen verhalten, ohne dass dies kontrolliert werden müsste. Damit kann Vertrauen als Ersatz für Kontrolle dienen. Es zeigt sich demnach in Situationen, in denen tatsächliche Kontrolle kaum möglich ist – wie es in virtuellen Settings der Fall ist – als unabdingbare Komponente für die Teamleistung (Peters und Manz 2007). Neben dem emotionalen Vertrauen ist es vor allem das kognitive Vertrauen, also die eher rationale Entscheidung sich auf die anderen Teammitglieder und deren Beitrag zum Team zu verlassen, das in virtuellen Kontexten die größte Rolle zu spielen scheint (Peters und Manz 2007). Vertrauen entwickelt sich über die Zeit, abhängig von den Interaktionen im Team und deren Wahrnehmung durch die Teammitglieder. Halten die Teammitglieder ihre Versprechen ein, zeigen sie sich den vereinbarten Zielen und dem Team als solches gegenüber loyal, stärkt dies das Vertrauen. Die Teammitglieder können „kategorisiert" werden und ihr zukünftiges Verhalten besser vorhergesagt werden.

Da diese Vertrauensbildung neben expliziter Kommunikation auch über Beobachtung des Verhaltens der anderen Teammitglieder entsteht, ist sie in virtuellen Kontexten, in denen diese Beobachtung kaum stattfinden kann, erschwert (Breuer et al. 2016). Daneben können die fehlenden sozialen Hinweise in der digitalen Kommunikation zu Missverständnissen führen und so Konflikte und Unsicherheiten in Bezug auf das Vertrauen anderer Teammitgliedern gegenüber begünstigen. In hybriden Formen virtueller Teams finden face-to-face Kontakte statt, womöglich jedoch selten mit dem gesamten Team. Durch face-to-face Kontakte kann zwar die Vertrauensbildung zwischen einzelnen Teammitgliedern leichter stattfinden als in komplett virtuellen Kontexten. Jedoch besteht eine größere Gefahr der Subgruppenbildung, was sich auf den Zusammenhalt im gesamten Team und die Identifikation mit dem Team negativ auswirken kann. Entscheidend ist auch hier unseres Erachtens, ob jedes Teammitglieder gleich virtuell arbeitet und zwischen Büro- und damit face-to-face Zusammenarbeit und räumlich verteilter Zusammenarbeit wechselt, oder ob es Teammitglieder gibt, die sich immer face-to-face austauschen können und andere, die kaum vor Ort sind. In letzterem Fall erscheint die Subgruppenbildung eine größere Gefahr, während erster Fall dem komplett virtuellen Team und dessen Herausforderungen näherkommt.

Vertrauen beeinflusst die Teamleistung sowohl direkt als auch indirekt über Teamkognitionen und Teamprozesse, wie etwa den Wissensaustausch sowie Kooperations- und Kollaborationsprozesse (Al-Ani et al. 2011; Breuer et al. 2016; Hacker et al. 2019). Für die Teamleistung essenzielle Teamprozesse wie Wissensaustausch und Teamlernen bauen auf einer Vertrauensbasis auf und leiden stark unter einer Beeinträchtigung dieser. Insbesondere in Situationen, in denen das wahrgenommene interpersonelle Risiko der Teammitglieder hoch ist – bspw. die Gefahr von den anderen im Team ausgenutzt zu werden – ist der Zusammenhang zwischen Vertrauen und Teameffektivität hoch. Eine transparente und nachvollziehbare Dokumentation von Prozessen und Ergebnissen im Team kann diesen Zusammenhang dagegen reduzieren. Eine Dokumentation macht die eigenen Leistungen sichtbar und nachvollziehbar und kann daher das wahrgenommene Risiko des Einzelnen reduzieren. Weiterhin hängen Zufriedenheit als auch Zusammenhalt im Team positiv mit Vertrauen im Team zusammen (Breuer et al. 2016).

Eng mit dem Teamvertrauen verbunden ist das von Edmondson etablierte psychologisch sichere Klima im Team, welches sich vor allem für das Teamlernen und darüber für Innovationsprozesse als entscheidende Voraussetzung herausgestellt hat (Edmondson und Lei 2014; Ortega et al. 2010). Ein psychologisch sicheres Klima ist die geteilte Überzeugung im Team, dass es sicher ist, sich interpersonellen Risiken auszusetzen. Fragen werden offen gestellt, eigene Schwächen oder Fehler zugegeben und Feedback zur eigenen Leistung eingeholt. Ähnlich wie beim Vertrauen könnte man davon ausgehen, dass sich ein psychologisches sicheres Klima langsamer im virtuellen im Vergleich zum face-to-face Kontext entwickelt. Wenn ein psychologisches sicheres Klima in virtuellen Teams vorhanden ist, führt es genauso wie in der face-to-face Zusammenarbeit zu Interaktionen, die Teamlernen und darüber nicht nur die Teamleistung, sondern auch die Teamzufriedenheit positiv beeinflussen (Ortega et al. 2010). Teamlernen stellt dabei einen dynamischen Prozess dar, der zwischen Reflexion im Team und einem sich daran anschließenden Ausprobieren – einer Aktion – abwechselt.

Für die Führung von virtuellen Teams stellt die Förderung der Entwicklung von Teamvertrauen eine Herausforderung dar. Während man bei der face-to-face Zusammenarbeit davon ausgehen kann, dass sich ein Vertrauensklima – bei entsprechendem Verhalten der Teammitglieder – organisch entwickelt, so muss in virtuellen Kontexten nachgeholfen werden (Liao 2017). Eine transparente Dokumentation mag das für die Teameffektivität wichtige kognitive Vertrauen in Teilen kompensieren. Für den Aufbau von Vertrauen scheint es jedoch wichtig, dass ein gegenseitiges Kennenlernen – der Stärken, der Expertise, der Präferenzen – gefördert wird, um sich besser einschätzen zu lernen und Unsicherheiten auszuräumen. Dies lässt sich schneller in face-to-face Situationen darstellen, sodass hier intensive gemeinsame Präsenzphasen am Anfang der Teamarbeit und regelmäßig stattfindende Präsenzmeetings im Laufe der Teamarbeit förderlich sind, um später effektiv virtuell miteinander zusammenarbeiten zu können. In der Anfangsphase ist für die Entwicklung der Beziehungsebene auch von Relevanz, Teamnormen zu etablieren, die den Umgang im Team miteinander spezifizieren. Auch das ist eine Aufgabe, die von der Führung als Orientierungsgeber initiiert werden sollte (Liao 2017), jedoch auch im Sinne einer geteilten Führung von den Teammitgliedern selbst übernommen werden kann. Für den Aufbau von Vertrauen ist es essenziell, dass vereinbarte Teamnormen auch eingehalten werden und dass bei Normverstößen die Führung entsprechendes Verhalten sanktioniert und bei Konflikten einschreitet, um auch das Vertrauen in die Funktion der Führung zu stärken. Diese sollte jedoch auch das Team ermuntern, für die Einhaltung der aufgestellten Teamnormen zu sorgen. In hybriden Formen virtueller Teams sollten analog Präsenzphasen am Anfang und kontinuierlich während der Teamarbeit eingebaut werden, um sicherzustellen, dass Vertrauen im gesamten Team aufgebaut und ein Teamzusammenhalt entstehen kann.

6.2.3 Die LMX-Beziehung in der digitalen Zusammenarbeit und veränderte Anforderungen an Kompetenzen

Die individuelle bzw. bilaterale Beziehung zwischen Führungskraft und Mitarbeitenden (LMX-Beziehung) sollte in der Teamarbeit nicht unterschätzt werden. Jedes Teammitglied verfolgt nicht nur Teamziele, sondern auch individuelle Ziele, die es in der Zusammenarbeit zu berücksichtigten gilt, damit es hier zu keinen konkurrierenden Zielen kommt (Hoch und Kozlowski 2014). Darüber hinaus speisen nicht nur die individuelle Motivation, Kognition und der Affekt die Teamkognitionen und -emotionen, sondern gleichzeitig üben Teamkognitionen und -emotionen einen Einfluss auf die individuelle Motivation, Kognition und Affekt aus (Liao 2017). Man kann sich vorstellen, dass bei geringer individueller Motivation – vielleicht getrieben durch das Vernachlässigen der eigenen Ziele durch die Führung – das einzelne Teammitglied wenig in gemeinsame Teamprozesse investiert, und beispielsweise wenig zum Wissensaustausch beiträgt. Das mag durch ein geringes Vertrauen in das Team vermittelt sein, was wiederum den Aufbau von Teamkognitionen erschwert. Daher ist es wichtig, dass die Führung nicht nur das Team darin unterstützt, Beziehungen untereinander aufzubauen, die es erlauben förderliche Teamemotionen und -kognitionen zu entwickeln, sondern genauso darauf achtet, mit jedem einzelnen Teammitglied eine gute, von Vertrauen geprägte Arbeitsbeziehung aufzubauen.

In virtuellen Kontexten zeigt sich, dass reduzierter face-to-face Kontakt zu weniger starken LMX-Beziehungen führen kann. Jedoch ist dies nicht der Fall, wenn eine hohe Kommunikationshäufigkeit über virtuelle Medien besteht (Avolio et al. 2014). Die Kommunikationshäufigkeit erleichtert das gegenseitige Kennenlernen und die Einschätzung des Gegenübers, und legt so die Basis für Vertrauen sowie eine verbesserte Zusammenarbeit.

Da Kontrollfunktionen in der virtuellen Zusammenarbeit reduziert sind, muss ein höheres Vertrauen der Führung in die Fähigkeiten der Teammitglieder bestehen, Aufgaben auch ohne individuelle Unterstützung und Kontrolle ausführen zu können (Kauffeld et al. 2016; Peters und Manz 2007). Auch das Vertrauen in die eigenen Fähigkeiten ist aufseiten der Mitarbeitenden wichtig. Wenn der strukturierende und kontrollierende Beitrag der Führung reduziert ist, sind auf der anderen Seite höhere Selbstmanagementfähigkeiten gefragt. Diese zeigen sich in der Fähigkeit sich selbst und die eigene Arbeit zu strukturieren, aber auch sich selbst zu motivieren.

Die Herausforderung hybrider Formen virtueller Teams liegt unseres Erachtens vorrangig in der Unterschiedlichkeit der Einbindung aller Teammitglieder. Die LMX-Beziehung stellt neben systematischen Teamprozessen eine Möglichkeit dar, diese individuellen Unterschiede sowohl in den kognitiven Aspekten – hat jeder Einzelne alle relevanten und so wenig wie möglich redundante Informationen vorliegen? – als auch in affektiven Aspekten – fühlt sich jeder mit dem Team verbunden und als Einzelner wertgeschätzt? – aufzudecken und zu adressieren. Gleichzeitig kommt jedem Mitarbeitenden hier eine Eigenverantwortung zu, einen regelmäßigen Austausch einzufordern, um präventiv auf diese Aspekte einzuwirken. Bei geteilter Führung werden diese Aspekte zu verschiedenen Themenbereichen mit jeweils unterschiedlichen Personen im Team besprochen.

6.3   Empirische Befunde zur Führung hybrider Formen virtueller Teams

Aufbauend auf diesen Überlegungen war es Ziel unserer qualitativen Studie die Frage zu beantworten, wie sich hybride Formen der virtuellen Teamarbeit in Bezug auf die Entwicklung von 1) Teamkognitionen und 2) Vertrauen, Zusammenhalt und Teamidentität auswirken, und welche Herausforderungen sich für die Führung ergeben. Weiterhin stellt sich die Frage, 3) welche Herausforderungen sich für die Führung individueller Teammitglieder ergeben und inwiefern diese einen Hebel in der Teamführung darstellt. Daran schließt sich die Frage 4) nach notwendigen Kompetenzen aufseiten der Führung als auch aufseiten der Mitarbeiter an, um den veränderten Anforderungen zu begegnen.

In unserer Studie befragten wir 43 Personen aus zwei mittelständischen IT-Unternehmen – in Führungs- und Teamfunktionen – zur digitalen Zusammenarbeit, deren Potenzial und Herausforderungen. Auch wenn sich der Grad der Zusammenarbeit über virtuelle Medien von Team zu Team unterscheidet, liegt dieser in den meisten Teams bei deutlich über 50%. Die meisten Personen haben einen Arbeitsplatz im Unternehmen, dürfen jedoch bei Bedarf auch im Home-Office arbeiten und sind aufgrund ihrer Reisetätigkeit häufig mobil aktiv. So stellen die von uns betrachteten Teams eine hybride Form der virtuellen Teamarbeit dar, in der sowohl face-to-face Kontakt regelmäßig möglich ist, gleichzeitig jedoch aufgrund der flexiblen Arbeitsorte die Zusammenarbeit in großen Teilen über virtuelle Medien verläuft. Die etwa einstündigen Interviews wurden transkribiert und inhaltsanalytisch ausgewertet.

Im Folgenden beschreiben wir die Herausforderungen bei der Führung hybrider Formen virtueller Teams, der einzelnen Teammitglieder und der Zusammenarbeit im Team, aus Sicht der Mitarbeitenden und der Führungskräfte.

6.3.1 Effiziente Informationsflüsse für die Entwicklung von Teamkognitionen als Herausforderung der Führung hybrider Formen virtueller Teams

In unserer Stichprobe zeigt sich eine besondere Herausforderung der Führung hybrider Formen virtueller Teams darin, dass der Informationsfluss im Team überblickt und aktiv durch die Führung und das Team gesteuert werden muss. Die Möglichkeit mit Teilen des Teams Themen schnell auf dem persönlichen Weg besprechen zu können, führt dazu, dass diejenigen, die nicht vor Ort sind, von diesem Informationsfluss ausgeschlossen sind, wie ein häufiger im Home-Office arbeitender Mitarbeiter beschreibt:

> „… also teilweise vergessen dann schon die Kollegen, dass man da nochmal informieren muss und das verläuft sich dann so ein bisschen, […] man ist im Home-Office und die Kollegen sind in ihrem Büro, teilen das dann vielleicht den Kollegen mit, die dann noch hier sind, aber gut, vergessen dann die Kollegen, die im Home-Office sind." (NQ60FD)

Das bestätigt Forschungsergebnisse, die auf die reduzierte Kommunikation zu virtuell arbeitenden Teammitgliedern hingewiesen haben (Webster und Wong 2008). In der Konsequenz leiden geteilte mentale Aufgabenmodelle, da nicht alle Mitarbeiter mit allen relevanten Informationen versorgt sind. Nicht nur unter den Teammitgliedern kann es so zu Informationsverlusten kommen. Folgendes Zitat zeigt, dass auch die Gefahr besteht, dass die Führungskraft nicht alle relevanten Informationen erhält:

> „Also wenn er nicht da ist, würde ich sagen, bekommt er deutlich weniger Informationen von mir, wie wenn er hier vor Ort ist, einfach weil ich die anders filtern würde, weil ich nicht für jede kleine Miniinfo, die ich ihm sonst mal schnell rüber werfen würde und die auch für ihn wichtig ist, nicht eine E-Mail schreiben würde, aber dann auch nicht immer dran denke das dann zu sammeln. Also ich glaube, da geht dann manchmal einiges verloren." (CT13RS)

Seitens der Führung erfordert dies auf der einen Seite einen guten Überblick darüber, wer welche Informationen wie miteinander geteilt hat und welche Informationen für wen relevant sind. Dass dies eine gewisse Disziplin auch von der Führungskraft erfordert, zeigt folgendes Zitat:

> „Das ist eine gewisse Selbstdisziplin von mir, wo ich sage, das betrifft den, den und den und dem schreibe ich entweder eine E-Mail oder ich rufe ihn (an) und informiere ihn darüber." (HA18TM)

In unseren Interviews hat sich auch das Thema Informationsüberfluss als eine Herausforderung gezeigt, die zu einer Konsumentenhaltung führt und die Gefahr birgt, dass Informationen weniger bewusst verarbeitet werden, wie ein Mitarbeiter in folgendem Zitat ausführt:

> „ …ich empfinde es manchmal als eine Überreizung der Sinne. Im persönlichen Gespräch geht das irgendwie viel langsamer, oder man hat halt einfach weniger Information, während man über digitale Kanäle halt so viel Information auf einmal lesen kann und das muss halt auch erstmal verarbeitet werden, oft ist es auch irgendwie zu viel. Mein Eindruck ist auch, dass man dadurch schneller Sachen vergisst, weil man sich einfach daran gewöhnt hat irgendwie zu konsumieren, aber weniger das jetzt irgendwie noch zu verarbeiten und manchmal auch gar keine Zeit hat das dann zu verarbeiten und man verlernt es dann mit der Zeit, ….“ (PK88OL)

Auch diese Konsumentenhaltung und das eher oberflächliche Verarbeiten von Informationen kann unseres Erachtens dazu führen, dass sich geteilte mentale Modelle im Team schwieriger bilden.

IKT-Modelle können dadurch gefördert werden, dass Regeln zur Ablage von Informationen oder zu den zu nutzenden Informationskanälen aufgestellt werden. Wenn dies nicht geschieht, erzeugt das einen hohen Mehraufwand aufseiten der Teammitglieder und führt womöglich zu Frustration und Unzufriedenheit, wie das folgende Zitat zeigt:

> „Weil die (Informationen) dann bei meiner Kollegin liegen oder der Kunde sie noch nicht geschickt hat, der Kunde sie an jemanden anders geschickt hat, als er es eigentlich tun sollte, es irgendwo anders notiert wurde als es eigentlich gemacht wird. Wir haben da keinen ganz strengen Prozess wo denn was hin gespeichert werden soll an Informationen und dadurch dass wir so viele Kanäle haben, auf denen wir arbeiten könnten, sucht man sich da manchmal etwas dumm und dämlich.“ (CB31FR)

Wenn IKT-Regeln zwar vereinbart, jedoch nicht konsequent eingehalten und von der Führungskraft vorgelebt werden, etablieren sich diese nicht im Team.

> „…es gibt auch gewisse Vorgaben wie, zum Beispiel, dass man einen gewissen Status in Skype (hat), (wenn man) im Homeoffice ist, und einen Kalendereintrag macht. Gibts gewisse Vorgaben bei uns im Team, sind wir da dazu aufgefordert das einzuhalten, aber es wird halt von den Teamleitern zum Beispiel auch nicht konsequent gemacht.“ (CT13RS)

Unsere Interviewergebnisse zeigen auf, dass zur Förderung von IKT-Modellen ein Erarbeiten von Teamnormen und Regeln im Umgang mit IKT notwendig ist, diese Normen aber vor allem von der Führungskraft selbst vorgelebt werden müssen. Um geteilte mentale Modelle zu Aufgaben aufrecht zu erhalten, muss der Fokus der Führungskraft darauf liegen, die hierzu notwendigen Informationen im Team gleich zu verteilen. Das zeigt sich in hybriden Teams als eine besondere Herausforderung, da die Führung leicht den Überblick darüber verlieren kann, wer welche Informationen über welchen Kanal erhalten hat.

6.3.2   Entwicklung von Teamzusammenhalt, -identität und -vertrauen als Herausforderung der Führung hybrider Formen virtueller Teams

Die Ergebnisse unserer Interviews belegen, dass hybride Formen virtueller Zusammenarbeit, aufgrund des zumindest zum Teil vorhandenen persönlichen face-to-face Kontakts, es im Vergleich zu rein virtueller Teamarbeit erleichtern, Zusammenhalt und Vertrauen im Team zu entwickeln. Damit dürfte es hybriden Teams auch leichterfallen, einer stärkere Teamidentität zu entwickeln als rein virtuellen Teams, wie es Webster und Wong (2008) für semi-virtuelle Teams berichten. Dass der persönliche face-to-face Kontakt als notwendig für den Zusammenhalt im Team angesehen wird, zeigt das folgende Zitat einer Führungskraft:

> „Da […] muss ich aufpassen durch die Home-Office Regelung, weil ich hin und wieder schon mal so durchgehört habe, dass der ein oder andere da schon die Gefahr sieht, dass halt der Teamzusammenhalt ein bisschen darunter leidet.[…], man muss halt nur wirklich dann schauen, dass man so Sachen wie Teamevents und sowas halt wirklich kontinuierlich macht, damit man halt immer mal wieder ein Großteil des Teams an einen Tisch bekommt, um sich dann halt nochmal persönlich …" (JD81FP)

Auch wenn der Teamzusammenhalt in Mischformen virtueller Teams aufgrund des schon vorhandenen Vertrauens weniger stark zu leiden scheint, zeigt sich auch in folgendem Zitat eines Teammitglieds, dass der face-to-face Kontakt den entscheidenden Ausschlag gibt.

> „…Dadurch dass wir jetzt aktuell so eine Mischung haben, ist es (das Zusammengehörigkeitsgefühl) eigentlich noch ganz ok. Weil wir kennen uns ja schon, wir arbeiten ja auch jede Woche trotzdem zusammen und machen auch Events zusammen und dann funktioniert das ganz gut, …" (PK88OL)

Mit jedem persönlichen Kontakt steigen das bessere gegenseitige Kennenlernen und darüber die Möglichkeit den anderen einschätzen und dessen Verhalten vorhersagen zu können, was die virtuelle Zusammenarbeit begünstigt.

> „…man muss die Leute auch ein bisschen kennen lernen, dann geht's auch alles digital, aber ich glaube irgendwann braucht man so einen Grundstock, wo man die Leute kennt, ein bisschen eingeschätzt hat, dafür muss ich sie ein paarmal gesehen haben, erlebt haben in Situationen, dann ist das übers Telefon leichter auch diese Zwischentöne rauszuhören…" (CB31FR)

In unseren Interviewergebnissen zeigt sich, dass auch bei funktionierender virtueller Zusammenarbeit insbesondere in Situationen, in denen Vertrauen erforderlich ist – wenn kritische Themen besprochen werden müssen -, die face-to-face Kommunikation der virtuellen Kommunikation vorgezogen wird.

„Und daher finde ich es teilweise, auch gerade wenn es schwierigere Punkte sind, einfach schwer, wenn man die Mimik nicht sieht, ob alles so richtig ankommt. Also wenn es jetzt rein fachlich oder ein normaler Austausch so ist, dann ist das okay, man kann den Bildschirm teilen und da hat es genau den gleichen Wert wie vor Ort, aber wenn es mal kritischere Sachen sind, und man nachfragen muss warum irgendwas nicht funktioniert, dann ist es dann doch eher schwieriger." (WG11OA)

Konfliktsituationen stellen dabei besonders kritische Situationen dar, in denen ganz klar die Wahl auf die face-to-face Kommunikation fällt, da hier auch nonverbale Hinweise genutzt werden können.

„… Wenn nämlich gar nichts mehr geht, dann möchte ich der Person in die Augen sehen können, wenn ich mich mit ihr unterhalte. Sie glauben gar nicht, was dann noch für Sachen aufkommen. Oder da kann man auch vieles dann auch gerade ziehen, was vielleicht mal irgendwo geknackt hat. Wenn man sich dann anschaut ja." (MT05KN)

Unsere Ergebnisse zeigen, dass hybride Formen virtueller Zusammenarbeit durch den regelmäßigen face-to-face Kontakt nicht ganz so stark von Problemen wie einem geringeren Zusammenhalt oder Vertrauen im Team betroffen sind. Das kann jedoch anders aussehen in Teams, in denen Teile des Teams konstant im Home-Office und damit virtuell arbeiten und somit Gefahr laufen, von dem vor Ort sitzenden Team ausgegrenzt zu werden (Webster und Wong 2008).

6.3.3 Herausforderungen und Lösungsansätze individueller Führung

Die Ergebnisse unserer Interviews belegen, dass die Führungskraft die bei hybriden Formen virtueller Zusammenarbeit bestehenden Unklarheiten und Informationsdefizite aufdecken und beheben kann, wenn sie auf die einzelnen Mitarbeiter im Team zugeht. Das Ebnen dieser Ungleichheiten in der Informationsverteilung im Team erlaubt es Teamkognitionen aufzubauen und zu stärken. Hier ist es also wichtig, nah am Einzelnen zu bleiben, über dessen Themen auf dem Laufenden zu bleiben, um die notwendige Unterstützung zu erhalten und geben zu können.

„…Also ich arbeite zwar eigentlich wie vorher, aber ich bekomme dadurch natürlich weniger Unterstützung durch ihn, weil ich mir die nicht so schnell abholen kann, oder das Feedback, ja und weil ich glaube, dass er dann nicht so informiert ist. Da muss man das irgendwann im größeren Rahmen dann nachholen, weil er dann nicht diese ganzen kleinen Puzzleteile hat, sondern irgendwann ihm das Große fehlt und er das dann irgendwann halt braucht und dann erfordert es dann wieder etwas mehr Aufwand." (CB31FR)

Das Zitat zeigt, dass es bei rein virtueller Führung zu Informationsverlusten aufseiten der Führung kommen kann, wenn der bilaterale Austausch nicht systematisch gesteuert wird.

Der Bericht eines Mitarbeiters, der komplett aus dem Home-Office arbeitet, zeigt auf, dass es auch anders verlaufen kann, wenn ein solcher Austausch eingefordert wird.

> „… Ich habe der Person gesagt, dass ich möchte, dass man sich viel austauscht, dass man miteinander redet und tatsächlich hier: das persönliche Gespräch über Telefon.[…] Und das ist für mich sehr viel Wert. Weil nur dieses morgendliche 5 min-Gespräch ebnet bzw. glättet viele Fragen, die aufgekommen sind.[…] Weil es glättet den Arbeitstag. Man spricht vorher ab, was ist heute zu tun? Was könnte einem auf die Füße fallen, ….“ (MT05KN)

Während in unserer Stichprobe für die aufgabenbezogene Kommunikation gerne insbesondere asynchrone virtuelle Medien genutzt werden, werden persönliche Themen mit der Führung lieber im persönlichen Kontakt oder zumindest im synchronen Kontakt, bspw. telefonisch oder über Video, geklärt. Bei aufgabenbezogener Kommunikation wird seitens Führung und Mitarbeitenden die spätere Nachvollziehbarkeit des Verschriftlichten geschätzt sowie der Zeitverzug bei der Bearbeitung von E-Mails, der die Antwort qualitativ besser und auch kommunikativ durchdachter vorbereiten lässt. Motivierende Führung dagegen wird über asynchrone digitale Medien als eher schwierig angesehen. Hier ist es also an der Führung und dem Team, je nach Thema zu unterscheiden, welches Medium sich zur Kommunikation eignet.

6.3.4 Notwendige Kompetenzen in der virtuellen Zusammenarbeit auf Führungs- als auch Mitarbeiterebene

Nicht nur von der Führung verlangen virtuelle Formen und ihre unterschiedlichen Ausprägungen neue Kompetenzen. Da Kontroll- und auch Unterstützungsmöglichkeiten durch die Führung aufgrund der reduzierten persönlichen Kontakte weniger gut darstellbar sind, steigt die Anforderung an die Eigenverantwortung der Mitarbeitenden in der Ausführung ihrer Aufgaben, die wiederum die Möglichkeit zu geteilter Führung begünstigt. Nicht nur ist eine hohe Selbstorganisation im Sinne des eigenständigen Priorisierens der Aufgaben gefragt, sondern auch die Selbstmotivation zum Arbeiten. Insbesondere im Home-Office Kontext ist die Gefahr sehr hoch sich durch Faktoren außerhalb der Arbeit ablenken zu lassen und es bedarf daher einer hohen Selbstdisziplin sich erfolgreich abzugrenzen. Genauso kann die Entgrenzung in die andere Richtung schwierig sein, wenn das Arbeitsleben in das Privatleben überschwappt, wie das folgende Zitat eines Mitarbeiters verdeutlicht:

> „Zum anderen eine gewisse Selbstorganisiertheit, dass man dann auch dranbleibt, wie ich gesagt habe, gerade im Home-Office, wenn jemand mehr damit beschäftigt ist mit privatem Haushalt, privaten Dingen, dann konzentriert man sich halt nicht so auf die Arbeit. Und da gehört halt […] vor allem Disziplin dazu, das irgendwo in den Griff zu kriegen. Aber auch dann die Disziplin zu sagen, okay, jetzt ist Feierabend und jetzt mache ich nichts mehr, das gehört auch dazu.“ (TL91PL)

Das nächste Zitat eines Mitarbeiters, dessen Arbeitsplatz sich komplett im Home-Office befindet und damit einen der Extremfälle darstellt, veranschaulicht, wie routinierte, in Fleisch und Blut übergegangene Routinen, diese Arbeitsweise erleichtern können, ohne dass dafür der soziale Druck von Kollegen und Führung benötigt wird.

> „... ich mache morgens um 7 Uhr diesen Rechner an. Und verbinde mich als erstes mit dem Netz […]. Lese meine Mails. Das ist so, ich denke gar nicht mehr bis zum Kopf, das geht nur noch bis zum Handgelenk, weil das ist normal, […]- also das ist mein tägliches Doing so zu arbeiten." (MT05KN)

Kommunikationsfähigkeiten sind sowohl von Führung und Mitarbeitenden gefragt. Neben dem Fingerspitzengefühl für die passende Sprache in der Kommunikation über virtuelle Medien ist auch die Sensitivität als Empfänger in der Kommunikation gefragt. Wie dieser Mitarbeiter beschreibt, benötigt es für eine konfliktfreie Zusammenarbeit auch das Feingefühl, Untertöne aus der schriftlichen Kommunikation oder am Telefon herauszuhören bzw. diese nicht hineinzuinterpretieren, ohne die Hilfe von visuellen Hinweisreizen. Insbesondere für eine selbstorganisierte und weniger durch die Führung gesteuerte Zusammenarbeit im Team sind solche Kompetenzen elementar.

> „... die Kommunikation ist über die digitalen Medien halt immer eine ganz andere wie die persönliche Kommunikation.[…] (Man) muss ein Feingefühl entwickeln von Person zu Person […] (und) man muss halt lernen so diverse Schreibstile richtig, keine persönliche Note darin, zu lesen, sondern das einfach objektiv zu sehen. Weil manchmal denkt man, der schreibt hier total befehlend, aber der meint es gar nicht so zum Beispiel." (CT13RS).

Interessanterweise haben sich in unserer Stichprobe für die Führungskompetenzen einige Verhaltensweisen herauskristallisiert, die sich der transformationalen Führung zuordnen lassen. Beispielsweise hat sich gezeigt, dass die *individuelle Berücksichtigung* von Mitarbeitenden *(individual consideration)* insbesondere bei weniger persönlichem Kontakt wichtig ist, damit sich die Mitarbeitenden nicht abgehängt und weiterhin wertgeschätzt fühlen. Weiterhin scheint auch im virtuellen Setting der Einfluss der Führungskraft im Sinne der Vorbildfunktion in Verhaltensweisen *(idealized influence),* die für die virtuelle Zusammenarbeit oder spezifisch für die Zusammenarbeit in hybriden Teams wichtig sind, eine Rolle zu spielen. Elementar ist die Vorbildfunktion im Einhalten der gemeinsam aufgestellten Teamnormen für die virtuelle Zusammenarbeit. Genauso kann die Selbstorganisation, die vom Mitarbeitenden in der virtuellen Zusammenarbeit stärker abverlangt wird, durch die eigene Strukturierung vorgelebt werden.

> „Ich denke sie (die Führungskräfte) müssen strukturiert sein, weil wenn die schon ihre Sachen durcheinander irgendwie ablegen, dann fällt es dem ganzen Team irgendwie schwer, oder sie ahmen das dann vielleicht auch verkehrt nach, wenn schon nicht die Prozesse richtig vorgegeben werden." (PK88OL)

Insbesondere in hybriden Formen virtueller Teams ist die Disziplin zur Dokumentation von Informationen für das Team seitens der Führung, aber auch aller Mitarbeiter im

Team, essenziell, um die beschriebenen Ungleichverteilungen von Informationen zu verhindern.

Zusammenfassend zeigt sich, dass sowohl aufseiten der Führung als auch auf Seiten der Mitarbeitenden Selbstorganisationsfähigkeiten und eine gewisse Selbstdisziplin in der virtuellen und in der hybriden Form virtueller Zusammenarbeit erfordert wird. Aus diesen Erfahrungen der Mitarbeiter und Führungskräfte leiten wir im Folgenden Empfehlungen ab, die Führung durch Kompetenzentwicklung und konkrete Verhaltensweisen zu stärken.

6.4   Empfehlungen für die Führung von hybriden Formen virtueller Teamarbeit

Die Ergebnisse unserer Interviews geben einen ersten Einblick in die spezifischen Herausforderungen der Führung hybrider Formen virtueller Teamarbeit. Diese haben sowohl Implikationen für die Teamführung, die individuelle Führung als auch für Formen geteilter Führung. Eine regelmäßige gemeinsame Reflexion im Team, während der Ziele, Aufgaben, Vorgehensweisen und Ergebnisse des Teams diskutiert und reflektiert werden, hat sich in der Forschung als Möglichkeit gezeigt, Teamkognitionen auch in virtuellen Teams zu fördern und darüber die Teamleistung zu steigern (Konradt et al. 2015; Schippers et al. 2015). Eine durch die regelmäßige Reflexion verstärkte Kommunikation im Team sollte auch das Vertrauen im Team, den Zusammenhalt und die Teamidentität steigern und darüber auf die Teamleistung wirken (Webster und Wong 2008). Im Folgenden stellen wir den TeamCheck als ein Tool vor, welches auf Teamprozesse fokussiert und der Führung dient, Reflexionsprozesse im Team anzuregen. Im Anschluss erläutern wir die Implikationen für die individuelle Führung als einen Hebel in der Führung virtueller Teams und gehen auf konkrete Handlungsempfehlungen für Führungskräfte ein.

6.4.1   Förderung der Teamreflexion mithilfe des TeamChecks

Unsere Ergebnisse zeigen, wie hoch die Gefahr in hybriden Formen virtueller Teams – wie sie heutzutage bei Wissensarbeitern in kleinen und mittelständischen Unternehmen Normalität sind – ist, dass für die Teameffektivität entscheidende Teamkognitionen leiden. Grund dafür ist der schwierig zu überblickende Informationsfluss, da Informationen je nach Grad der virtuellen Zusammenarbeit über persönliche als auch digitale Kanäle verteilt werden. Hier gilt es die Balance zu finden zwischen der Verteilung zu weniger Informationen und dem dadurch entstehenden Informationsverlust, und der Verteilung zu vieler Informationen sowie der Gefahr hierdurch eine Informationsüberflutung zu kreieren. Da diese Koordinationsaufgabe für die Führungskraft alleinig schwierig zu meistern ist, verlangen diese Mischformen eine stärkere selbstorganisierte Zusammenarbeit des Teams. Zur Entwicklung von geteilten mentalen Modellen dienen gemeinsame Reflexionsprozesse, die wie von Konradt et al. (2015) erforscht, durch eine Anleitung unterstützt werden können. Wie in der Forschung gezeigt, wirken sich Vertrauen und Zusammenhalt des Teams auf die Offenheit, mit der solche Austauschprozesse stattfinden, aus und haben so indirekt einen Effekt auf die Entwicklung von Teamkognitionen (Peters und Manz 2007).

Unser TeamCheck, der auch die Führung hybrider Formen virtueller Teamarbeit unterstützt, setzt genau an diesen Reflexionsprozessen an (https://vlead.de/toolbox/teamcheck/). Er ermöglicht dem Team eine Analyse der aktuellen Ausprägung der geteilten mentalen Modelle und gleichzeitig eine Analyse von emergenten Zuständen im Team wie dem Vertrauen und der Teamidentifikation sowie verhaltensorientierter Teamprozesse wie etwa dem Wissensaustausch und der Teamreflexion. Auch wird der Informationsfluss im Team konkret unter die Lupe genommen. Eine Übersicht zu den Fragenmodulen, die von der Teamleitung individuell ausgewählt werden können, sowie Beispielfragen der Module bietet Tab. 6.1.

Über eine kurze Umfrage, die in Teammeetings online eingesetzt werden kann, erhält das Team eine sofortige Ergebnisdarstellung. Diese kann dann im Team diskutiert und reflektiert werden. Schwerpunkte können mit der Auswahl spezifischer Umfragemodule unterschiedlich festgelegt werden. Mithilfe des Ergebnisberichts und der hierin enthaltenen Reflexionsfragen und Handlungsempfehlungen zu jedem Umfragemodul soll neben der Teamreflexion eine individuelle Reflexion zur Vorbereitung der gemeinsamen Besprechung angeregt werden. Unsere Interviewergebnisse zeigen deutlich auf, dass die eigene Kommunikation gerne durch einen Zeitverzug vorbereitet wird, um die eigenen Gedanken strukturieren und Lösungsvorschläge besser durchdenken zu können. So

Tab. 6.1 Fragenmodule des TeamChecks

Fragemodul (selektierbar)	Anzahl Fragen	Beispielfrage
Geteilte mentale Modelle (Team, Aufgabe, Situation, Zeit, Medien)	12	Jedes Teammitglied weiß, wer welche Aufgaben und Verantwortlichkeiten in unserem Team hat.
Vertrauen im Team	3	Ich kann mich auf die von meinen Teammitgliedern eingebrachten Informationen zu 100% verlassen.
Offene Teamkommunikation	3	Im Team fällt es uns leicht, uns gegenseitig um Rat zu fragen.
Gemeinsames Lernen im Team	3	Wir ziehen gemeinsam Schlussfolgerungen aus im Team diskutierten Themen.
Wissensaustausch	3	Alle Teammitglieder teilen stets die für die Zusammenarbeit relevanten Kenntnisse miteinander.
Auslastung	4	Ich stehe zurzeit unter einem extremen Zeitdruck.
Informationsprozesse	3	Ich habe alle für mich relevanten Informationen, sodass ich meine Aufgaben erledigen kann.
Reflexion von Prozessen	3	In unserem Team nehmen wir uns genügend Zeit, um über mögliche Strategien zur Zielerreichung zu diskutieren.
Reflexion von Ergebnissen	3	In unserem Team nehmen wir uns genügend Zeit, um unsere Arbeitsergebnisse zu evaluieren.
Bewertung des Meetings	4	Das Meeting war relevant und nützlich für mich.
Team Identifikation	3	Ich fühle mich den Mitgliedern meines Teams sehr verbunden.

kann der TeamCheck als strukturelle Unterstützung dienen und eine Plattform zum Austausch über aufgabenbezogene, aber auch teambezogene Themen bieten. Die regelmäßige Nutzung schafft eine Gesprächsroutine, die langfristig die Offenheit in der Kommunikation sowie ein kontinuierliches Teamlernen stärken kann. Wichtig ist seitens Führung und Team, dass von Anfang an ein offenes – psychologisch sicheres – Klima geschaffen wird, in dem Fragen gestellt, Fehler eingestanden und Schwächen zugegeben werden können, um darauf aufbauend Verbesserungen offen diskutieren und einleiten zu können. Hier ist die Führung in ihrer Vorbildfunktion gefragt und muss zu dementsprechendem Verhalten einladen, aber auch gegenläufiges Verhalten sanktionieren. Um ein wirkliches Teamlernen zu ermöglichen und die Motivation sich in den Besprechungen einzubringen zu erhalten, ist es elementar, dass es nicht bei Reflexion und Diskussion bleibt, sondern dass konkrete Handlungen aus den Besprechungen herausgehen. Das müssen nicht immer vollständig ausgefeilte Lösungen sein – hier sollte stattdessen mit möglichen Lösungen experimentiert und deren Wirkung dann wieder reflektiert werden, ganz im Sinne eines iterativen und agilen Prozesses.

6.4.2 Förderung der Selbstführung in der LMX-Beziehung

Neben dem Team als Ansatzpunkt zeigt sich die Führung jedes einzelnen Teammitglieds als wichtiger Hebel in der Teamführung. Insbesondere in hybriden Formen virtueller Teamarbeit braucht es die bilateralen Absprachen zwischen Führung und Mitarbeiter, um den individuellen Informationsstand und möglicherweise auch individuelle Belastungen oder Motivationsprobleme erkennen und adressieren zu können. Die Motivation sich für Teamziele zu engagieren ist letztendlich auch davon abhängig, wie sich jeder Einzelne im Teamgefüge sieht. Hier spielt die Wertschätzung des eigenen Beitrags, aber auch die Möglichkeit individuelle Ziele mit denen des Teams zu vereinbaren, eine wichtige Rolle (Liao 2017). Aus unseren Interviews zeigt sich, dass solche Themen lieber persönlich bzw. synchron und bilateral besprochen werden. Der Führung kommt hier die Rolle zu, die eigenen Erwartungen an jeden Einzelnen klar und präzise zu formulieren, aber gleichzeitig auch deren Erwartungen aufzunehmen und diese miteinander zu vereinbaren.

Der TeamCheck wird zwar auf Teamebene eingesetzt, jedoch gibt er jedem Teammitglied individuell die Möglichkeit sich selbst im Teamgefüge zu reflektieren und auf diesen Reflexionen aufbauend die eigenen Bedürfnisse mit der Führung zu klären. So kann das Tool nicht nur im Team, sondern auch als Anstoß für individuelle Gespräche dienen.

Wie aus unseren Interviewergebnissen deutlich wird, verändern sich auch die Kompetenzen der Mitarbeitenden in der virtuellen Zusammenarbeit. Die Eigenverantwortung steigt und damit steigt die Anforderung an die eigenen Selbstmanagementfähigkeiten. Auch diese sollten im Fokus der Führung stehen. Möglichkeiten diese zu unterstützen wären neben klassischen Trainingsformaten das Etablieren von Peer-Coaching- oder Mentoring-Konzepten im Team. So können neben der Stärkung individueller Fähigkeiten gleichzeitig die Teambeziehungen gestärkt werden.

6.5   Fazit

Zusammenfassend lässt sich feststellen, dass sich die Herausforderungen hybrider Formen virtueller Teams von denen komplett virtueller Teams abgrenzen lassen. Dadurch dass bei hybriden Teams einige Teammitglieder vor Ort face-to-face kommunizieren, während andere zu der Zeit nur virtuell zu erreichen sind, wird die Steuerung des Informationsflusses im Team erschwert, was sich negativ auf die Entwicklung von Teamkognitionen auswirken kann. Dagegen können durch die zwischenzeitlich immer wieder bestehenden persönlichen Kontaktmöglichkeiten Vertrauen und Zusammenhalt in hybriden Teams leichter als in komplett virtuellen Teams aufgebaut werden. Seitens der Führung ist bei hybriden Teams darauf zu achten, dass keine Untergruppen entstehen, die primär untereinander zusammenhalten und sich vertrauen. Dadurch würden die häufiger virtuell arbeitenden Mitarbeitenden sozial isoliert und eine effiziente Zusammenarbeit und letztlich die Teamleistung gefährdet.

Es empfiehlt sich, alle Mitglieder hybrider Teams auf die Besonderheiten und Herausforderungen der flexibel gelebten Zusammenarbeit aufmerksam zu machen und Spielregeln aufzustellen, die bspw. dazu beitragen, dass Informationen alle erreichen bzw. fehlende Informationen schnell entdeckt werden. Hierzu sollten der Status quo der Teamarbeit und die Teamprozesse und -ergebnisse in regelmäßigen Abständen gemeinsam reflektiert werden. Dazu bietet sich der von uns entwickelte TeamCheck als schnelles Tool an, welches diese Reflexionsprozesse unterstützt. Nicht nur gibt es per Umfrage einen sofortigen Überblick zu geteilten mentalen Modellen im Team sowie der Wahrnehmung von Teamprozessen und Teamemotionen, es regt darüber hinaus mithilfe eines differenzierten Ergebnisberichts die individuelle und darauf aufbauend die Teamreflexion über spezifische Reflexionsfragen an und bietet einen Pool von möglichen Handlungsempfehlungen, aus dem das Team schöpfen kann. Bei sich abzeichnenden Problemen lassen sich dadurch schnell Veränderungen in der Zusammenarbeit einleiten, um größeren Schwierigkeiten entgegenzusteuern. Langfristig lässt sich so eine Reflexionskultur im Team etablieren, die von offener Kommunikation geprägt ist und sich auf Teameffektivität und Teamleistung positiv auswirkt.

Literatur

Al-Ani B, Horspool A, Bligh MC (2011) Collaborating with 'virtual strangers': towards developing a framework for leadership in distributed teams. Leadership 7(3):19–249. https://doi.org/10.1177/1742715011407382

Andres HP (2011) Shared mental model development. IJeC 7(3):14–30

Antoni CH, Ellwart T (2017) Informationsüberlastung bei digitaler Zusammenarbeit – Ursachen. Folgen und Interventionsmöglichkeiten. Gr Interakt Org 48(4):305–315. https://doi.org/10.1007/s11612-017-0392-4

Antoni CH, Syrek C (2017) Digitalisierung der Arbeit: Konsequenzen für Führung und Zusammenarbeit. Gr Interakt Org 48(4):247–258. https://doi.org/10.1007/s11612-017-0391-5

Avolio BJ, Sosik JJ, Kahai SS, Baker B (2014) E-leadership: re-examining transformations in leadership source and transmission. Leadersh Quart 25(1):105–131. https://doi.org/10.1016/j. leaqua.2013.11.003

Bell BS, Kozlowski SWJ (2002) A typology of virtual teams: implications for effective leadership. Group Org Manage 27(1):14–49

Breuer C, Hüffmeier J, Hertel G (2016) Does trust matter more in virtual teams? A meta-analysis of trust and team effectiveness considering virtuality and documentation as moderators. The J Appl Psychol 101(8):1151–1177. https://doi.org/10.1037/apl0000113

Cannon-Bowers JA, Salas E (2001) Reflections on shared cognition. J Org Behav Int J Ind, Occup Organ Psychol Behav 22(2):195–202

Cohen SG, Gibson CB (2003) In the beginning. Introduction and framework. In: Gibson GB, Cohen SG (Hrsg) Virtual teams that work. Creating conditions for virtual team effectiveness (1. Aufl.). Jossey-Bass, San Francisco (The Jossey-Bass business & management series), S 1–13

Converse S, Cannon-Bowers JA, Salas E (1993) Shared mental models in expert team decision making. Individual and group decision making: current issues 221:221–246

DeChurchLA M-M (2010) The cognitive underpinnings of effective teamwork: a meta-analysis. J Appl Psychol 95(1):32–53. https://doi.org/10.1037/a0017328

Edmondson AC, Lei Z (2014) Psychological safety: the history, renaissance, and future of an interpersonal construct. Annu Rev Organ Psychol Organ Behav 1(1):23–43. https://doi.org/10.1146/annurev-orgpsych-031413-091305

Gibson CB, Cohen SG (Hrsg) (2003) Virtual teams that work. Creating conditions for virtual team effectiveness (1. Aufl.). Jossey-Bass, San Francisco (The Jossey-Bass business & management series)

Hacker J, Johnson M, Saunders C, Thayer AL (2019) Trust in virtual teams: a multidisciplinary review and integration. Aus J Inf Sys 23

Hertel G, Geister S, Konradt U (2005) Managing virtual teams: a review of current empirical research. Human Res Manage Rev 15(1):69–95. https://doi.org/10.1016/j.hrmr.2005.01.002

Hinds PJ, Weisband SP (2003) Knowledge sharing and shared understanding in virtual teams. In: Gibson CB, Cohen SG (Hrsg) Virtual teams that work. Creating conditions for virtual team effectiveness (1. Aufl.). Jossey-Bass, San Francisco (The Jossey-Bass business & management series), S 21–36

Hoch JE, Kozlowski SWJ (2014) Leading virtual teams: hierarchical leadership, structural supports, and shared team leadership. J Appl Psychol 99(3):390–403. https://doi.org/10.1037/a0030264

Huang R, Carte T, Chidambaram, L (2004) Cohesion and performance in virtual teams: an empirical investigation. AMCIS 2004 Proceedings, Paper 161. https://aisel.aisnet.org/amcis2004/161

Jarvenpaa SL, Leidner DE (1999) Communication and trust in global virtual teams. Organ Sci 10(6):791–815

Kauffeld S, Handke L, Straube J (2016) Verteilt und doch verbunden: Virtuelle Teamarbeit. Gr Interakt Org 47(1):43–51. https://doi.org/10.1007/s11612-016-0308-8

Kirkman BL, Mathieu JE (2005) The dimensions and antecedents of team virtuality. J Manage 31(5):700–718. https://doi.org/10.1177/0149206305279113

Konradt U, Schippers MC, Garbers Y, Steenfatt C (2015) Effects of guided reflexivity and team feedback on team performance improvement: the role of team regulatory processes and cognitive emergent states. Eur J Work Org Psychol 24(5):777–795. https://doi.org/10.1080/1359432X.2015.1005608

Kozlowski SWJ, Chao GT (2018) Unpacking team process dynamics and emergent phenomena: challenges, conceptual advances, and innovative methods. Am Psychol 73(4):576–592. https://doi.org/10.1037/amp0000245

Liao C (2017) Leadership in virtual teams: a multilevel perspective. Human Res Manage Rev 27(4):648–659. https://doi.org/10.1016/j.hrmr.2016.12.010

Marlow SL, Lacerenza CN, Salas E (2017) Communication in virtual teams: a conceptual framework and research agenda. Human Res Manage Rev 27(4):575–589. https://doi.org/10.1016/j.hrmr.2016.12.005

Mathieu JE, Goodwin GF, Heffner TS, Salas E, Cannon-Bowers JA (2000) The influence of shared mental models on team process. J Appl Psychol 85(2):273–283

Müller R, Antoni CH (2019) Einflussfaktoren und Auswirkungen eines gemeinsamen Medienverständnisses in virtuellen Teams. Gr Interakt Org 50(1):25–32. https://doi.org/10.1007/s11612-019-00447-3

Müller R, Antoni CH (2020) Individual perceptions of shared mental models of information and communication technology (ICT) and virtual team coordination and performance – the moderating role of flexibility in ICT-use. Group Dynamics: Theory, Research, and Practice 24(3):186—200. http://dx.doi.org/10.1037/gdn0000130

Ortega A, Sánchez-Manzanares M, Gil F, Rico R (2010) Team learning and effectiveness in virtual project teams: the role of beliefs about interpersonal context. Spanish J Psychol 13(1):267–276

Peters LM, Manz CC (2007) Identifying antecedents of virtual team collaboration. Team Perform Manage 13(3/4):117–129. https://doi.org/10.1108/13527590710759865

Schippers MC, West MA, Dawson JF (2015) Team reflexivity and innovation. J Manage 41(3):769–788. https://doi.org/10.1177/0149206312441210

Straube J, Kauffeld S (2020) Faultlines during meeting interactions: the role of intersubgroup communication. In: Meinecke AL, Allen JA, Lehmann-Willenbrock N (Hrsg) Managing meetings in organizations (Research on Managing Groups and Teams, Vol. 20). Emerald Publishing Limited, S 163–183

Webster J, Wong WKP (2008) Comparing traditional and virtual group forms: identity, communication and trust in naturally occurring project teams. Int J Human Res Manage 19(1):41–62. https://doi.org/10.1080/09585190701763883

Open Access Dieses Kapitel wird unter der Creative Commons Namensnennung 4.0 International Lizenz (http://creativecommons.org/licenses/by/4.0/deed.de) veröffentlicht, welche die Nutzung, Vervielfältigung, Bearbeitung, Verbreitung und Wiedergabe in jeglichem Medium und Format erlaubt, sofern Sie den/die ursprünglichen Autor(en) und die Quelle ordnungsgemäß nennen, einen Link zur Creative Commons Lizenz beifügen und angeben, ob Änderungen vorgenommen wurden.

Die in diesem Kapitel enthaltenen Bilder und sonstiges Drittmaterial unterliegen ebenfalls der genannten Creative Commons Lizenz, sofern sich aus der Abbildungslegende nichts anderes ergibt. Sofern das betreffende Material nicht unter der genannten Creative Commons Lizenz steht und die betreffende Handlung nicht nach gesetzlichen Vorschriften erlaubt ist, ist für die oben aufgeführten Weiterverwendungen des Materials die Einwilligung des jeweiligen Rechteinhabers einzuholen.

Mindset für Zeit- und Handlungsspielraum: Handlungsempfehlungen für Führungskräfte virtueller Teams

Rebekka Mander, Frank Müller und Ulrike Hellert

7.1 Einleitung

Neueste Technologien beeinflussen Team- und Projektarbeit und erfordern ein Umdenken bei der Arbeitsgestaltung. Die Entwicklung von Technologien ist der Arbeitsweise vieler Teams voraus, da die Anpassung der Arbeitsprozesse lediglich schrittweise vonstattengeht (Bennett 2010). Durch eine moderne Informations- und Kommunikationstechnologie ist es möglich, dass Teammitglieder nicht gleichzeitig am selben Ort sein müssen, um gemeinsam an einer Aufgabe zu arbeiten (Chudoba et al. 2005). Die daraus entstehende virtuelle Teamarbeit zeigt sich, wenn Teams über Zeit oder Ort verteilt sind. Neben standortübergreifender Arbeit stellen auch versetzte Arbeitszeiten eine Form virtueller Teamarbeit dar. Verteilte Teams benötigen dabei neue Kooperationsansätze, um handlungsfähig zu bleiben (Lilian 2014). So gibt es beispielsweise Situationen, in denen Präsenzteams kurze Fragen durch einen einfachen Zuruf klären können. Erfolgt die Kommunikation hingegen über digitale Medien, besteht hier die erste Entscheidung in der Wahl eines angemessenen Mediums: wenn Betroffene sofort eine Antwort benötigen, ist ein Anruf meist zweckmäßiger als eine E-Mail. Anschließend muss entschieden werden, ob das Anliegen wirklich eine Störung in Form eines Anrufs rechtfertigt. Die Hürde der sofortigen Kontaktaufnahme liegt dabei höher

R. Mander (✉) · F. Müller · U. Hellert
FOM Hochschule für Oekonomie & Management gemeinnützige Gesellschaft mbH,
iap Institut für Arbeit & Personal, Essen, Deutschland
E-Mail: rebekka.mander@fom.de

F. Müller
E-Mail: frank.mueller@fom.de

U. Hellert
E-Mail: ulrike.hellert@fom.de

© Der/die Autor(en) 2021   139
S. Mütze-Niewöhner et al. (Hrsg.), *Projekt- und Teamarbeit in der digitalisierten Arbeitswelt,* https://doi.org/10.1007/978-3-662-62231-5_7

als bei Präsenzarbeit. Hier könnte ein Anliegen z. B. durch Blickkontakt signalisiert werden. Diese und ähnliche Situationen erfordern ein Umdenken in der Organisation von Teamarbeit (Ale Ebrahim et al. 2009).

Führung auf Distanz wird mitunter durch die Medienwahl beeinflusst (Avolio et al. 2000). Ein Informationsaustausch zwischen Teammitgliedern findet bei virtueller Arbeit tendenziell seltener statt als bei Präsenz. Bei virtueller Teamarbeit muss eine Kontaktaufnahme proaktiv geschehen, während Begegnungen in Präsenz meist automatisch stattfinden. Zudem ist es schwieriger, Nuancen im Ausdruck aufgrund von Gestik und Mimik wahrzunehmen. In diesem Kontext zeigt sich, dass ein modernes Führungs- und Kommunikationsverständnis mit neuen Ansätzen notwendig wird. Bei Führung auf Distanz ist ein grundlegendes Maß an Vertrauen notwendig, da z. B. Anwesenheitskontrolle kaum noch möglich ist (Germain und McGuire 2014). Zielorientierung kann eine Orientierung an Leistungskontrolle und Bewertungen ablösen. Dies zeigt sich z. B. in einer Ablehnung von Mikromanagement als Ausdruck einer offenen Grundeinstellung (Cleary et al. 2015). So sind die Teammitglieder auch bei geringeren Möglichkeiten zum Austausch handlungsfähig. Diese Arbeitsweise erfordert jedoch einen gesteigerten Zeit- und Handlungsspielraum und eine entsprechende Einstellung bzw. ein passendes Mindset (Hofert 2018). Der Beitrag beschäftigt sich mit einem solchen Mindset.

7.2 Theorie

Für Menschen ist das Bedürfnis nach Kontrolle und Orientierung elementar. Das Kontrollbedürfnis zählt hierbei zu den psychischen Grundbedürfnissen, die für psychische Gesundheit und psychosoziales Wohlbefinden wichtig sind. Ferner sind es die Bedürfnisse nach Lust, Bindung und Selbstwerterhöhung, die bei allen Menschen vorhanden sind und befriedigt werden möchten (Grawe 2004, S. 185). Der Kontrollaspekt lässt sich anhand der zielorientierten Handlung verdeutlichen, wobei das Erreichen oder Nicht-Erreichen eines angestrebten Zieles die individuelle Kontrollerfahrung beeinflusst. Wird ein gesetztes Ziel erreicht, ergibt sich eine positive Kontrollerfahrung. Wird das Ziel jedoch nicht erreicht, ergibt sich entsprechend eine negative Kontrollerfahrung. Hieraus folgen entsprechende individuelle sowie arbeitsbezogene Kontrollmöglichkeiten im Hinblick auf potenzielle Zielsetzungen. Menschen mit positiven Kontrollerfahrungen werden eher bereit sein, sich zu engagieren, um ein Arbeitsziel zu erreichen.

Das Kontrollbedürfnis hat dabei Auswirkungen auf den wahrgenommenen Handlungsspielraum. Menschen, die Kontrolle anstreben, versuchen dies mit einem entsprechenden Handlungsspielraum zu verbinden, um ausreichend Ressourcen für erforderliche Flexibilität zu haben. Nach der Inkongruenztheorie von Grawe (2004) geht die Nichtbefriedigung des Kontrollbedürfnisses stets mit der Verletzung des Kontrollbedürfnisses einher, wobei Inkongruenz entsteht. Somit ist das Kontrollbedürfnis bei der Herbeiführung und Aufrechterhaltung von Arbeitszielen von besonderer Bedeutung.

Kontrolle zu haben setzt voraus, einen gewissen Überblick über die Abläufe zu haben und zu wissen, welche Vorgänge als nächstes erfolgen. Dies verschafft Orientierung und ermöglicht wiederum, die eigenen Ziele zu realisieren. Im Job-Demand-Control-Modell (JDC) von Karasek (1979) wird der Kontrollaspekt dargestellt. Nach diesem Modell beeinflusst Kontrolle bzw. Handlungsspielraum bei der Arbeit die subjektive Belastung. Hohes Belastungsniveau bei geringer Kontrolle führt zu hoher Arbeitsanforderung. Handlungsspielraum ist somit eine wichtige Ressource, um anstehende Herausforderungen zu bewältigen (Hellert et al. 2013).

Handlungsspielräume können bereits für sich genommen in der Arbeit einen entscheidenden Einfluss auf die erlebte Beanspruchung durch Arbeitsanforderungen haben. So können Arbeitsressourcen (Handlungsspielraum, Zeitkompetenz) als Puffer belastungsreduzierend wirken und die Zielerreichung fördern (Bakker und Demerouti 2014). Handlungsspielräume sind wiederum eine wichtige Voraussetzung, um individuelle Verhaltensweisen, wie die Zeitkompetenz, zu fördern (Tegtmeier und Hellert 2015). Es sollte jedoch beachtet werden, dass Handlungsspielräume allein nicht ausreichen, um vor Überlast insbesondere in Hinblick auf Arbeitszeitnutzung zu schützen (Hellert et al. 2009). Mechanismen der individuellen Selbstkontrolle können einen guten Schutz vor Arbeitsbelastung bieten (Hollmann et al. 2005), allerdings ist auch hier zu beachten, dass Selbstkontrollmechanismen bei intensiver Nutzung Ressourcen verbrauchen (Schmidt und Neubach 2009).

Die virtuelle Arbeitswelt erfordert zunehmend agile Fähigkeiten, die zielführend, innovativ und human sind. Das Mindset, als Denk- und Handlungslogik sowohl auf individueller als auch unternehmerischer Ebene spielt hierbei eine wichtige Rolle. Hofert (2018) erläutert das Mindset im Sinne der Systemtheorie zum Zwecke des Selbsterhalts. Das äußere Umfeld prägt das individuelle und organisationale Mindset. Die digitale Transformation mit den unterschiedlichen Implikationen auf die Menschen und die Arbeitswelt wird somit auch das Mindset verändern bzw. anpassen (Hofert 2018). Agil handeln bedeutet in diesem Kontext jedoch nicht „schneller – höher – weiter", sondern bezieht sich auf die innere Haltung zu den sich ändernden Arbeitsverhältnissen und Arbeitsmerkmalen. Hierzu zählt vor allem die Bereitschaft zum Perspektivenwechsel und zur kontinuierlichen Kompetenzentwicklung.

Die moderne Arbeitswelt ist u. a. durch Digitalisierung gekennzeichnet. Die Zusammenarbeit erfolgt dank neuester Technologien virtuell und ermöglicht zeitliche, örtliche und organisatorische Flexibilität. Führungskräfte sind zunehmend gefordert, ihr Mindset auf neue virtuelle Arbeitsprozesse umzustellen und gleichzeitig (klassisch) zu motivieren und einen wertschätzenden empathischen Umgang zu pflegen.

Zur erfolgreichen Bewältigung all der neuen Anforderungen in der digitalen Arbeitswelt steht ein solides Mittel zur Verfügung: Vertrauen. Vertrauen ist nach Luhmann (2009) ein Mechanismus, der Komplexität reduzieren kann. Das ist besonders in einer Welt nötig, die durch unbestimmt bleibende Komplexität geprägt ist. Vertrauen kann dabei Handlungsmöglichkeiten wie kooperatives Handeln generieren, die ohne Vertrauen undenkbar wären. Trotz aller Trends und Zukunftsszenarien lässt sich Handeln nicht völlig durch sichere Voraussicht planen. Es wird weiterhin Unsicherheiten geben, die durch zukunftsorientierte, proaktiv handelnde Führungskräfte kompensiert werden müssen. Der Erfolg stellt sich jedoch erst nach einer aktiven Handlung ein, unter Umständen aber auch dann nicht (Luhmann 2009). Da eine vollständige Kontrolle im dynamischen Umfeld nicht möglich ist, bleibt nur das Vertrauen – Vertrauen in bewährte Abläufe, in kompetente Personen oder in das organisationale Mindset. Hat ein Unternehmen positive Erfahrungen im Umgang mit Veränderungen, wird es leichter auf die eigenen Kompetenzen zu vertrauen. In der Folge werden Kommunikationsmuster optimiert, Kooperationen entstehen und Kontrolle kann als Überprüfungselement reduziert werden. Eine Führungskultur ohne Vertrauen hingegen erschwert Kooperation. Kontrollinstanzen führen zu hohem Zeitaufwand und Angst verdrängt Kreativität.

Jede noch so vertrauensvolle Führung benötigt ein System der Rückmeldung über den Projektverlauf oder den aktuellen Arbeitsprozess. Hierzu werden entsprechende Maßnahmen implementiert, die beispielsweise über regelmäßiges Prozessfeedback informieren und mögliche Handlungen induzieren. Hierzu zählen insbesondere bei virtueller Führung regelmäßige, terminierte Telefon- und/oder Videokonferenzen. Ergänzend können kommunikative Maßnahmen wie ein regelmäßiges informelles Gespräch (E-Coffee) oder ein vertrauliches Gespräch (E-Talk) bei einer Unklarheit unterstützen.

Die Führungskompetenzen beinhalten in großem Maße Verlässlichkeit für vereinbarte Regelungen. Seien es Terminabsprachen oder Aufgabeninhalte; denn Verlässlichkeit schafft Vertrauen. Gerade die Zeitkompetenz ist hier ein wichtiges und hilfreiches Element. Grundsätzlich umfasst der Kompetenzbegriff intraindividuell die Fähigkeit selbstorganisiert und kreativ auch unter Unsicherheit zielorientiert zu handeln. Zeitkompetenz als Ressource bei der Arbeit umfasst individuelle und organisationale Faktoren. Individuell zeigt sich Zeitkompetenz in Bezug auf die eigene Zeitwahrnehmung, beispielsweise in der Einschätzung des Pausen- und Schlafbedarfes. Organisational zeigt sie sich z. B. in Form empathischer Beurteilung der unterschiedlichen Eigenzeiten des Teams. (vgl. Hellert 2018).

Ein Mindset für virtuelle Teamarbeit beinhaltet sowohl grundlegende Faktoren wie das erforderliche Vertrauen zur Bewältigung der digitalen Komplexität mit ihren Auswirkungen auf das organisationale Arbeitsgefüge, als auch innovative Kompetenzen im Umgang mit den zur Verfügung stehenden Zeit- und Handlungsspielräumen (Hellert et al. 2018; Müller et al. 2017).

7.3 Methode

Im Rahmen der Erhebung ($n = 27$) wurden zwölf leitfadengestützte Experteninterviews, zwei Gruppendiskussionen sowie eine Beobachtung durchgeführt (im Folgenden als Interviews zusammengefasst). Die untersuchten KMU arbeiten zu einem hohen Grad virtuell und stammen aus der IT-Branche.

Die Auswertung erfolgte anhand der qualitativen Inhaltsanalyse nach Mayring. Nach der Transkription und Anonymisierung (Veränderung von Namen) erfolgte die Kodierung in Textsegmente, damit diese im Anschluss inhaltlich strukturiert und zusammengefasst werden konnten. Die Hauptkategorien „Zeitkompetenz" und „Vertrauen" standen im Fokus der Analyse und wurden über einen mehrstufigen Prozess auf wenige Unterkategorien reduziert.

Im Ergebnisteil des Beitrags werden einzelne Subkategorien aus Zeitkompetenz und Vertrauen herausgegriffen, welche in Zusammenhang mit dem „Abgeben von Kontrolle" stehen. Eine Subkategorie von Zeitkompetenz wurde als Überlast kodiert. Da mit Überlast in der Stichprobe eine der größten Herausforderungen im Umgang mit Zeit- und Handlungsspielraum identifiziert wurde, wurde diese Subkategorie eingehend analysiert. Gemäß dem zusammenfassenden Vorgehen erfolgte ein weiterer Schritt, in dem Aussagen systematisch gruppiert wurden.

Die abgeleiteten Handlungsempfehlungen basieren auf den Ergebnissen der qualitativen Studie und Unternehmensworkshops, bei denen Ergebnisse und Handreichungen hinsichtlich ihrer Praxistauglichkeit geprüft wurden.

7.4 Ergebnisse

In der qualitativen Inhaltsanalyse wurden einige Themenbereiche identifiziert, die sich voneinander abgrenzen lassen. Zeitkompetenz und Vertrauen sind gemäß den Befragten wichtig für virtuelle Teamarbeit und scheinen sich gegenseitig zu beeinflussen. In Bezug auf den Zeit- und Handlungsspielraum wurden verschiedene Aussagen getroffen, welche die hohe Relevanz von Vertrauen nahelegen. Eine Herausforderung ist besonders aufgefallen, da sich insbesondere Führungskräfte wiederholt damit konfrontiert sehen. Die Aussagen zu diesem Problemfeld werden in den folgenden Abschnitten gebündelt und durch Zitate aus den Gruppendiskussionen und Interviews verdeutlicht. Dabei ist zu berücksichtigen, dass die Analyse des Zeit- und Handlungsspielraums mit einem Fokus auf Zeit bzw. Umgang mit Zeit durchgeführt wurde. Hier ist der Aspekt selbstbestimmter Zeiteinteilung von besonderem Interesse.

7.4.1 Vertrauen ermöglicht Zeit- und Handlungsspielraum

Als Grundlage für eine funktionierende Teamarbeit wird von vielen Befragten eine eigenständige Arbeitsweise beschrieben, die von einem hohen Zeit- und Handlungsspielraum geprägt ist. Als Voraussetzung dafür wird Vertrauen im Team und durch Führungskräfte genannt.

Eine selbstbestimmte Arbeitsweise ist gemäß einer Teilnehmerin in einer Gruppendiskussion nur aufgrund des Vertrauens durch ihren Vorgesetzten möglich: „Selbst der Herr Willner fragt uns wenig, was wir tun. Anscheinend kommen wenig Beschwerden… Also er traut uns." (Gruppendiskussion 2, 19) Dieses von der Teilnehmerin angenommene Vertrauen wurde zudem durch folgende Aussage unterstrichen: „Wir haben das auch so abgesprochen, ich sag[e]: ‚Herr Willner, wollen Sie jede Mail von mir sehen?' Der sagt: ‚um Gottes Willen!'. Also er vertraut da auch wieder." (Gruppendiskussion 2, 82) Später sagte die Führungskraft zu selbstorganisierter Arbeit, dass es in diesem Prozess wichtig ist, Verantwortung abzugeben: „das funktioniert auch nur, wenn ich den Leuten vertraue und wenn ich es aushalte, dass es nicht ‚mein Weg' ist, sondern ‚ein Weg'." (Gruppendiskussion 2, 505).

Die eigene Arbeit selbst zu strukturieren und die Zeitnutzung selbst zu bestimmen ist bei einem hohen Zeit- und Handlungsspielraum möglich. Dieser ist gemäß den Interviews sehr stark von dem Vertrauen durch Vorgesetzte abhängig. Zudem ist der Zeit- und Handlungsspielraum für die Befragten notwendig, um die Aufgaben bewältigen zu können. „Wir müssen ja selber wissen, was wir zu tun haben." (Interview 06, 178) So bringt es ein Befragter auf den Punkt: „Wenn man sich einigermaßen gut organisieren kann, hat man bei uns im Unternehmen wirklich die Möglichkeiten sich das auch so einzuteilen, wie man es braucht. Also, mein Chef möchte von mir keine Abrechnung haben, [im Sinne von:] ‚wann hast du genau was gemacht und wofür hast du wie viel Zeit investiert?'" (Interview 01, 336).

Es lässt sich zusammenfassen, dass ein hoher Zeit- und Handlungsspielraum in den betrachteten Unternehmen als wichtig eingestuft wird. Führungskräfte greifen dabei wenig in die Arbeitsweise ein, solange die gesetzten Ziele erreicht werden. Hierbei stehen Führungskräfte vor der Herausforderung, ihr Vertrauen in Bezug auf die Zeitnutzung zu erteilen. Eine Einschätzung, wie viel Vertrauen jeweils angemessen ist, erfolgt auf Basis der vergangenen Erfahrungen. Dies wird in folgender Aussage verdeutlicht: „ich denke schon, dass das [Vertrauen] schon da ist, aber nichtsdestotrotz wird es erst wachsen, wenn man länger miteinander arbeitet und sich näher kennenlernt. Ich glaube, das ist ansteckend." (Interview 02, 253).

7.4.2 Verantwortungsvoller Umgang mit Zeit- und Handlungsspielraum: Problem Überlast

In den betrachteten Unternehmen ist insgesamt ein hoher Zeit- und Handlungsspielraum zu beobachten. Gleichzeitig wird das Problem einer hohen Auslastung bzw. einer Überlast-Situation von einigen Befragten thematisiert. Aufgrund des variierenden Umgangs mit Zeit liegt nahe, dass eine zu hohe Auslastung bei zu wenigen zur Verfügung stehenden Ressourcen eine Gefahr für die Beschäftigten darstellt, die unterschiedlich erlebt wird. Bei Überlast liegt jedoch eine Schwierigkeit in der Feststellung von Gründen. Dabei stellen sich die Fragen, ob tatsächlich externe Gründe vorliegen und ob Personen offen damit umgehen. Die folgenden Absätze beschäftigen sich mit Interviewaussagen zu diesen Fragen.

7.4.2.1 Gründe für Überlast

Auf Basis der zusammengefassten Interviewaussagen lassen sich einige Gründe für Überlast identifizieren. Dazu zählen *Informationsflut*, eine starke *Ergebnisorientierung*, *Entgrenzung aufgrund hoher Verantwortung, Leistungsdruck* sowie *Personalengpässe*. Durch diese Faktoren kann Zeitdruck entstehen, der bei anhaltender Belastung zu einer Überlast werden kann. Dieser Zustand zeigt sich an folgender Aussage: „'Ich traue mich gar nicht einen Termin zu machen, Sie sind ja immer zu.' Obwohl die dringend notwendig wären. Das sind so Sachen, so eine Herausforderung, vor der wir alle stehen." (Gruppendiskussion 2, 38) Beim Umgang mit den Belastungen gibt es differenzielle Unterschiede, wie an folgender Aussage deutlich wird: „… ich glaube nicht daran, dass eine Person generell schlecht ist, die passt einfach nicht in die Situation hinein, also [das] Schlüssel-Schloss-Prinzip funktioniert nicht. Also nochmal den Schlüssel ändern oder das Schloss und das ist Arbeit, ganz konkrete – vor Ort." (Interview 10, 48) In einem weiteren Interview weist ein Befragter darauf hin, dass es die Aufgabe von Führungskräften ist, auf die Einhaltung der Arbeitszeit zu achten, sodass nicht zu viel Mehrarbeit geleistet wird. (Interview 11, 101).

Anhand der Aussagen wird deutlich, dass Gründe für Überlast in den Personen, in organisationalen Aspekten sowie in anderen externen Faktoren liegen können.

7.4.2.2 Umgang mit Überlast

Überlastsituationen werden in den Unternehmen meist erst spät erkannt und auch wenn sie bekannt sind, werden oft unzureichende Maßnahmen getroffen. Es scheint, als würde ein *Gewöhnungseffekt* eintreten, sodass ursprünglich als beanspruchend wahrgenommene Situationen zur Normalität werden. In Abgrenzung zu der als negativ beurteilten Überlastung berichten die Befragten, dass arbeitsintensive Phasen durch den Produktzyklus bedingt sein können. Diese Ausnahmesituationen stellen für die Beschäftigten kein Problem dar, wenn im Anschluss ein *Freizeitausgleich* stattfindet.

Eine hohe Identifikation mit der eigenen Arbeit bzw. intrinsische Motivation können dazu führen, dass eine Überschreitung der eigenen Belastbarkeitsgrenze erst spät bemerkt wird. So berichtet ein Interwieter: „… manche Leute empfinden ja so einen negativen Stress, das empfinde ich noch gar nicht mal, aber man merkt eben am Ende trotzdem, dass der Körper dann …wahrscheinlich nicht mehr so will. Du kannst eben nicht auf Dauer dann immer so." (Interview 06, 91) Betroffene können individuell mit den hohen Anforderungen umgehen, indem sie ihre *persönlichen Ressourcen* im Umgang mit Stress steigern. Neben einer *gelassenen Einstellung* sind verschiedene Techniken im Umgang mit Zeit hilfreich. Dabei wurde eine *strukturierte Arbeitsweise* genannt, um unter Zeitdruck nicht den Überblick zu verlieren. Auch ein *organisationales Gesundheitsmanagement* mit regelmäßigen Angeboten kann bei der Bewältigung von Stress unterstützen.

Häufiger wurde jedoch genannt, dass die Anforderungen angepasst werden sollten, da diese das grundlegende Problem darstellen. Das heißt, dass sich Teammitglieder gegenseitig entlasten können oder Aufgaben umverteilt werden. Die *Unternehmen* und

Führungskräfte tragen dabei eine große Verantwortung. Zudem sind Arbeit und Privatleben in der modernen Arbeitswelt verflochten, was bedeutet, dass sich eine Überforderung im Privatleben auf das Arbeitsleben auswirken kann und umgekehrt. Ein
Interviewter erzählte davon, dass Mitarbeitende die verschiedenen Lebensbereiche
integrieren: „schon mal passiert, dass mir dann jemand hinterher in einem persönlichen
Gespräch erzählt hat, dass es persönliche Gründe hatte, warum da mal so ein Durch-
hänger da war… dann nehme ich denjenigen auch mal aus der Schusslinie, bzw. dann ist
es auch legitim, wenn jemand dann mal nicht 100 % bringt." (Interview 11, 164) Teams
oder Personen mit Entscheidungsbefugnis können bei starker Auslastung Einfluss darauf
nehmen, um der Entstehung von Stress entgegen zu wirken: „Das heißt, jeder Kunde,
der jetzt kommt und noch was haben will, der muss bis nächstes Jahr warten. Und damit
haben die sich auch so ein bisschen den Druck genommen, jetzt noch was aufnehmen zu
müssen. Die Erwartungshaltung bei den Adressaten wird quasi gesenkt." (Interview 11,
65) Auf organisationaler Ebene kann ein Ansatz darin liegen, Arbeitslast zwischen Teams
und Mitarbeitenden umzuverteilen, sodass die Auslastung möglichst homogen ist. (Interview 1, 318).

7.4.2.3 Auswirkungen von Überlast

Die Beobachtung zeigt ein einheitliches Bild im Unternehmensalltag: Terminkalender
sind voll, es gibt kaum Tage, die nicht bereits gefüllt sind. Neue Aufgaben sollen nach
Meinung Einzelner sofort erledigt werden. Die Beschäftigten können leicht den Überblick verlieren und Persönliches bleibt oftmals auf der Strecke. In Tab. 7.1 ist eine Übersicht über verschiedene Auswirkungen von Überlast mit passenden Interviewaussagen
dargestellt.

Die Überforderung durch anhaltenden Zeitdruck ist der Grund, dass manche Aufgaben zurückgestellt werden und dringliche Tätigkeiten Vorrang haben. Die Befragten,
die von Überlast betroffen waren, berichten von einhergehender Erschöpfung und Krank-
heit bzw. Präsentismus. Diese Schilderungen betreffen das individuelle Erleben. Darüber
hinaus wirken sich Überlastungssituationen auf die Team-Ebene aus. Der Zeitdruck führt
dazu, dass weniger Kommunikation stattfindet, längere Wartezeiten auftreten und nicht
alle Aufgaben gründlich bearbeitet werden können. Auf organisationaler Ebene sind
Auswirkungen in Form von deutlich erhöhten Fehlzeiten und einer hohen Fluktuation
beobachtbar.

7.4.2.4 Wahrnehmung von Überlast

Aus organisatorischer Perspektive wurde in Bezug auf Überlast gesagt: „Jeder Mensch
hat auch einen anderen Level wo für ihn der Stress beginnt, wenn eben, das kann man
glaube ich nicht verallgemeinern, wichtig ist, dass man die Mitarbeiter sensibilisiert
und auch die Vorgesetzten sensibilisiert, dass man es einfach merkt, wenn Hinweise
kommen, ob jetzt so ein Kurs im Zeitmanagement oder Coaching immer tatsächlich
auch das gewünschte Ergebnis bringt, ist sehr, sehr schwierig." (Interview 07, 169) Um
dies aufzugreifen, können Führungskräfte mit den Teammitgliedern Kontakt halten und

Tab. 7.1 Zusammenfassung der genannten Auswirkungen von Überlast

Auswirkung	Zitat
Nur die nötigsten Aufgaben erledigt	**„Das waren dann wirklich nur operative Sachen, also man konnte sich dann auch gar nicht um konzeptionelle Sachen kümmern."** **(Interview 12, 202)**
Überforderung	„Ich habe mich im Januar dann auch mal eine Woche rausnehmen lassen, weil ich wirklich nicht mehr wusste, noch ein, noch aus, nicht mehr richtig geschlafen und so etwas und habe dann halt für mich jetzt auch Konsequenzen dann gezogen, dass ich halt sage, dass ich die Themen mehr priorisiere" (Interview 12, 200)
Erschöpfung	**„Ich habe das nie selbst als so negativ empfunden und trotzdem merkt man, dass der Körper dann doch nicht mehr so will und wo ich dann auch Angst hatte…" (Interview 06, 96)**
Präsentismus	„Ich habe mich total schlecht gefühlt und ich war da auch noch krank eigentlich und [ich] habe da ganz viele Tabletten dann auch noch genommen. Weil ich von einem Tag zum anderen Tag [das Thema] beenden musste und die mir zu kurzfristig Bescheid gegeben hatten und das muss immer … in dem Fall abgestimmt werden. Und die Fälle waren aber an sich so gravierend, dass wir das wirklich machen mussten…" (Interview 06, 118)
Zeit für Kommunikation, Meetings, Vorbereitung von Meetings, Bearbeitung von E-Mails, Persönliches, Pausen, strategische Themen und Teamlernen fehlt	**„Jeder Mitarbeiter darf selber Punkte ins Protokoll anmelden. Das ist in allen Themen so. Ich will das besprechen. Und die Schwierigkeit ist in dem System, dass wir unterschiedliche Aggregatszustände haben, also erstens mal so strategische Grundsatzdinge und dann auf einmal [operative Fragen]…, ich schaffe das nie im Vorfeld, das ordentlich zu filtern, … Ich schaffe das einfach nicht." (10, 58)**

sollen ihre Empathie einsetzen, um Überlastsituationen auch bei virtueller Arbeit wahrzunehmen. Diese sind laut den Befragten bereits an kleinen Verhaltensänderungen oder Indizien bemerkbar. Beispielsweise können der Zeitstempel einer E-Mail in den Abendstunden oder eine hohe Termindichte im Kalender ein Hinweis sein. Auch ein kurzer Anruf kann bei der Einschätzung bereits helfen: „Ob sie damit zurechtkommt, ja, mit dem Arbeitspensum und darüber kommt man ins Gespräch und zugleich stelle ich auch fest, dass Kollegen feinfühlig sind, wenn es andersherum mich mal betrifft, dass Nachfragen an mich kommen, wie es mir damit geht." (Interview 05, 157).

Führungskräfte sind gefragt, im Umgang mit Zeit anzuleiten, wenn sich die Mitarbeitenden selbst zu sehr verausgaben. Dazu erklärt eine Führungskraft, wie sie mit dieser Herausforderung umgeht: „Also da muss man immer wieder mit der Person sprechen und sagen: ‚Du darfst dich nicht rausreißen lassen, die Dinge müssen am besten über mich laufen, ich kann besser einschätzen, wer in der Abteilung noch ein bisschen mehr Puffer hat, um mit dem anderen zu sprechen.' ... Also, wenn das Arbeitspensum dann nicht so voll ist, dann fällt das nicht so auf. Und sobald es dann wieder alles voll ist mit Terminen, da muss man wieder einschreiten." (Interview 02, 209).

Folgende Kriterien, an denen Überlast frühzeitig erkannt werden kann, wurden von den Befragten genannt:

- Verändertes Verhalten bzw. soziale Interaktion ist verändert, z. B. Ton bei Telefonaten ist verändert oder Konzentration ist gestört, Gereiztheit oder „kurz angebunden sein" in Telefonaten
- Mehr Arbeit wird an Kollegen/innen abgegeben
- Weniger dringliche Aufgaben werden zurückgestellt
- Wenig bis gar keine Zeit für Vorbereitung von Meetings oder Workshops
- Unzufriedenheit mit erzielten Ergebnissen
- Pause wird verspätet oder gar nicht angetreten
- Erhöhte Fluktuation und Fehlzeiten

7.4.3 Umgang mit Arbeitszeit: Typisierung der Mitarbeitenden nach Umgang mit Überlast

Fazit der Auswertung ist, dass Überlast ein zentrales Problem im Kontext eines hohen Zeit- und Handlungsspielraums darstellt. Es ist schwer zu erkennen, ob Personen tatsächlich betroffen sind. Da es von den Personen individuell abhängt, muss hier differenziert werden. Eine Typisierung der Mitarbeitenden nach dem Umgang mit Zeit kann Entscheidungsträgern helfen, auf die individuellen Bedürfnisse einzugehen.

Die Typisierung kann nach zwei Kriterien vorgenommen werden (vgl. Tab. 7.2). Zum einen beeinflusst die Einstellung der Betroffenen den Umgang: hier stellt sich also die

Tab. 7.2 Vier-Felder-Tafel zur Typisierung im Umgang mit Überlast

Überlast „ja", Thematisieren „ja" **„Problem solver"**	Überlast „ja", Thematisieren „nein" **„Problem denier"**
Überlast „nein", Thematisieren „ja" **„Problem seeker"**	Überlast „nein", Thematisieren „nein" **„Healthy workers"**

Frage, ob sie Überlast thematisieren; zum anderen ist zunächst festzustellen, ob objektiv eine Überlastsituation vorliegt. Diese Typisierung ist als Modell zu verstehen, welches Anhaltspunkte für eine Differenzierung gibt – die Grenzen sind dabei fließend.

7.5 Empfehlungen für die Gestaltung virtueller Führung

Aus den Ergebnissen geht hervor, dass Überlast ein zentrales Problem bei vielen virtuell Arbeitenden darstellt. Die Rolle von Führungskräften verändert sich und ihr Eingreifen in neuen Situationen ist gefragt. Aufgrund der Interviews und Gruppendiskussionen ist klar zu erkennen, dass das erforderliche Umdenken in Bezug auf Zeit- und Handlungsspielraum Offenheit und Sensibilität erfordert.

Welches Mindset für virtuelle Führung angemessen ist, lässt sich anhand des qualitativen Vorgehens beantworten: Führungskräfte sollten proaktiv Kontakt mit den Mitarbeitenden halten, an deren Wohlbefinden interessiert sein und ein Gespür dafür entwickeln, in welchen Aspekten sie den Teammitgliedern vertrauen können. In diesen Aspekten kann und soll Verantwortung bzw. Kontrolle abgegeben werden. Um möglichst gut mit verschiedenen Situationen umgehen zu können, bieten sich einige Strategien an, die in den folgenden Abschnitten dargestellt sind.

7.5.1 Gestaltungsansätze für genannte Herausforderungen

Eine Herausforderung besteht in der Förderung von Vertrauen und der Kommunikation in virtuellen Teams. Aus den Interviews geht hervor, dass diese Herausforderung bewältigbar ist und sogar das gleiche Vertrauensniveau erreicht werden kann wie in Präsenzteams. Die Bedingungen dafür sind zwei wesentliche Punkte: Zeit und Raum. Um ein hohes Vertrauensniveau in virtuellen Teams zu erreichen, wird Zeit benötigt. Soll das Team also nur für ein paar Wochen oder Monate zusammenarbeiten, dann kann ein Vertrauensvorschuss sinnvoll sein. Jedoch war diese kurzzeitige Projektarbeit in der betrachteten Stichprobe nicht vertreten. Analog zu Teamentwicklungsprozessen (Tuckman und Jensen 2010) ist davon auszugehen, dass sich die Entwicklung in virtuellen Teams langsamer abspielt als in Präsenzteams. Der zweite wesentliche Ansatz liegt im Raum: wenn Teammitglieder die Möglichkeit haben, sich persönlich kennenzulernen, gibt es i. d. R. einen Sprung in der Vertrauensentwicklung. Reisezeit und -kosten sind demnach als Investition in die Teamentwicklung zu betrachten. Bei einem hohen Vertrauensniveau ist davon auszugehen, dass sich auch die Kommunikation positiv entwickelt.

Wenn virtuell arbeitende Teams in ihrer Teamentwicklung noch nicht weit fortgeschritten sind, jedoch das entsprechende Mindset vertreten, dann können die Teammitglieder durch verschiedene Maßnahmen aktiv an der Entwicklung von Zeitkompetenz und Vertrauen arbeiten. Dazu sei auf den *Kompass – Zeit & Vertrauen*[1] verwiesen, in dem sich viele unterschiedliche Anregungen für verschiedene Situationen finden. Er wurde in Zusammenarbeit mit Praxispartnern entwickelt und von den Unternehmen im Test als hilfreich im Aufbau von Zeitkompetenz und Vertrauen bewertet. Wichtige Forschungsergebnisse wurden dabei aufgegriffen: Förderung wertschätzender Kommunikation, Führungskompetenz in virtuellen Arbeitsstrukturen, Erreichbarkeit, verbindliche Regelungen sowie Impulse zur Förderung von Kohäsion.

Im Rahmen des beschriebenen Mindsets gibt es einige konkrete Handlungen, die aktiv verfolgt werden können. Diese können Führungskräften im Rahmen von Trainings oder sensibilisierenden Gesprächen vermittelt werden. Eine Übersicht über zentrale Gestaltungsansätze findet sich in Tab. 7.3.

7.5.2 Führung bei unterschiedlichem Umgang mit Überlast

Die Zeit, die Führungskräfte nutzen, um anzuleiten, richtet sich nach dem Bedarf bei den einzelnen Personen. Beispielsweise brauchen Beschäftigte, die neu im Unternehmen anfangen meistens mehr Aufmerksamkeit als Mitarbeitende, die dort schon seit Jahren beschäftigt sind. Der Befürchtung, das Vertrauen könne ausgenutzt werden oder Mitarbeitende könnten sich bei hoher Eigenverantwortlichkeit selbst überfordern, kann anhand einer möglichst objektiven Einschätzung entgegengewirkt werden. Dazu dient die Vier-Felder-Tafel (Tab. 7.2).

Im letzten Beispiel in Tab. 7.3 zeigt sich eine Situation, die nicht leicht zu bewältigen ist: Eine Führungskraft stellt fest, dass ein Teammitglied überlastet ist und Unterstützung benötigt. Wie bereits aufgeführt, kann unterteilt werden, ob Überlast vorliegt und ob Betroffene offen damit umgehen. Damit ein situativer Umgang möglich ist, empfehlen sich unterschiedliche Herangehensweisen für die vier Kombinationen. Die Typisierung ist verallgemeinert und gibt eine Tendenz wieder. Bei der Anwendung sollte eine Adaption entsprechend der individuellen Unterschiede der betroffenen Person erfolgen.

7.5.2.1 Führung von Problem Solvers

Mitarbeitende, die überlastet sind und dies offen thematisieren, die Problem Solvers, wollen etwas an ihrer Situation ändern. Führungskräfte können ihnen dabei helfen, indem sie die Anliegen ernst nehmen und bei der Umsetzung organisational unterstützen. Sie können anregen, Ressourcen und Anforderungen zu analysieren und Fehlbelastungen zu reduzieren. Führungskräfte können zudem als Vorbild fungieren, indem sie Zeitkompetenz und Gelassenheit vorleben.

---

[1]Der Kompass – Zeit & Vertrauen ist im Rahmen des Projekts vLead entstanden und kann unter www.vLead.de als PDF heruntergeladen werden.

Tab. 7.3 Handreichung für die Gestaltung virtueller Teamarbeit

Ziel	Handlung	Beispiel
Führen offener Gespräche	Legen Sie ein regelmäßiges Intervall fest, in dem Sie Teammitglieder anrufen. Dabei können Sie Inhalte thematisieren, die über den Arbeitsalltag hinausgehen. Anhand solcher offenen Gespräche wird es Ihnen leichter fallen, empathisch auf die Teammitglieder einzugehen	Eine Führungskraft ruft ein Mal pro Monat ein Teammitglied an und beide sprechen über Persönliches, wie z. B. die Gestaltung des Wochenendes. Im nächsten Monat wird ein anderes Teammitglied angerufen
Gestaltung von Kommunikationsstrukturen	Halten Sie ein Meeting (in Präsenz oder als Videokonferenz) ab, in dem es nur um die Kommunikation im Team geht. Dabei können verschiedene Aspekte, wie etwa die Erreichbarkeit oder die Verbindlichkeit von Zusagen, thematisiert werden	Ein Team trifft sich ein Mal pro Jahr an einem zentral gelegenen Ort. Der Nachmittag wird für die Reflexion der Kommunikation im Team genutzt. Dabei wird z. B. angesprochen, dass oft unklar ist, wer für bestimmte Aufgaben zuständig ist
Entwicklung von Transparenz	Machen Sie alle Informationen dem gesamten Team zugänglich. Das zeigt zum einen Vertrauen, zum anderen können Teammitglieder so voneinander lernen	In der Cloud sind alle Dokumente und Präsentationen thematisch sortiert abgelegt. Wenn eine Person z. B. ein Angebot einholen möchte, kann sie auf die Formulierung in älteren Angeboten zurückgreifen
Entwicklung von E-Leadership-Kompetenz	Setzen Sie sich aktiv damit auseinander, in welchen Handlungsfeldern Sie sich weiterentwickeln können: in der Beziehung zu Teammitgliedern, im Punkt Zeit- und Handlungsspielraum, in Bezug auf Koordination und Orientierung oder bei der individuellen Entwicklung der Teammitglieder	Eine Führungskraft ist sich nicht sicher, ob den Teammitgliedern zu viel Zeit- und Handlungsspielraum gewährt wurde, weil sie „gestresst" wirken. In Gesprächen versucht die Führungskraft, die Einschätzung zu überprüfen. Bei einem Teammitglied zeigt sich tatsächlich eine Überlast und Schritte zur Entlastung werden eingeleitet

7.5.2.2 Führung von Problem Deniers

Diese Maßnahmen umzusetzen ist für Problem Deniers schwieriger. Sie sind zwar auch von Überlast betroffen, wollen aber i. d. R. nicht darüber sprechen oder sehen selbst kein Problem. Dies kann u. a. an einem übersteigerten Leistungsmotiv oder einer starken Karriereorientierung liegen. Wenn Führungskräfte oder Teammitglieder bemerken, dass Mitarbeitende über einen längeren Zeitraum zu viel arbeiten, dann können sie ihre Beobachtung der betroffenen Person mitteilen. In einem offenen und wertschätzenden Gespräch können mögliche Lösungen thematisiert werden.

7.5.2.3 Führung von Problem Seekers

Einen Sonderfall stellen Personen dar, die sagen, dass sie unter Überlast leiden, obwohl dies objektiv nicht nachvollziehbar ist. Die Problem Seekers sind entweder tatsächlich davon überzeugt überlastet zu sein oder sie geben es vor. Für Führungskräfte ist es dabei wichtig herauszufinden, welches Motiv sich hinter der Einstellung verbirgt. Gespräche mit den Betroffenen oder Teammitgliedern können bei einer Einschätzung helfen. Eventuell braucht die oder der Problem Seeker eine Schulung zur Förderung von Zeitkompetenz oder Stressbewältigung. Um jedoch lösungsorientiert vorgehen zu können, ist sowohl aufseiten der Führungskräfte als auch der Mitarbeitenden ein passendes Mindset notwendig.

7.5.2.4 Führung von Healthy Workers

Personen, die nicht überlastet sind und einen offenen Umgang pflegen, brauchen grundsätzlich weniger Aufmerksamkeit. Ihr Status kann sich jedoch verändern, daher ist zu empfehlen, sie im Blick zu behalten und ihnen Anerkennung für ihr Engagement zu zeigen. Maßnahmen sind nicht erforderlich.

Führung auf Distanz unterliegt anderen Anforderungen als in Präsenzteams. Daher gilt es, diese Anforderungen als gegeben zu akzeptieren und entsprechende Ressourcen zur Bewältigung zur Verfügung zu stellen. Schließlich hat virtuelle Teamarbeit viele Vorteile. Die Mitglieder virtueller Teams können mitunter ihren Wohnort frei wählen und bei Home-Office Fahrzeiten reduzieren. Unternehmen können Experten aus unterschiedlichen Standorten leichter zusammenbringen. Flexible Arbeitszeitmodelle sind möglich, wenn Teams aufgrund des zeitlichen Aspekts virtuell arbeiten. Manche berichten sogar, dass sie sich bei virtueller Teamarbeit besser konzentrieren können.

Virtuelle Teamarbeit birgt zwar Risiken, jedoch können sie reduziert werden, wenn die obigen Empfehlungen berücksichtigt werden. Beispielsweise liegt es in der Verantwortung von Führungskräften, auf die Gesundheit und Auslastung der Mitarbeitenden zu achten. Ein Umgang mit den neuen Anforderungen ist erlernbar, wie Berichte aus den untersuchten Unternehmen zeigen. Es lohnt sich also, die Vorteile von virtueller Teamarbeit zu nutzen, da diese Arbeitsweise sich auszahlt, wenn sie einmal erlernt und umgesetzt wurde. Außerdem zeigten die Interviews analog zur Feldtheorie, dass sowohl Person als auch Situation bzw. Umgebung das Verhalten bestimmen (Lewin 2013). Dies zeigt sich auch bei Führung auf Distanz.

Die Empfehlungen gelten v. a. für Führungskräfte, jedoch hat sich in der Unternehmenspraxis gezeigt, dass auch andere Teammitglieder Verantwortung übernehmen können. In Unternehmen im Projekt vLead war während eines Zeitraums von zwei Jahren ein Wandel hin zu selbstorganisierten Teams zu beobachten. Dabei wurde klar: Die Rolle von Führungskräften besteht zunehmend darin, als „servant leader" ein selbstorganisiertes Team wertschätzend und respektvoll zuunterstützen (Pörksen und Schulz von Thun 2020, S. 37). Dies reicht so weit, dass der Begriff „Führung" innerhalb der Teams infrage gestellt wird, obwohl Personen explizit Führungsaufgaben übernehmen. Große Zeit- und Handlungsspielräume können folglich in der Praxis zu gut funktionierender Teamarbeit beitragen. An dem beobachteten Wandel wird auch das Mindset für virtuelle Teamarbeit deutlich, welches von der Bereitschaft zum Perspektiv- und Paradigmenwechsel und stetiger Kompetenzentwicklung sowie flachen Hierarchien geprägt ist.

Literatur

Ale Ebrahim N, Ahmed S, Taha Z (2009) Virtual teams: a literature review. Aust J Basic Appl Sci 3(3):2653–2669

Avolio BJ, Kahai S, Dodge GE (2000) E-leadership. Implicationsfor theory, research, and practice. Leadersh Quart 11(4):615–668

Bakker AB, Demerouti E (2014) Job demands-ressources theory. In: Chen PS, Cooper LC (Hrsg) Work and wellbeing. Wellbeing: a complete reference guide III, Wiley-Blackwell, Chichester

Bennett EE (2010) The coming paradigm shift: synthesis and future directions for virtual HRD. Adv Developing Hum Resour 12(6):728–741. https://doi.org/10.1177/1523422310394796

Chudoba KM, Wynn E, Lu M, Watson-Manheim MB (2005) How virtual are we? Measuring virtuality and understanding its impact in a global organization. Inf Syst J 15(4):279–306

Cleary M, Hungerford C, Lopez V, Cutcliffe JR (2015) Towards effective management in psychiatric-mental health nursing: the dangers and consequences of micromanagement. Issues Mental Health Nurs 36(6):424–429. https://doi.org/10.3109/01612840.2014.968694

Germain ML, McGuire D (2014) The role of swift trust in virtual teams and implications for human resource development. Adv Dev Hum Resour 16(3):356–370

Grawe K. (2004) Psychological Therapy. Hogrefe & Huber Publishers, Göttingen, Washington

Hellert U (2018) Arbeitszeitmodelle der Zukunft. Arbeitszeiten flexibel und attraktiv gestalten, 2. Aufl. Haufe, Freiburg

Hellert U, Krol B, Tegtmeier P (2013) Innovative Arbeitszeitgestaltung und Zeitkompetenz bei einem Studium neben dem Beruf. In: Hellert U (Hrsg) iap Schriftreihe, Bd 5. MA Akademie, Essen

Hellert U, Müller F, Mander R (2018) Zeitkompetenz, Vertrauen und Prozessfeedback im Virtual Work Resource Model. In: Hermeier B, Heupel T, Fichtner-Rosada S (Hrsg) Arbeitswelten der Zukunft. Springer, Wiesbaden

Hellert U, Sichert-Hellert W, Sträde K (2009) Präventive Arbeitsgestaltung zur Förderung der Beschäftigungsfähigkeit in der IT-Wirtschaft im Kontext von Arbeitszeit, Gesundheit und Stress. In: Gesellschaft für Arbeitswissenschaft e. V. (Hrsg) 55. Frühjahrskongress der Gesellschaft für Arbeitswissenschaft: Arbeit, Beschäftigungsfähigkeit und Produktivität im 21. Jahrhundert. GfA Press, Dortmund

Hofert S (2018) Das agile Mindset Mitarbeiter entwickeln Zukunft der Arbeit gestalten. Springer, Wiesbaden.

Hollmann S, Hellert U, Schmidt KH (2005) Anforderungen an eine zielbezogene Selbststeuerung im Rahmen hochflexibler Arbeitszeitmodelle. Themenheft „Faktor Zeit". Wirtschaftspsychologie 7(3):2005 (Mieg, Harald A. (Hrsg))

Karasek Jr RA (1979) Job demands, job decision latitude, and mental strain: Implications for job redesign. Administrative science quarterly: 285–308.

Lewin K (2013) Principles of Topological Psychology, Read Books Ltd

Lilian SC (2014) Virtual teams: opportunities and challenges for e-leaders. Procedia-Soc Behav Sci 110:1251–1261

Luhmann N (2009) Vertrauen, 5. Aufl. UVK, Konstanz, München

Müller F, Mander R, Hellert U (2017) Virtuelle Arbeitsstrukturen durch Vertrauen, Zeitkompetenz und Prozessfeedback fördern. Gruppe. Interaktion. Organisation. Z Angewandte Organisationspsychologie (GIO) 48(4):279–287

Pörksen B, Schulz von Thun F (2020) Die Kunst des Miteinander-Redens. Hanser, München

Schmidt K-H, Neubach B (2009) Selbstkontrollanforderungen als spezifische Belastungsquelle bei der Arbeit. Z Personalpsychologie 8:169–179

Tegtmeier P, Hellert U (2015) Wie gelingt die Erholung bei einem Studium neben dem Beruf? Z Arb Wiss 69(2015):1

Tuckman BW, Jensen MAC (2010) Stages of small-group development revisited. Group Facilitation: Res Appl J 10:43–48

Open Access Dieses Kapitel wird unter der Creative Commons Namensnennung 4.0 International Lizenz (http://creativecommons.org/licenses/by/4.0/deed.de) veröffentlicht, welche die Nutzung, Vervielfältigung, Bearbeitung, Verbreitung und Wiedergabe in jeglichem Medium und Format erlaubt, sofern Sie den/die ursprünglichen Autor(en) und die Quelle ordnungsgemäß nennen, einen Link zur Creative Commons Lizenz beifügen und angeben, ob Änderungen vorgenommen wurden.

Die in diesem Kapitel enthaltenen Bilder und sonstiges Drittmaterial unterliegen ebenfalls der genannten Creative Commons Lizenz, sofern sich aus der Abbildungslegende nichts anderes ergibt. Sofern das betreffende Material nicht unter der genannten Creative Commons Lizenz steht und die betreffende Handlung nicht nach gesetzlichen Vorschriften erlaubt ist, ist für die oben aufgeführten Weiterverwendungen des Materials die Einwilligung des jeweiligen Rechteinhabers einzuholen.

Team- und Projektarbeit in der digitalisierten Produktentwicklung

8

Victoria Zorn, Julian Baschin, Nine Reining, David Inkermann, Thomas Vietor und Simone Kauffeld

8.1 Einführung

Die fortschreitende Globalisierung und Digitalisierung verändern die Arbeitswelt (Franken 2016). Technologische Innovationen bieten bereits seit längerer Zeit Möglichkeiten zur standortverteilten, virtuellen Zusammenarbeit, um beispielsweise Fachkräfte ortsunabhängig anzuwerben und zu beschäftigen (Lipnak und Stamps 1998) oder Zusammenarbeitsformen und Prozesse zu flexibilisieren (Hirsch-Kreinsenet al. 2015).

V. Zorn (✉) · N. Reining · S. Kauffeld
Abteilungs für Arbeits-, Organisations- und Sozialpsychologie, Institut für Psychologie,
Technische Universität Braunschweig, Braunschweig, Deutschland
E-Mail: v.zorn@tu-bs.de

N. Reining
E-Mail: n.reining@tu-bs.de

S. Kauffeld
E-Mail: s.kauffeld@tu-braunschschweig.de

J. Baschin · T. Vietor
Universität Braunschweig, Institut für Konstruktionstechnik, Technische,
Braunschweig, Deutschland
E-Mail: j.baschin@tu.bs.de

T. Vietor
E-Mail: t.vietor@tu-braunschweig.de

D. Inkermann
Technische Universität Clausthal, Institut für Maschinenwesen,
Clausthal-Zellerfeld, Deutschland
E-Mail: inkermann@imw.tu-clausthal.de

© Der/die Autor(en) 2021   155
S. Mütze-Niewöhner et al. (Hrsg.), *Projekt- und Teamarbeit in der digitalisierten
Arbeitswelt*, https://doi.org/10.1007/978-3-662-62231-5_8

Zudem wird durch Automatisierung, Cyber-Physische Systeme oder Werkerassistenz-systeme die Ausführung von physischer Arbeit unmittelbar verändert (Blumberg und Kauffeld 2020; Lanting und Lionetto 2015).

Für den Anlagen- und Maschinenbau ergeben sich daraus nicht nur Veränderungen darin, wie gearbeitet wird, sondern auch eine zunehmende Komplexität der zu ent-wickelnden Produkte, da Hardware wie Maschinen oder Anlagen mit Software kombiniert werden müssen (Eigner et al. 2014). Zugleich bietet sich dadurch die Gelegenheit zur digitalen Erweiterung bestehender Produkte und Dienstleistungen (Born 2018), beispielsweise durch die Verwendung von Sensordaten zur Steuerung von Produktionsprozessen (Lanting und Lionetto 2015). Um dies bewerkstelligen zu können, findet Produktentwicklung häufig in interdisziplinären Projektteams statt, die durch Strukturen und Technologien in ihrer zunehmend komplexen Zusammenarbeit unter-stützt werden müssen (Bavendiek et al. 2018; Badke-Schaub und Frankenberger 2004). Digitalisierungsbedingte Veränderungen beschränken sich also nicht nur auf das zu ent-wickelnde Produkt und die zur Verfügung stehenden bzw. genutzten technologischen Hilfsmittel, sondern auch Arbeitsprozesse und soziale Aspekte von Arbeit sind betroffen (Paulsen et al. 2020; Sträter und Bengler 2019).

Im Alltag stellt sich dann die Produktentwicklung beispielsweise wie folgt dar: Ein Kunde bestellt eine Maschine und nach Auftragsklärung durch die Vertriebs-abteilung beginnt die Produktentwicklung. Dazu entwickeln Mitarbeitende aus ver-schiedenen Fachdisziplinen die einzelnen Teilkomponenten der Maschine wie Hydraulik, Elektronik oder Steuerungssoftware. Die Mitarbeitenden nutzen verschiedene Techno-logien zur Erfüllung ihrer Aufgaben, z. B. CAx-Systeme (CA: Computer Aided) zur Erstellung von digitalen 3D-Modellen, Simulationen und der Produktionsplanung oder Kommunikationsmedien wie E-Mails oder Telefonanrufe zur Abstimmung mit anderen Abteilungen. Im Laufe des Produktentwicklungsprozesses ergeben sich Änderungen, z. B. Modifizierungen am Design, um die Funktionsfähigkeit zu optimieren oder auf nachträgliche Kundenanforderungen zu reagieren. Auch können sich zwischen Produkt-entwicklungsprojekten externe Änderungen ergeben, bspw. hinsichtlich gesetzlicher Regelungen oder der Nachfrage bestimmter Produkte oder Produktfunktionalitäten am Markt. Diese Änderungen müssen dann in den darauffolgenden Projekten berücksichtigt werden, sodass Prozesse und Tätigkeiten immer wieder angepasst werden müssen.

Die Produktentwicklung weist damit die wichtigsten Merkmale eines sozio-technischen Systems auf: Um die Entwicklung eines Produktes (primäre Arbeitsauf-gabe) leisten zu können, arbeiten Mitarbeitende mit Technik (soziales und technisches Teilsystem) unter komplexen Bedingungen (Offenheit gegenüber der Umwelt) und müssen immer wieder auf Änderungen reagieren (Unvollkommenheit des Systems) (Maguire 2014; Ulich 2013). Für soziotechnische Systeme ist wiederum eine ganzheit-liche Betrachtung notwendig, um der Komplexität des Systems gerecht zu werden und passende Lösungen zu finden (Davis et al. 2014; Maguire 2014). Werden nur einzelne Aspekte berücksichtigt, ist das Risiko sehr hoch, erfolgskritische Wechselwirkungen zu übersehen (Davis et al. 2014). Da Produktentwicklung als soziotechnisches System zu verstehen ist (Crowder et al. 2003), sind zur Beschreibung, Analyse und Gestaltung Modelle notwendig, die Produktentwicklung möglichst ganzheitlich abbilden (Bavendiek et al. 2018).

Speziell für die Produktentwicklung gibt es jedoch nur sehr wenige solche Ansätze (Bavendiek et al. 2018; Wallace et al. 2001). Bisher lag der Fokus eher auf einzelnen Aspekten wie z. B. Unterstützung durch Informations- und Kommunikationstechnologien (IKT; Talas et al. 2017) oder Wissensverteilung (Robin et al. 2007). Diese Ansätze berücksichtigen in der Regel auch die Mitarbeitenden (z. B. Robin et al. 2007) und erfassen teilweise auch deren Perspektive in Bezug auf prozess- oder technologieorientierte Aspekte (z. B. Crowder et al. 2003). Systematische, umfassende Betrachtungen mit dem Detaillierungsgrad soziotechnischer Systemanalysen (z. B. der MTO-Analyse nach Ulich 2013) sind dagegen selten. Vor dem Hintergrund der digitalisierungsbedingten, zunehmenden Komplexität in der Produktentwicklung besteht daher ein Bedarf an ganzheitlicheren Modellen, die sowohl die relevanten Elemente (z. B. Technologien, Prozesse, Mitarbeitende) als auch deren Interaktion beschreiben. Nur so können Veränderungen in ihrer Komplexität analysiert und erfolgreich gestaltet werden.

Hier setzt das BMBF- und ESF-geförderte Verbundprojekt „KAMiiSo: Digitale Hilfsmittel für Kommunikation und Methodeneinsatz in der standortübergreifenden Produktentwicklung" an. Ziel des Projektes ist es, kleinen und mittelständischen Unternehmen aus dem Anlagen- und Maschinenbau mit Hilfsmitteln, Methoden und IT-Tools bei der interdisziplinären, standortverteilten Produktentwicklung zu unterstützen. Durch die Digitalisierung bieten sich in diesem Bereich eine Vielzahl neuer Möglichkeiten, von virtuellem Prototyping (Horváth et al. 2010) bis hin zu komplexen, kollaborativen Entwicklungsaktivitäten mittels IKT (Talas et al. 2017). Um Nutzen und Konsequenzen von einzelnen Digitalisierungsvorhaben einschätzen zu können, braucht es ein fundiertes, anwendbares Modell, das durch eine ganzheitliche Betrachtung Einblicke in möglichst viele potenziell betroffene Bereiche erlaubt.

8.2 Das 3-Sichten-Modell

Dem Verbundprojekt liegt ein Modell zugrunde, das eine ganzheitliche Betrachtung von Entwicklungsaktivitäten anstrebt. Als Ausgangspunkt wurden etablierte Ansätze zur Strukturierung von Produktentwicklungsprojekten in Teilsysteme (z. B. Browning et al. 2006; Negele et al. 1997) aufgegriffen. Diese Ansätze fokussieren häufig nur den Zielzustand und dies zudem nur auf übergeordneter Ebene, bspw. indem organisationale Strukturen, Mitarbeitende und Ressourcen als ein Teilsystem zusammengefasst werden (Negele et al. 1997). Dies erschwert die praxisbezogene Nutzung solcher Ansätze, weil Status Quo und damit Abweichungen vom Zielzustand nicht berücksichtigt werden. Darüber hinaus müssen konkrete Analyse- und Gestaltungskriterien zur Anwendung dieser Modelle jeweils abgeleitet werden, da die übergeordnete Betrachtungsebene kaum spezifische Kriterien bereitstellt. Aus diesem Grund wurde die soziotechnische Systemperspektive aufgegriffen, die Arbeitseinheiten als komplexes System betrachtet, das aus verschiedenen Teilsystemen besteht (z. B. Davis et al. 2014; Maguire 2014). Den Ansätzen aus der Produktentwicklung und dem soziotechnischen Systemansatz ist gemein, dass sie eine ganzheitliche Betrachtung fordern, um Veränderungen und ihre Auswirkungen möglichst umfassend berücksichtigen zu können (z. B. Maguire 2014; Negele et al. 1997). Die soziotechnische Systemperspektive betrachtet aber neben dem Zielzustand auch den Ausgangszustand eines Systems und bietet bereits Analysevorgehen (z. B. MTO-Analyse n. Ulich2013) sowie konkrete Gestaltungskriterien (z. B. Pasmore et al. 2019).

Aus diesen Überlegungen entstand das 3-Sichten-Modell, das möglichst konkret die Analyse, Beschreibung und Gestaltung von Produktentwicklungsprojekten ermöglichen soll. Das 3-Sichten-Modell betrachtet daher Entwicklungsaktivitäten auf Prozess-, Methoden- und Kompetenzebene (s. auch Abb. 8.1; Bavendiek et al. 2017). Die Prozesssicht betrachtet dabei speziell Aspekte des Ablaufs und der Organisation. Ein Prozess ist dabei eine Abfolge von einzelnen Aktivitäten, die miteinander in Verbindung stehen, um ein Ziel zu erreichen. Zusätzlich zu Aktivitäten werden auch Informationsflüsse und Stakeholder mit betrachtet. Die Methodensicht fokussiert neben Methoden (z. B. Fehlermöglichkeits- und Einflussanalysen, kurz FMEA) und Hilfsmitteln (z. B. Checklisten) auch Technologien, die die Tätigkeit der Mitarbeitenden im Entwicklungsprozess unterstützen können. Diese Technologien und Werkzeuge befassen sich nicht nur mit fachlich notwendigen (z. B. CAx-Systeme) sondern auch mit solchen zur Kommunikation und Kollaboration. Die Kompetenzsicht betrachtet fachliche und überfachliche Kompetenzen und Qualifikationen der beteiligten Mitarbeitenden. Sowohl Prozessschritte als auch Methoden und Technologien verlangen einerseits bestimmte

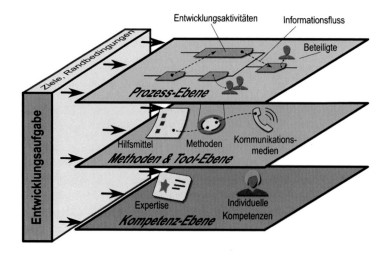

Abb. 8.1   3-Sichten-Modell der Produktentwicklung. (in Anlehnung an Bavendiek et al. 2017)

(fachlich-methodische) Kompetenzen und Qualifikationen von den Mitarbeitenden, andererseits fordert die Zusammenarbeit mit anderen Teammitgliedern überfachliche Kompetenzen wie bspw. Kommunikationskompetenzen oder Zeitmanagement (s. Kauffeld und Paulsen 2018). Die Interaktionen innerhalb der einzelnen Sichten sowie zwischen den Sichten werden in diesem Modell explizit adressiert (Bavendiek et al. 2017, 2018). Die jeweilige Entwicklungsaufgabe stellt dabei einen wichtigen Rahmen dar und beinhaltet projektspezifischen Vorgaben wie Ziel (z. B. Produkt oder Produkteigenschaften, Verwendungszweck usw.) oder Randbedingungen (z. B. Deadlines, spezielle Anforderungen o. ä.). Da diese Entwicklungsaufgabe einerseits für jedes Produktentwicklungsprojekt spezifisch ist und andererseits zum großen Teil im Kunden- bzw. Arbeitsauftrag beschrieben ist, steht die Entwicklungsaufgabe selbst für diesen Beitrag nicht im Fokus.

Für die tatsächliche Anwendung eines Modells in der Praxis ist entscheidend, dass das Modell selbst nicht zu abstrakt ist. Eine große Herausforderung für den Transfer in die Praxis ist häufig, dass Modelle zu allgemein sind und daher die Realität nicht mehr ausreichend konkret beschreiben können (z. B. Ehrlenspiel und Meerkamm 2013; Inkermann 2019). Dies lässt sich beispielsweise im modellbasierten Systems Engineering beobachten, wenn standardisierte Modelle und Notationen Elemente von Produkten oder Prozessen so generalisiert darstellen, dass eine konkrete Beschreibung derselben in einem Entwicklungsprojekt unter Verwendung der Standardisierung nicht mehr möglich ist (s. Inkermann 2019). Daraus ergibt sich für das 3-Sichten-Modell folgende grundlegende Fragestellung: Inwiefern ist das 3-Sichten-Modell geeignet, um Forschungs- und Entwicklungsprojekte zu gestalten und Mitarbeitende in der Projektarbeit zu unterstützen?

Obwohl dieses Modell bereits sehr umfassend ist, hat sich im Laufe des Verbundprojektes Ergänzungsbedarf gezeigt. Prozesse, Methoden, Technologien und Kompetenzen wurden bisher nur in Bezug auf die Aufgabe der Produktentwicklung betrachtet. Dies vernachlässigt aber einen zentralen Aspekt: Das Team, das die Aufgabe ausführt. Hieraus ergab sich daher im Laufe des Verbundprojektes die ergänzende, theoretisch-konzeptionelle Fragestellung, wie die Teamperspektive im 3-Sichten-Modell berücksichtigt werden kann.

Ziel dieses Beitrags ist es daher, das 3-Sichten-Modell um die Teamperspektive zu erweitern sowie Anwendung und Nutzen dieses Modells mithilfe von zwei Fallbeispielen zu verdeutlichen. Diese Fallbeispiele stammen von zwei Unternehmenspartnern aus dem Anlagen- und Maschinenbau, die im Zuge der Digitalisierung Veränderungen für ihre Produktentwicklung geplant und erprobt haben. Teamarbeit findet bei beiden Unternehmen im Rahmen von Projektteams statt. Mitarbeitende werden dazu je nach notwendigen Kompetenzen und Verfügbarkeit zu Projektteams zusammengestellt und bearbeiten dann als Team ein Produktentwicklungsprojekt zusammen. Während sich die genaue Zusammensetzung pro Team ändern kann, ist die Gesamtzahl an Mitarbeitenden in den beteiligten Abteilungen begrenzt und die Betriebszugehörigkeit der Mitarbeitenden beträgt meist mehrere Jahre. Selbst in einem neu zusammengesetzten

Projektteam ist die Wahrscheinlichkeit also eher hoch, dass die Teammitglieder vorher bereits zusammengearbeitet haben.

Die Fragestellung zur Berücksichtigung der Teamperspektive wird im Folgenden zuerst adressiert, um nachfolgend die Anwendung des 3-Sichten-Modells sowie die dazugehörigen Ergebnisse für die Lesenden zusammenhängend darzustellen.

8.3   Teams in der Produktentwicklung

Für die Entwicklung moderner Maschinen und Anlagen sind Wissen und Kompetenzen einer einzelnen Person längst nicht mehr ausreichend (Albers et al. 2009; Bavendiek et al. 2017). Produktentwicklung findet daher zunehmend in der Zusammenarbeit verschiedener Akteure und Disziplinen statt (engl. „collaborative design", Bavendiek et al. 2017, S. 350; Huth und Vietor 2020). Dazu werden einerseits Erkenntnisse und Kompetenzen aus verschiedenen Fachdisziplinen kombiniert (z. B. Maschinenbau und Softwareentwicklung), um Funktionalitäten zu erweitern, und andererseits wird standortübergreifend gearbeitet, um die Auslastung der Mitarbeitenden an variierende Auftragslagen anzupassen (Franken 2016; Huth und Vietor 2020).

Dies trägt zwar zur Bewältigung der Komplexität in Bezug auf die primäre Arbeitsaufgabe, d. h. die Entwicklung neuer Produkte, bei, steigert aber zugleich die Gesamtkomplexität im Arbeitssystem. Produktentwicklungsteams werden zwar in der Regel so zusammengesetzt, dass alle notwendigen Kompetenzen zur Erfüllung der fachlichen Anforderungen im Team vorhanden sind, sehen sich aber gleichzeitig mit zunehmenden Kommunikations- und Koordinationsaufgaben konfrontiert (Schleidt und Eigner 2010) und müssen im Falle standortübergreifender Zusammenarbeit auch mit Herausforderungen virtueller Zusammenarbeit umgehen (für eine Zusammenfassung siehe z. B. Boos et al. 2016; Kauffeld et al. 2016; Schulze und Krumm 2017). Dies zeigt sich auch in den gestiegenen Anforderungen an überfachliche, d. h. persönliche und soziale, Kompetenzen von Ingenieurinnen und Ingenieuren in der Produktentwicklung (Albers et al. 2009).

In bisherigen Betrachtungen wurden Teams als Form der Arbeitsorganisation in der Produktentwicklung zwar angenommen (z. B. Robin et al. 2007; Törlind und Larsson 2002), aber nicht als eigene Betrachtungsebene weiterverfolgt. Aus der Teamforschung ist aber bekannt, dass Teams zwischen Individuen und Organisationen eine unterscheidbare Ebene darstellen, die die ersteren beiden miteinander verknüpft (Cummings und Worley 2009).

Zu Teams liegen bereits umfangreiche Forschungsbefunde vor, die von allgemeinen Fragestellungen wie z. B. Formierungsprozesse in Teams (z. B. Tuckman 1965) bis hin zu spezialisierten Betrachtungen von Teams in bestimmten Kontexten (z. B. High Responsibility Teams; Hagemann et al. 2011) reichen. Für die Erweiterung des 3-Sichten-Modells der Produktentwicklung wurden zwei Aspekte von Teams ausgewählt: Teamkognition und Teamemotion.

8.3.1 Teamkognitionen – Geteilte mentale Modelle

Ein mentales Modell stellt generell eine Form von strukturiertem Wissen dar, das Menschen dazu benutzen, Ereignisse in ihrer Umwelt für sich zu beschreiben, zu erklären und Vorhersagen zu ihnen zu treffen (Rouse und Morris 1986). Geteilte mentale Modelle erweitern dies auf die Teamebene (vgl. Cannon-Bowers et al. 1993). Stimmen die mentalen Modelle der Teammitglieder überein, sind sie in der Lage, die Handlungen anderer Teammitglieder implizit vorherzusagen und ihre eigenen Handlungen daran anzupassen (Mathieu et al. 2000). Demnach benötigen Teammitglieder ein geteiltes Verständnis von ihrer Aufgabe und von ihrem Team, um komplexe Aufgaben effizient zu lösen, insbesondere wenn kaum Möglichkeit zur Abstimmung besteht (Ellwart et al. 2015; Mathieu et al. 2000).

Dabei ist zu beachten, dass geteilte mentale Modelle nicht allumfassend sind, sondern sich auf einen spezifischen Gegenstand beziehen, insbesondere im Teamkontext (Cannon-Bowers et al. 1993). Teams benötigen dabei insgesamt vier Typen geteilter mentaler Modelle, um erfolgreich arbeiten zu können (s. Cannon-Bowers et al. 1993): Modelle zur Aufgabe (z. B. zu Prozessen, Problemen, Lösungsstrategien), zur verfügbaren Ausrüstung (z. B. zu Funktionsweise von Technologien, vorhandene Hilfsmittel), zur Interaktion im Team (d. h. Rollen, Verantwortlichkeiten, Informationsflüsse etc.) sowie zu den einzelnen Teammitgliedern (z. B. zu Kompetenzen, Ansichten usw.). Forschungsbefunde sprechen dafür, dass geteilte mentale Modelle über Teamprozesse einen positiven Einfluss auf die Teamleistung haben (Mathieu et al. 2000). Geteilte mentale Modelle entwickeln sich zudem im Laufe der Zeit, sind also dynamisch und damit potenziell mit Hilfe von Interventionen zu fördern und zu gestalten (z. B. Ellwart et al. 2015).

Die einzelnen Modelltypen lassen sich direkt im 3-Sichten-Modell einordnen: Die Prozessebene korrespondiert mit dem mentalen Modell zur Aufgabe. Die Methodenebene weist Überschneidungen mit dem mentalen Modell zu Ausrüstung auf. Das mentale Modell zu den Teammitgliedern hat Gemeinsamkeiten mit der Kompetenzebene. Und das Modell zur Teaminteraktion bezieht sich auf Wechselwirkungen und Schnittmengen der drei Sichten (z. B. Rollen im Prozess, präferierte Kommunikationskanäle etc.). Mittels des 3-Sichten-Modells können also geteilte mentale Modelle gefördert werden, indem eine Analyse auf Basis des 3-Sichten-Modells die gleiche Wissensgrundlage für alle Teammitglieder schaffen kann. Über kognitive Abgleichung und Anpassung der mentalen Modelle können sich die mentalen Modelle der einzelnen Teammitglieder einander annähern.

8.3.2 Teamemotion

Teamemotion (engl. group oder team affect) bezeichnet die affektive Stimmung, positiv oder negativ, innerhalb eines Teams. In Bezug auf Teamleistung leistet Teamemotion einen eigenständigen Beitrag, der nicht mit kognitiven Prozessen wie bspw. mentalen

Modellen erklärt werden kann (Barsade 2002). Teamstimmung ist übertragbar in dem Sinne, dass Emotionen einzelner Teammitglieder sich als gleichgerichtete Stimmung bei den anderen Teammitgliedern niederschlägt (Cheshin et al. 2011). So können Ärger oder Freude eines Teammitglieds bei den anderen Mitgliedern unbestimmte Gereiztheit oder eine positive Grundstimmung auslösen. In Meetings kann sich dies z. B. in Jammerspiralen oder Lösungszirkeln niederschlagen (Kauffeld 2007). Teamstimmung ist also nicht einfach die durchschnittliche Stimmung der Teammitglieder, sondern entsteht dynamisch im Team über die Zeit und durch Übertragungsprozesse, die sich dann in der Stimmung der einzelnen Teammitglieder zeigt (Barsade 2002).

Inwiefern die Stimmung einzelner im Team übertragen wird, hängt von verschiedenen Faktoren ab. Beispielsweise hängt höhere Aufgabeninterdependenz mit höherer Übertragung von Stimmung zusammen, möglicherweise weil dies die Einheit im Team bei hoher aufgabenbezogener Abhängigkeit fördert (Bartel und Saavedra 2000). Erste Erkenntnisse deuten ebenfalls darauf hin, dass sich überwiegend textbasierte Kommunikation negativ auf die Teamstimmung auswirken kann (Cheshin et al. 2011). Forschungsbefunde zeigen, dass eine positive Teamstimmung indirekt die Teamleistung erhöhen kann, Effekte von negativer Teamstimmung sind dagegen kontextspezifisch, d. h. externe Ursachen für negative Stimmung können den Zusammenhalt im Team fördern, teaminterne Ursachen (z. B. Konflikte) sind dagegen eher schädlich (Knight und Eisenkraft 2015). Ähnliche Effekte finden sich für die Länge der Zusammenarbeit. Zu Beginn der Zusammenarbeit oder bei nur kurz bestehenden Teams kann negative Stimmung Zusammenhalt und Leistung begünstigen, bei länger zusammenarbeitenden Teams treten dagegen eher negative Effekte auf (Knight und Eisenkraft 2015). Des Weiteren kann sich Teamemotion dynamisch über die Zeit verändern, wobei diese Veränderungen ebenfalls mit einer Veränderung in der Teamleistung einhergehen können (Paulsen et al. 2016).

Teamemotion kann sich zudem auch auf Technologieakzeptanz auswirken. Reagieren Mitarbeitende positiv auf neue Technologien, ist deren langfristige Nutzung wahrscheinlicher, während eine negative Einstellung die Implementierung erheblich hemmen kann (Bondarouk und Sikkel 2007). Da Teamemotion sich im Verlauf der Zeit ändern kann, ist es daher für Technologieeinführungen ggf. wichtig, diesen Stimmungsverlauf zu überwachen, um bei negativen Reaktionen auf die Technologie schnellstmöglich eingreifen zu können. Dies ist für den Kontext dieses Beitrags dahin gehend relevant, da die Einführung neuer Technologien jeweils Bestand der Fallbeispiele sind.

Während Teamstimmung nicht direkt einzelnen Teilen des 3-Sichten-Modells zugeordnet werden kann, ist sie doch ein wichtiges Kriterium zur Analyse und Gestaltung, um langfristig höhere Arbeitsleistung sicherzustellen und Differenzen innerhalb des Entwicklungsteams frühzeitig festzustellen.

Insgesamt stellen Teamkognition und Teamemotion daher für den Kontext der Fallbeispiele eine sinnvolle erste Erweiterung des 3-Sichten-Modells dar. Eine positive Ausprägung dieser beiden Merkmale, d. h. gute geteilte mentale Modelle und positive Teamstimmung, können zum Erfolg des Teams beitragen. Beide Faktoren beschreiben zudem emergente Phänomene und bieten damit Ansatzpunkte für Gestaltung im Verlauf

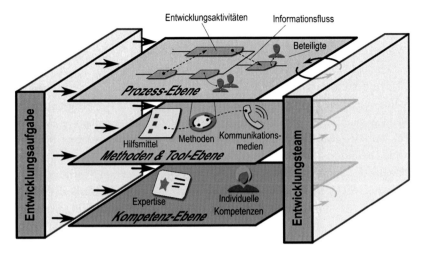

Abb. 8.2   Erweitertes 3-Sichten-Modell inkl. Berücksichtigung des Entwicklungsteams

von Projekten. Die Bildung geteilter mentaler Modelle kann z. B. durch das 3-Sichten-Modell implizit gefördert werden, weil wichtige Informationen für alle Teammitglieder zugänglich gemacht werden. Teamemotion hingegen kann als Indikator für die Akzeptanz neuer Technologien dienen und so frühzeitig Interventionsbedarf aufzeigen, um den Erfolg des Digitalisierungsvorhaben abzusichern.

Für das 3-Sichten-Modell stellt das Entwicklungsteam zusammen mit der Entwicklungsaufgabe einen wichtigen Rahmen für Produktentwicklungsprojekte dar. Die Entwicklungsaufgabe gibt Inhalt und organisatorische Rahmenbedingungen wie Deadlines o. ä. für ein Projekt vor. Das Entwicklungsteam stellt die umsetzenden Personen dar, die miteinander interagieren, um ein Produkt zu entwickeln. Zusammengenommen beeinflussen Aufgabe und Team, welche Abläufe auf Prozessebene am effizientesten sind, welche der zur Verfügung stehenden Methoden und Tools zum Einsatz kommen und welche Kompetenzen und Expertise notwendig zur Umsetzung sind. Die entsprechende Erweiterung des 3-Sichten-Modells um die Teamperspektive ist in Abb. 8.2 zu sehen.

8.4   Anwendung des 3-Sichten-Modells in Unternehmen

Die Anwendung des 3-Sichten-Modells teilte sich in drei Phasen auf: 1) Erfassung des Ist- und Soll-Zustands, 2) Planung des Soll-Zustands und 3) Begleitung von Pilotprojekten zur Annäherung an den Soll-Zustand. Die methodischen Zugänge zu den einzelnen Phasen werden in den folgenden Absätzen kurz skizziert. Die starke Relevanz des Teamkontextes hat sich insbesondere bei der Planung der Pilotprojekte gezeigt, sodass zu Beginn das ursprüngliche 3-Sichten-Modell als Grundlage genutzt wurde und die Erweiterung auf die Teamebene gegen Ende der zweiten Phase stattfand.

Die Erfassung des Ist- und Soll-Zustandes wurde in Anlehnung an die MTO-Analyse (n. Ulich 2013) durchgeführt. Dabei wurde das 3-Sichten-Modell als Grundlage genutzt und ein Vorgehen in Anlehnung an die ersten Schritte der MTO-Analyse auf Ebene des Unternehmens, der Arbeitsprozesse, der Arbeitssysteme und der Arbeitsgruppen gewählt. Dokumentenanalysen, Interviews mit Mitarbeitenden, Führungskräften und der Geschäftsführung sowie Hot Spot-Analysen wurden als Datenbasis genutzt, um Ist- und Soll-Zustand gemeinsam zu erfassen (für eine detaillierte Beschreibung s. Paulsen et al. 2020). Für den Ist-Zustand stand die Analyse im Vordergrund, während für den Soll-Zustand eine Definition des Idealzustandes fokussiert wurde.

Die Planung des Soll-Zustandes erfolgte dann in einem weiteren Schritt unter Berücksichtigung des 3-Sichten-Modells. Zur Vorbereitung wurden auf Basis der Ergebnisse aus der ersten Phase sowie des 3-Sichten-Modells Gestaltungsempfehlungen für mögliche Pilotprojekte zusammengestellt. Anschließend wurden im Rahmen von Workshops mit den Unternehmenspartnern der Soll-Zustand genauer detailliert und Pilotprojekte als Annäherung und erste Umsetzung ausgewählt. Je Unternehmenspartner wurde dann das Vorgehen für ein Pilotprojekt unter Berücksichtigung der Gestaltungsempfehlungen geplant. Für die Planung der Technologieeinführungen wurden zudem ergänzend Erfolgsfaktoren aus der Implementierungsforschung berücksichtigt (für Details s. Zorn et al. 2020).

Eine erste Annäherung an den Soll-Zustand erfolgte dann in Pilotprojekten, für die begleitende Datenerhebungen konzipiert wurden. Auf Basis des erweiterten 3-Sichten-Modells sowie Erfolgsfaktoren für Implementierung wurde dazu ein Online-Fragebogen erstellt, der möglichst ökonomisch die wichtigsten Themen erfassen sollte. Diese umfassten Aufgabeninterdependenz, Teamstimmung sowie wahrgenommene Leistung (vgl. Abschn. 8.3.). Um erwartete Veränderungen in der Kommunikation zu erheben, wurden Kommunikationsanlässe und Abteilungszugehörigkeit der Kommunikationspartner in den Fragebogen aufgenommen.

Eines der Pilotprojekte konnte bereits umgesetzt werden, sodass die begleitende Datenerhebung für dieses Projekt abgeschlossen werden konnte. Befragt wurden dabei 5 Mitarbeitende aus dem Bereich Konstruktion und Entwicklung mittleren Alters mit mehrjähriger Betriebszugehörigkeit.

8.5 Fallbeispiele

Die Ergebnisse werden in diesem Abschnitt in Form von Fallbeispielbeschreibungen vorgestellt. Ebenen des 3-Sichten-Modells sowie daraus entnommene Kernbegriffe sind kursiv gesetzt, um den Lesenden die Zuordnung zu erleichtern.

8.5.1   Virtuelle Inbetriebnahme

Das erste Fallbeispiel befasst sich mit der Einführung der virtuellen Inbetriebnahme in Unternehmen A. Üblicherweise entfällt der größte Anteil der Qualitätssicherung für Maschinen oder Anlagen auf die konventionelle Inbetriebnahme am Ende des Produktentwicklungsprozesses (Zäh et al. 2006). Der Begriff „Inbetriebnahme" bezeichnet die vollständige Prüfung einer Maschine oder Anlage hinsichtlich Funktionalität und fehlerfreier Abläufe. Dabei werden alle Abläufe und Funktionen geprüft, die für den späteren Betrieb der Anlage notwendig sind. Die konventionelle Inbetriebnahme ist in Unternehmen A einerseits durch eine starke Kapazitätslimitation gekennzeichnet, andererseits aber von großer Bedeutung für die Qualitätssicherung. Während eine konventionelle Inbetriebnahme erst am Ende des Produktentstehungsprozesses nach abgeschlossener Entwicklung der Teilsysteme möglich ist und Fehler daher erst spät festgestellt werden können, erlaubt die virtuelle Inbetriebnahme bereits eine Prüfung von Anlagenteilen während der Entwicklung. Dies ermöglicht es, Fehler früh zu identifizieren und direkt zu beheben, bevor das erste Teil der Maschine physisch gefertigt wurde.

Der aktuelle Status quo ist auf *Prozessebene* ein sequenzieller Entwicklungsprozess. Ein Auftrag *(Entwicklungsaufgabe)*wird nacheinander von verschiedenen Entwicklungsdisziplinen(z. B. Mechanik, Hydraulik, Steuerungstechnik) bearbeitet. Bis auf kleinere Anpassungen werden in der Regel fertige Zwischenprodukte an die nächste Abteilung weitergegeben. Die einzelnen Teilsysteme werden erst gegen Ende des Produktentwicklungsprozesses zusammengefügt. Innerhalb des Entwicklungsprozesses haben die Mitarbeitenden klare *Rollen* und in sich abgeschlossene Aufgaben, d. h. innerhalb eines Projektes liegen klare Zuständigkeiten vor. Der *Informationsfluss* ist zu bestimmten Phasen (z. B. Projektauftakt) prozessbedingt strukturiert, während der Projektbearbeitung eher bedarfsorientiert (z. B. kurzfristige Abstimmungen zwischen Abteilungen). Aufgrund der klaren Rollenzuteilung funktioniert auch spontane Informationsweitergabe in der Regel gut. Auf *Methodenebene* stehen den Mitarbeitenden für Entwicklungsaktivitäten verschiedene Methoden, Kommunikationsmedien und Technologien zur Verfügung, die überwiegend nach situativer Passung ausgewählt und angewandt werden. Die Nutzung weist dabei einen engen Zusammenhang zu den Kompetenzen der Mitarbeitenden auf. Als *Kommunikationsmittel* werden persönlichere Kommunikationswege (z. B. Abteilungsbesprechungen, Anrufe) bevorzugt, was durch das Arbeiten an einem zentralen Standort ermöglicht wird. Virtuelle Kommunikationsmittel (z. B. Videokonferenzen, Chats) sind einerseits durch die räumliche Nähe unüblich und andererseits entscheiden sich die Mitarbeitenden auch eher aktiv für andere, als persönlicher wahrgenommene Kommunikationswege. Ein Mitarbeiter aus dem Unternehmen beschrieb dies im Interview so: *„wir sitzen alle (…) auf einer Ebene, räumlich sehr nah beieinander, d. h. man spricht sich einfach im persönlichen Gespräch ab"*. Zu dieser allgemeinen, unternehmensweiten Präferenz von persönlichen Kommunikationswegen bevorzugen zudem Mitarbeitende je nach Gegenüber und Anlass unterschiedliche

Kommunikationsmittel. Diese Tendenzen könnten ohne die Betrachtung des *Entwicklungsteams,* insbesondere der *Teamkognitionen,* nicht im 3-Sichten-Modell verortet werden. Die Wahl des *Kommunikationsmittels* ist in diesen Fällen dadurch motiviert, wie die Mitarbeitenden mit einer anderen Person effektiv kommunizieren können, bspw. ob eine Informationsweitergabe per E-Mail oder eine Abstimmung per Anruf sinnvoller ist. Dies entspricht teambezogenen geteilten mentalen Modellen (vgl. Cannon-Bowers et al. 1993). Auf *Kompetenzebene* sind bei den Mitarbeitenden insgesamt die notwendigen fachlichen Kenntnisse vorhanden, um ihre Aufgaben auszuführen. Unterschiede gibt es hauptsächlich hinsichtlich methodischer und überfachlicher Kompetenzen. Dies zeigt sich in erster Linie im unterschiedlichen Einsatz von Technologien, Methoden und Hilfsmitteln, d. h. auf *Methodenebene.* Weitere Unterschiede sind im Verhalten der Mitarbeitenden in der Zusammenarbeit sichtbar, also zum Teil auf *Prozessebene* z. B. inwiefern Mitarbeitende proaktiv Abstimmungen mit anderen Abteilungen anstoßen *(Informationsfluss).* Ein Teil der überfachlichen Kompetenzen zielt allerdings eher auf die funktionale Interaktion im Team ab (z. B. Konflikte sachlich zu lösen). Ihre Auswirkungen werden erst durch die Inklusion des *Entwicklungsteams* im Modell sichtbar.

Der Soll-Zustand sieht die Einbindung der virtuellen Inbetriebnahme vor und führt deswegen zu verschiedenen Änderungen. Um die Vorteile der virtuellen Inbetriebnahme voll auszuschöpfen, muss auf *Prozessebene* eine Veränderung von sequenziellen hin zu parallelen Prozessen vorgenommen werden. Nur so ist die erforderliche Integration für die virtuelle Inbetriebnahme möglich, da alle Teilsysteme für die virtuelle Inbetriebnahme eine gewisse, abgestimmte Entwicklungsreife aufweisen müssen. Dies geht allerdings auf *Prozessebene* mit einer Steigerung der Komplexität einher, zwischen einzelnen *Entwicklungsaktivitäten* entstehen mehr Wechselwirkungen. Werden in einer Abteilung Änderungen am ursprünglichen Plan vorgenommen, müssen diese Änderungen schnellstmöglich an die anderen Abteilungen weitergegeben werden, damit diese direkt berücksichtigt werden können und nicht erst bei der virtuellen Inbetriebnahme auffallen. Auf *Methodenebene* wird zur Umsetzung der virtuellen Inbetriebnahme einerseits ein digitales *Hilfsmittel,* in diesem Fall eine Software, benötigt, die eine virtuelle Überprüfung von Funktionalitäten ermöglicht. Andererseits muss die genutzte Software mit den bereits vorhandenen Programmen kompatibel sein und über passende Schnittstellen verfügen, da aufwendige Dateikonvertierungen Zeitverzögerungen verursachen würden. Des Weiteren werden *Methoden* und weitere *Hilfsmittel* benötigt, die bei der Bewältigung der neuen Komplexität unterstützen, z. B. *Methoden* zur strukturierten Problemlösung oder *Hilfsmittel* wie Prozessvisualisierungen, Checklisten oder Übersichten zu Verantwortlichkeiten. Auf *Kompetenzebene* schlagen sich komplexere Entwicklungsprozesse und neue Methoden und Technologien in neuen Anforderungen für die Mitarbeitenden nieder. Die Mitarbeitenden müssen die methodischen Kompetenzen zur Bedienung und Anwendung der neuen (digitalen) *Hilfsmittel* und *Methoden* entwickeln, die sie zur Umsetzung der virtuellen Inbetriebnahme benötigen (z. B. Simulationssoftware). Mitarbeitende brauchen darüber hinaus auch ein Verständnis davon, wie Änderungen, die sie vornehmen, andere Teilsysteme beeinflussen und welche Informationen sie daher an wen und bis wann weiterleiten müssen. Nur so können sie dann die richtigen Kollegen und Kolleginnen frühzeitig informieren oder aktiv die Abstimmung mit ihnen suchen. Dazu benötigen die Mitarbeitenden wiederum entsprechende soziale Kompetenzen, um die notwendigen Abstimmungen erfolgreich durchzuführen (z. B. Kommunikationskompetenz). In einem Interview beschrieb eine Führungskraft es so, dass erfolgreiche Mitarbeitende ein Problem aus verschiedenen fachlichen Perspektiven betrachtet und dann gut *„auf den Punkt gebracht"* haben. Auch hier lässt sich die Auswirkung der Kompetenzen zur erfolgreichen Kommunikation nur durch die Erweiterung um das *Entwicklungsteam* im 3-Sichten-Modell einordnen. Geteilte mentale Modelle zur Aufgabe, zur Ausrüstung, zur Teaminteraktion und zu den Teammitgliedern (vgl. Cannon-Bowers et al. 1993) könnten hier zur effizienten, erfolgreichen Abstimmung beitragen. Ein fiktives Beispiel zur Veranschaulichung: Mitarbeiter X muss eine Änderung an der Form der Maschine vornehmen, die auch den Innenraum der Maschine betreffen. Er weiß, dass diese Änderungen Auswirkungen auf die pneumatische Konstruktion und die geplanten elektrischen Bauteile (z. B. Kabellängen, Sensorplatzierungen) haben könnte. Deswegen gibt er diese Information direkt telefonisch seinen beiden Kollegen Y (Pneumatik) und Z (Elektrik) weiter, weil er weiß, dass sie dann sofort ihre eigenen Bauteile überprüfen und anpassen können. Im Anschluss schreibt X noch eine E-Mail an seine Kollegen und legt diese auch zusammen mit den übrigen Produktdaten ab, damit die Änderungen später nachvollziehbar sind.

Als realistischen Umfang für ein zeitlich begrenztes Pilotprojekt wurde die virtuelle Inbetriebnahme eines Bauteils als *Entwicklungsaufgabe* festgelegt. Das ausgewählte Bauteil war Teil eines Weiterentwicklungsprojektes, um die Effizienz und Funktionalität der Maschine zu optimieren. Diese *Entwicklungsaufgabe* war daher nicht mit einem konkreten Kundenauftrag oder einer Deadline verbunden. Es wurden wie im Unternehmen üblich klare *Rollen* und Zuständigkeiten für das Pilotprojekt definiert, sodass die Mitarbeitenden möglichst optimale Voraussetzungen hatten, um mit dem neuen *Prozess* und den neuen *Methoden* und *Hilfsmittel* zurechtzukommen (s. auch Ruel et al. 2007). Des Weiteren wurde entschieden, die beteiligten Mitarbeitenden von anderen Aufgaben so weit zu entlasten, dass sie ausreichend Zeit hatten, das Pilotprojekt zu bearbeiten. Zudem wurden die Mitarbeitenden ermutigt, die Aufgabe zusammen zu bearbeiten, um so die Abstimmung zu vereinfachen und gegenseitige Unterstützung der Teammitglieder zu ermöglichen. Durch die gemeinsame Bearbeitung war es möglich, neue Aufgabeninterdependenzen direkt zu erkennen und so potenziell auch ein gemeinsames mentales Modell der virtuellen Inbetriebnahme zu entwickeln (s. Mathieu et al. 2000).

Während der Vorbereitung des Pilotprojektes ergaben sich zwei besondere Herausforderungen in Bezug auf die Software für die virtuelle Inbetriebnahme: Einerseits konnte aufgrund einer fehlenden Entwicklungslizenz keine Schnittstelle zwischen der Simulationssoftware und der in Unternehmen A verwendeten CAD-Software aufgebaut werden *(Methodenebene)*. Deswegen war eine Behelfslösung nötig, die für die beteiligten Mitarbeitenden mit erheblich höherem Aufwand verbunden war. Andererseits war für die Bedienung der Simulationssoftware Programmieren notwendig, während die meisten Mitarbeitenden eher die Bedienung über Buttons gewöhnt waren *(Kompetenz-ebene)*. Auch dies war wieder mit höherem Aufwand für die beteiligten Mitarbeitenden verbunden (ausführlicher dazu Paulsen et al. 2020).

Zur Umsetzung des Pilotprojekts arbeiteten die Mitarbeitenden kontinuierlich an der virtuellen Inbetriebnahme des Bauteils, häufig auch als *Entwicklungsteam* gemeinsam in einem Raum. In der Begleitbefragung zeigte sich, dass der negative Affekt über die gesamte Zeit des Pilotprojektes eher konstant niedrig ausgeprägt blieb, während der positive Affekt über die Zeit stärkere Variationen zeigte, aber insgesamt auf mittlerem bis niedrigem Niveau lag. Die Variationen zeigten keinen systematischen Zusammenhang in der virtuellen Inbetriebnahme (z. B. deren Start oder zwischen Wochen der Bearbeitung und Nicht-Bearbeitung). Dies passt zu Forschungsbefunden, dass positive und negative Teamstimmung unterschiedliche Merkmale sind (z. B. Paulsen et al. 2016). Der niedrige negative Affekt lässt vermuten, dass die Mitarbeitenden trotz des höheren Aufwandes keine ablehnende Haltung gegenüber der virtuellen Inbetriebnahme entwickelt haben. Ein Scheitern der virtuellen Inbetriebnahme aufgrund Ablehnung der Mitarbeitenden erscheint nach diesem Stand unwahrscheinlich (s. Bondarouk und Sikkel 2007). Aufgabeninterdependenz zeigte einen annähernd spiegelbildlichen Verlauf zu positivem Affekt, d. h. sinkender positiver Affekt trat zeitgleich mit steigender Aufgabeninterdependenz auf und umgekehrt. Wahrgenommene Leistung wies einen ähnlichen Verlauf wie positiver Affekt auf, lag allerdings eher auf hohem Niveau. Diese Ähnlichkeiten in den Verlaufsmustern zeigen einen möglichen Zusammenhang zwischen positivem Affekt, Aufgabeninterdependenz und Teamleistung auf, wie er in der Forschung schon für Affekt und Interdependenz (Bartel und Saavedra 2000) bzw. Affekt und Leistung (z. B. Knight und Eisenkraft 2015) gefunden wurde. Insgesamt konnte auf Basis der Stimmungs- und Leistungsbewertungen kein Interventionsbedarf festgestellt werden. Bezüglich der Kommunikation machten Informationsaustausch und Koordination zwar vergleichsweise hohe Anteile der Kommunikationsanlässe aus, zeigten aber keine Verbindung mit Reduzierungen im positiven Affekt oder der wahrgenommenen Leistung. Rückfragen und Konfliktmanagement bleiben konstant auf einem niedrigen Niveau (weniger als 10 % der Kommunikationsanlässe in einer Woche). Die abteilungsübergreifende Kommunikation war zwar intensiver als die abteilungsinterne Kommunikation, trat aber insgesamt seltener auf als die abteilungsinterne Kommunikation. Das Team konnte die virtuelle Inbetriebnahme des Bauteils trotz des höheren Aufwandes erfolgreich abschließen und bewertete das Konzept der virtuellen Inbetriebnahme insgesamt positiv.

Insgesamt zeigt sich, dass umfangreiche Änderungen auf *Prozess-, Methoden-* und *Kompetenzebene* notwendig sind, um das Digitalisierungsvorhaben der virtuellen Inbetriebnahme umzusetzen. Allerdings sind die notwendigen Änderungen, wenn sie umfassend und einschließlich der Konsequenzen und Auswirkungen auf andere Bereiche analysiert werden, für Unternehmen A umsetzbar. Mithilfe des 3-Sichten-Modells konnten Erfolgsfaktoren wie die sehr gute Rollenklärung sichtbar gemacht werden, die dann explizit für die Planung der Pilotprojekte berücksichtigt werden konnten. Durch die Erweiterung um die Teamperspektive konnten einerseits die Interaktion der Mitarbeitenden abgebildet werden, z. B. indem geteilte mentale Modell zur Erklärung der situationsspezifischen Auswahl von *Kommunikationsmitteln* je nach Gesprächsbeteiligten und Ziel herangezogen werden können. Da diese Merkmale nun im Modell sichtbar gemacht werden, können sie auch in der Gestaltung adressiert werden, bspw. mit speziell gestalteten Interventionen (s. Ellwart et al. 2015). *Teamemotion* kann aufgrund der Verbindung mit Aufgabeninterdependenz und Leistung einerseits und der guten Erfassbarkeit andererseits als frühzeitiger Indikator für Interventionsbedarf genutzt werden, bspw. über ein sog. Stimmungsbarometer (s. auch Kauffeld und Güntner 2018). Durch den Zusammenhang von Teamstimmung bzgl. neuer Technologien und deren erfolgreicher Implementierung (s. Bondarouk und Sikkel 2007) kann die Beobachtung der Stimmung bei Digitalisierungsvorhaben besonders bedeutsam sein.

8.5.2 Standortübergreifende Produktentwicklung

Das zweite Fallbeispiel betrifft die standortübergreifende Produktentwicklung in Unternehmen B, zwischen dem Hauptstandort des Unternehmens in Deutschland und dem zu diesem Zeitpunkt im Aufbau befindlichen Standort in Indien. Während der indische Standort aufgebaut wurde, übernahmen die Mitarbeitenden in Deutschland die Bearbeitung von Kundenaufträgen für den indischen Markt. Dies führte zu einer höheren Auslastung der Mitarbeitenden am deutschen Standort, die die Kapazitäten für Neuentwicklungen stark reduzierte. Mit der Etablierung einer eigenen Entwicklungsabteilung am indischen Standort sollten indische Mitarbeitende durch die standortübergreifender Zusammenarbeit zur Bearbeitung der Aufträge von lokalen Kunden befähigt und gleichzeitig Mitarbeitende am deutschen Standort entlastet werden. Durch die gleichmäßigere Auslastung der Konstruktionsabteilungen wurde zudem eine schnellere Bearbeitung von Aufträgen erwartet.

Die Ausgangssituation in Unternehmen B ist gekennzeichnet durch geringe Zusammenarbeit zwischen den beiden Standorten. Frühere Versuche, in der Produktentwicklung standortübergreifend zusammenzuarbeiten, wurden dabei meist nach kurzer Zeit eingestellt, da sie insgesamt zu einer Verlängerung der Auftragsbearbeitung geführt haben. Bei der Betrachtung der *Prozessebene* wurde festgestellt, dass diese Verzögerungen systematisch in der Phase der Konstruktion auftraten. Im Gegensatz zur lokalen Produktentwicklung kamen bei der standortübergreifenden Zusammenarbeit vermehrte Bearbeitungsschleifen bei der Anfertigung der digitalen3-D-Konstruktionsmodelle vor. Als Resultat erstellten die Mitarbeitenden am Hauptstandort meist die Konstruktion selbst, sodass die erhoffte Arbeitsentlastung häufig nicht gegeben war. Eine Ursache für die Verzögerungen in der Auftragsbearbeitung konnten auf *Methodenebene* aufgedeckt werden. Zum einen verfügten beide Standorte über unterschiedliche Versionen der Konstruktionssoftware, sodass Datenaustausch grundsätzlich nur eingeschränkt möglich war. Zum anderen standen E-Mails als einzige Möglichkeit zum sicheren Datenaustausch zur Verfügung, wobei aber aufgrund der Dateigrößen keine Konstruktionsdateien ausgetauscht werden konnten. Stattdessen wurden PDF-Dateien der Konstruktionen per Mail ausgetauscht, Änderungsbedarf konnten nur per Hand und als Kommentar auf ausgedruckten Dokumenten vermerkt werden. Nach Abschluss der Konstruktion mussten zudem die Parameter des digitalen Modells in die Konstruktions-software eingepflegt werden, wodurch weiterer Zusatzaufwand für die Mitarbeitenden entstand. Eine Person fasste die Situation so zusammen: *„Das geht dann so weit, dass (…) wenn die das machen und ich muss das alles nachpflegen, dann kann ich es auch gleich alleine machen"*. Ein weiterer Problembereich konnte auf *Kompetenzebene* identifiziert werden. Die Mitarbeitenden an beiden Standorten verfügten zwar über die notwendigen fachlichen und methodischen Kompetenzen für die Konstruktion von Produkten mittels CAD-Software, allerdings fehlte den Mitarbeitenden in Indien unter-nehmensspezifische Expertise zu Produkten und Prozessen. Am Hauptstandort haben sich Konventionen und Standards in Bezug auf bestimmte Produkte (z. B. zu bevor-zugtem Material oder Abmessungsverhältnissen) etabliert, die neuen Mitarbeitenden im Zuge der Einarbeitung vermittelt wurden. Der neu etablierten Konstruktionsabteilung in Indien stand dieses Wissen nicht zur Verfügung, da die Mitarbeitenden in Indien nicht die gleiche Einarbeitung erhielten und vorhandene *Hilfsmittel* (wie z. B. Check-listen oder Leitfäden) nur in deutscher Sprache verfasst waren. Die Mitarbeitenden an den beiden Standorten verfügten also über unterschiedliche mentale Modelle, wie eine Entwicklungsaufgabe zu bearbeiten war und welche Informationen an den anderen Standort weitergegeben werden mussten. Zu dieser Differenz im Wissensstand kamen Herausforderungen in der Kommunikation, die sich negativ auf den Wissensaustausch auswirkten. Dabei verunsicherten die Kommunikation in einer Fremdsprache sowie die wahrgenommenen kulturellen Unterschiede die Mitarbeitenden, sodass Informationsaus-tausch in erster Linie nur zu Weitergabe von Aufgaben und Änderungsbedarf stattfand. Die Projektteams waren dabei mit den typischen Herausforderungen interkultureller virtueller Teams konfrontiert (dazu ausführlicher Schulze und Krumm 2017): Durch den Zeitunterschied stand nur ein relativ kurzes Zeitfenster für direkte, synchrone Kommunikation über digitale Medien zur Verfügung, die anfällig für kulturelle und sprachliche Missverständnisse ist. In einem Interview beschrieb eine Person, dass es schwer zu erkennen wäre, ob die Kollegen am anderen Standort bei einer Besprechung wirklich keine Fragen mehr hätten oder diese aus Höflichkeitsgründen nur nicht äußern würden. Wenn es dann anschließend zu Abweichungen käme, würde man dann aus Unsicherheit dazu übergehen, in der folgenden Zusammenarbeit grundsätzlich alles ganz genau zu kontrollieren. Durch solche Erlebnisse entwickelte sich das notwendige Vertrauen zwischen den Teammitgliedern noch langsamer, als dies ohnehin schon bei fehlenden Möglichkeiten zur face-to-face-Interaktion der Fall ist (s. Handke und Kauf-feld 2019). Insgesamt stellt die geplante Zusammenarbeit aufgrund der hohen Komplexi-tät, der Einschränkung durch virtuelle Kommunikationsmittel und durch Neuartigkeit des Vorhabens noch fehlende Ressourcen besondere Anforderungen an Arbeitsgestaltung

(s. Handke et al. 2020). Für die Erreichung des Soll-Zustands und die Umsetzung des Pilotprojekts wurde daher umfangreicher Vorbereitungsbedarf erwartet.

Der angestrebte Soll-Zustand sieht vor, dass Gesamtprodukte standortübergreifend entwickelt werden können. Über die *Entwicklungsaufgabe* werden genaue Rahmenbedingungen wie Deadlines und Spezifikationen des Ergebnisses (Produkt, Abgabeformat, Zusatzdateien usw.) vorgegeben. Die Zusammenarbeit soll nach einem einheitlichen *Prozess* erfolgen, der auch *Rollen* und *Informationsfluss* regelt. Mittels stabiler, sicherer Datenverbindung sowie kompatibler Technologie sollen Konstruktionsdateien direkt ausgetauscht und bearbeitet werden. Des Weiteren sollen allen Mitarbeitenden deutsch- und englischsprachige *Hilfsmittel* wie Leitfäden, Konstruktionskataloge oder Checklisten zur Verfügung stehen. Zudem soll es immer wieder Möglichkeiten für Mitarbeitende aus Indien geben, von deutschen Mitarbeitenden eingearbeitet zu werden und damit alle nötigen *Kompetenzen* zu entwickeln. Dabei soll auch der informelle Austausch zwischen den Mitarbeitenden gefördert werden, um so Vertrauen auf- und Hemmungen abzubauen.

Zur Erreichung dieses Soll-Zustands ist eine schrittweise Ausweitung vorgesehen. Zu Beginn werden kleinere Bauteile standortverteilt konstruiert. Der Umfang wird schrittweise hochskaliert, sobald eine festgelegte Anzahl an standortübergreifender *Entwicklungsaufgaben* erfolgreich bearbeitet wurde. Dazu wurden bisher die notwendigen technischen Voraussetzungen geschaffen (u. a. Datenverbindung, kompatible Software). Zusätzlich ist die Nutzung eines digitalen *Hilfsmittels* (Powl-Tool) zur Prozessvisualisierung (für Details s. Baschin et al. 2019) vorgesehen. Ein Mitarbeiter aus Indien war zudem bereits am Hauptstandort und bearbeitete dort zusammen mit deutschen Kollegen und Kolleginnen typische Aufgaben. Einerseits führte dies schnell zum erwünschten *Kompetenzerwerb* bzgl. unternehmensspezifischer Besonderheiten, andererseits entwickelte sich auch der erhoffte informelle Austausch. Die Mitarbeitenden kommunizierten bereitwilliger und informeller auf Englisch. Über den Verlauf der Zusammenarbeit wird für die beteiligten Mitarbeitenden ein weiterer *Kompetenzzuwachs* in Bereichen wie interkulturelle Zusammenarbeit, Vertrauensaufbau in virtuellen Teams und Selbstmanagement (z. B. strukturiertes Arbeiten und Dokumentieren) erwartet.

Zusammenfassend lässt sich für dieses Fallbeispiel festhalten, dass ganzheitlichere Ansätze zur Problemanalyse eine genauere Auflösung von komplexen Systemen bieten können. Es zeigt sich, dass das 3-Sichten-Modell nicht nur zur Analyse von Ist- und Soll-Zustand geeignet ist, sondern ebenfalls zur Analyse vergangener (erfolgreicher oder gescheiterter) Veränderungen genutzt werden kann. Kann auf solche Informationen zurückgegriffen werden, können diese verwendet werden, um relevante Barrieren für das geplante Vorhaben zu identifizieren. Eine genauere Aufstellung von Hindernissen und Herausforderungen erlaubt wiederum eine spezifischere Planung, wie diese erfolgreich bewältigt werden könnten. So konnte das Problem der unterschiedlichen mentalen Modelle bezüglich der Bearbeitung von Entwicklungsaufgaben durch die gemeinsame Einarbeitung gelöst werden (s. auch Ellwart et al. 2015; Mathieu et al. 2000). Zudem

förderte die face-to-face-Zusammenarbeit zu Beginn den Beziehungs- und Vertrauensaufbau, der die weitere, dann virtuelle Zusammenarbeit erleichtern kann (Kauffeld et al.
2016).

8.6 Empfehlungen für die Gestaltung der Digitalisierung in der Produktentwicklung

Aus den beiden Fallbeispiele können zwei zentrale Erkenntnisse gezogen werden, wie
Digitalisierungsvorhaben für Produktentwicklungsprojekte gestaltet werden können.

Die erste Erkenntnis betrifft vor allem die Planung von Digitalisierungsvorhaben bzw.
die dazu nötigen Vorbereitungen. Zur erfolgreichen Gestaltung ist eine sorgfältige Analyse als erster Schritt sinnvoll. Eine sorgfältige Analyse umfasst Ist- und Soll-Zustand
auf verschiedenen Ebenen, um Wechselwirkungen berücksichtigen zu können (s. auch
Davis et al. 2014; Negele et al. 1997). Dies wird bspw. im Fall von Unternehmen B
deutlich: Der *Prozess* für die standortverteilte Zusammenarbeit wurde geplant, da fachliche *Kompetenzen* zur Bearbeitung der *Entwicklungsaufgabe* und *Kommunikationsmittel* für den Austausch vorhanden waren. Trotzdem verliefen die ersten Versuche nicht
erfolgreich, die beteiligten Mitarbeitenden stießen immer wieder auf Probleme, sodass
die Zusammenarbeit schließlich jedes Mal wieder eingestellt wurde. Die Anwendung
des 3-Sichten-Modells führte hier dazu, dass mehr potenzielle Hindernisse identifiziert und entsprechende Gegenmaßnahmen geplant werden konnten. Insbesondere
aus den früheren Versuchen konnten dabei viele Erkenntnisse zu Hindernissen gezogen
werden. Die Vorbereitung des Pilotprojektes verlief so bereits vielversprechender als
bei vorherigen Versuchen. Dagegen konnten für Unternehmen A mittels des 3-Sichten-
Modells eher Erfolgsfaktoren aus dem üblichen Vorgehen der Mitarbeitenden abgeleitet
werden, die für die Planung des Pilotprojektes berücksichtigt wurden und während der
Durchführung zur erfolgreichen Bearbeitung beigetragen haben. Informationen zu vergangenen Versuchen oder ähnlichen, erfolgreich verlaufenen Veränderungen erleichtern
es demnach, neben möglichen Herausforderungen auch die praktisch vorkommenden
Hindernisse und Probleme zu adressieren und so Digitalisierungsvorhaben erfolgreich
umzusetzen.

Umfassende Betrachtungen erhöhen allerdings den Grad an Komplexität erheblich,
was unter anderem die Verarbeitung einer großen Menge an Informationen mit sich
bringt. Strukturierung ist eine Möglichkeit, damit umzugehen (s. zusammenfassend
Antoni und Ellwart 2017), wobei Modelle eine Möglichkeit zur Strukturierung von
Informationen darstellen. Unternehmen B verfügte bspw. über Informationen darüber,
wo genau in der standortübergreifenden Zusammenarbeit Probleme auftraten und welche
Ursachen diese hatten. Diese Informationen wurden aber nicht systematisch miteinander
verbunden, sodass kaum Erkenntnisse daraus gezogen werden konnten. Durch die
systematische Strukturierung anhand des 3-Sichten-Modells wurden Zusammenhänge

deutlicher, entsprechend konnten konkretere Maßnahmen geplant werden. Hierbei ist wichtig, dass bei Nutzung des Modells eine konkrete Zuordnung von Informationen o. ä. möglich ist (s. Ehrlenspiel und Meerkamm 2013). Beispielsweise wäre das MTO-Modell (n. Ulich 2013) für organisationsweite Änderungen geeignet, aber für den konkreten Fall eines Produktentwicklungsprojektes zu umfangreich und ggf. auch zu abstrakt. Das ZOPH-Modell (n. Negele et al. 1997) ist zwar für die Produktentwicklung gedacht, fasst aber Mitarbeitende, organisationale und Kontextfaktoren zusammen. Eine Berücksichtigung der Mitarbeitenden – oder des Teams – ist damit in der Praxis schwierig. Für das 3-Sichten-Modell konnten die zugrunde liegenden konzeptionellen Überlegungen (z. B. Bavendiek et al. 2018) sowie die praktische Anwendbarkeit für die Fallbeispiele bestätigt werden.

Die Anwendung von Modellen kann dabei auch durch digitale Hilfsmittel unterstützt werden (z. B. Negele et al. 1997). Für das 3-Sichten-Modell ist im Rahmen des Verbundprojektes ein digitales Hilfsmittel, das Powl-Tool, entwickelt worden, das neben der Prozessmodellierung direkt die Integration von Methoden, Hilfsmitteln und Kompetenzen in die jeweiligen Prozessschritte ermöglicht (Details s. Baschin et al. 2019; Zorn et al. 2020). Dies ist sowohl für bestehende als auch geplante Prozesse nutzbar. Zum Zeitpunkt der Verfassung dieses Beitrags ist eine eigenständige Testung des Powl-Tools noch in Vorbereitung. Erste Erfahrungen aus Workshops zur Vorstellung des Powl-Tools zeigten aber, dass eine Abbildung der Prozesse, Methoden und Kompetenzen in geeigneter Detaillierung möglich ist. Verschiedene Prozesse konnten in den Workshops zur Zufriedenheit beider Unternehmenspartner im Powl-Tool vollständig und genau abgebildet und mit Methoden und Kompetenzen verknüpft werden. Das Risiko einer zu allgemeinen Darstellung und damit eine mangelnde praktische Eignung (s. Ehrlenspiel und Meerkamm 2013) erscheint daher gering.

Durch die Erweiterung um die Teamperspektive kann das 3-Sichten-Modell Produktentwicklungsprojekte noch besser abbilden. Einerseits können mittels *Teamkognitionen* und *Teamemotionen* wichtige zusätzliche Wechselwirkungen sichtbar gemacht werden, bspw. wie geteilte mentale Modelle die Wahl von *Kommunikationsmitteln* beschreiben können oder wie unterschiedliche mentale Modelle die Zusammenarbeit erschweren. Andererseits stellen beide Faktoren wichtige Rahmenbedingungen für erfolgreiche Teamarbeit dar (z. B. Ellwart et al. 2015; Knight 2015). Zudem kann Teamarbeit durch Förderung geteilter mentaler Modelle (s. Ellwart et al. 2015) sowie durch frühzeitige Interventionen bei der Erhebung von Teamstimmung (s. Kauffeld und Güntner 2018) aktiv gestaltet werden. Für die virtuelle Zusammenarbeit ist dies umso wichtiger (s. Kauffeld et al. 2016; Schulze und Krumm 2017). Organisationen müssen hier vor allem gute Rahmenbedingungen, angefangen bei der nötigen technischen Infrastruktur, schaffen, während Teams insbesondere einen Fokus auf Beziehungsaufbau legen sollten, um die Einschränkungen digitaler Kommunikationsmedien zu kompensieren, und Individuen müssen ihre eigenen Kompetenzen für die verteilte Zusammenarbeit weiterentwickeln (s. Kauffeld 2020).

Die zweite Erkenntnis betrifft die Umsetzung von Digitalisierungsprojekten, speziell die dafür meist erforderlichen Einführungsprozesse für neue Technologien (z. B. Software). Trotz nicht optimaler Voraussetzungen für die virtuelle Inbetriebnahme war dies nur mit geringer Belastung für die Mitarbeitenden verbunden. Das Konzept der virtuellen Inbetriebnahme wurde auch insgesamt positiv aufgenommen. Dies lag einerseits daran, dass die Mitarbeitenden zur Bearbeitung des Pilotprojektes von anderen Aufgaben freigestellt wurden und das Bauteil, das virtuell in Betrieb genommen wurde, eine Neuentwicklung war und somit nicht als Teil eines Auftrags mit einer Deadline verbunden war. Dies ist wichtig, da Technologieimplementierungen ausreichend Zeit benötigen (Bondarouk und Sikkel 2003b). Andererseits wurden bei der Durchführung des Pilotprojektes systematisch Erfolgsfaktoren aus der Implementierungsforschung in Großunternehmen in einer sinnvollen Reihenfolge angewandt (ausführlich dazu Zorn et al. 2020). Über die Berücksichtigung von Prozessen, Methoden, Kompetenzen, Entwicklungsaufgabe und -team hinaus wurden die Mitarbeitenden bei der Implementierung systematisch einbezogen. Abb. 8.3 stellt diesen Prozess in verallgemeinerter Form dar. Dieses Modell von Technologieimplementierung ist dabei besonders geeignet für den Teamkontext, da Gruppenlernphänomene aktiv genutzt werden, die zum Erfolg einer Technologieeinführung beitragen können (Bondarouk und Sikkel 2003a; Ruel et al. 2007).

Dieser Modellprozess beruht auf der Systematisierung von empirisch identifizierten Erfolgsfaktoren für Technologieimplementierung anhand der Beobachtungen im Fallbeispiel. Eine systematische empirische Überprüfung des Gesamtmodells steht noch aus. Für Anwender aus der Praxis bietet es trotzdem bereits wissenschaftlich fundierte Ansatzpunkte, die auch von kleineren Unternehmen mit knappen Ressourcen umgesetzt werden können.

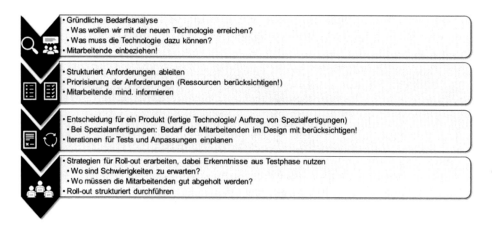

Abb. 8.3 Modellprozess für Technologieimplementierungen

Literatur

Albers A, Burkardt N, Deigendesch T (2009) Vermittlung von Schlüsselqualifikationen am Beispiel des Karlsruher Lehrmodells für Produktentwicklung (KaLeP). In: Robertson-von Trotha
CY (Hrsg) Schlüsselqualifikationen für Studium, Beruf und Gesellschaft. Technische Uni-
versitäten im Kontext der Kompetenzdiskussion Problemkreise der Angewandten Kulturwissen-
schaft. Universitätsverlag Karlsruhe, S 511–520

Antoni CH, Ellwart T (2017) Informationsüberlastung bei digitaler Zusammenarbeit – Ursachen,
Folgen und Interventionsmöglichkeiten. GrInteraktOrg 48:305–315. https://dx.doi.org/10.1007/
s11612-017-0392-4

Badke-Schaub P, Frankenberger E (2004) Management Kritischer Situationen – Produktentwicklung erfolgreich gestalten. Springer, Berlin

Barsade SG (2002) The ripple effect: emotional contagion and its influence on group behavior.
Adm Sci Q 47:644–675. https://dx.doi.org/10.2307/3094912

Bartel CA, Saavedra R (2000) The collective construction of workgroup moods. Admin-istrative
Science Quarterly 45:197–231

Baschin J, Inkermann D, Vietor T (2019) Agile process engineering to support collaborative
design. Procedia CIRP 84:1035–1040. https://dx.doi.org/10.1016/j.procir.2019.05.010

Bavendiek AK, Huth T, Inkermann D, Paulsen H, VietorT, Kauffeld S (2018) Collaborative design:
linking methods, communication tools and competencies to processes. In: DS 92: Proceedings
of the DESIGN 2018 15th International Design Conference, S 149–160

Bavendiek AK, Inkermann D, Vietor T (2017) Interrelations between processes, methods, and
tools in collaborative design: A framework. In:Proceedings of the ICED'17/21st International
Conference on Engineering Design, 8:349–358, The Design Society, Vancouver, Canada,
August 21–25, 2017

Blumberg VSL, Kauffeld S (2020) Anwendungsszenarien und Technologiebewertung von digitalen
Werkerassistenzsystemen in der Produktion. Gr Interakt Org 51:5–24

Bondarouk T, Sikkel N (2003a) Explaining groupware implementation through group learning.
In: Kosrow-Pour M (Hrsg) Information Resource Management Association International
Conference (IRMA'03). Idea Group Publishing, Hershey, PA, S 463–466

Bondarouk T, Sikkel K (2003b) Implementation of collaborative technologies as a learning
process. In: Cano JJ (Hrsg) Critical reflections on information systems: a systemic approach.
Idea Group Publishing, Hershey, PA, S 227–245

Bondarouk T, Sikkel K (2007) The relevance of learning processes for IT implementation. In:
Khosrow-Pour M (Hrsg) Emerging information resources management and technologies. IGI
Global, Hershey, PA, S 1–23

Boos M, Hardwig T, Riethmüller M (2016) Führung und Zusammenarbeit in verteilten Teams.
Hogrefe, Göttingen

Born HJ (2018) Evolutionäre Geschäftsmodelle im Maschinenbau. In: Geschäftsmodell-Innovation
im Zeitalter der vierten industriellen Revolution. Springer, Wiesbaden

Browning T, Fricke E, Negele H (2006) Key concepts in modeling product development processes.
Syst Eng 9:104–128

Cannon-Bowers JA, Salas E, Converse SA (1993) Shared mental models in expert team decision
making. In: Castellan NJ (Hrsg) Current issues in individual and group decision making.
Erlbaum, Hillsdale, S 221–246

Cheshin A, Rafaeli A, Bos N (2011) Anger and happiness in virtual teams: emotional influences of
text and behavior on others' affect in the absence of non-verbal cues. Organ Behav Hum Decis
Process 116:2–16

Crowder R, Bracewell R, Hughes G et al (2003) A future vision for the engineering design environment: a future sociotechnical scenario. In: International Conference on Engineering Design Iced 03 Stockholm. Stockholm

Cummings TG, Worley CG (2009) Organization development & change. South-Western Cengage Learning, Mason

Davis MC, Challenger R, Jayewardene DNW, Clegg CW (2014) Advancing socio-technical systems thinking: a call for bravery. Appl Ergon 45:171–180. https://dx.doi.org/10.1016/j.apergo.2013.02.009

Eigner M, Roubanov D, Zafirov R (2014) Modellbasierte virtuelle Produktentwicklung. Springer, Berlin

Ellwart T, Happ C, Gurtner A, Rack O (2015) Managing information overload in virtual teams: effects of a structured online team adaptation on cognition and performance. Eur J Work Org Psychol 24:812–826

Ehrlenspiel K, Meerkamm H (Hrsg) (2013) Integrierte Produktentwicklung: Denkabläufe, Methodeneinsatz, Zusammenarbeit. Hanser, München

Franken S (2016) Arbeitswelt der Zukunft als Herausforderung für die Führung. In: Führen in der Arbeitswelt der Zukunft. Springer, Wiesbaden

Hagemann V, Kluge A, Ritzmann S (2011) High Responsibility Teams – Eine systematische Analyse von Teamarbeitskontexten für einen effektiven Kompetenzerwerb. Psychologie des Alltagshandelns 4:22–42

Handke L, Kauffeld S (2019) Alles eine Frage der Zeit? Herausforderungen virtueller Teams und deren Bewältigung am Beispiel der Softwareentwicklung. GrInterakt Org 50:33–41

Handke L, Klonek FE, Parker SK, Kauffeld S (2020) Interactive effects of team virtuality and work design on team functioning. Small Group Res 51:3–47. https://dx.doi.org/10.1177/1046496419863490

Hirsch-Kreinsen H, TenHompel M, Ittermann P, Dregger J, Niehaus J, Mättig B, Kirks T (2015) Digitalisierung von Industriearbeit: Forschungsstand und Entwicklungsperspektiven. Zwischenbericht des Projektes SoMaLi. Technische Universität Dortmund. https://www.wiwi.tu-dortmund.de/wiwi/de/forschung/gebiete/fp-hirschkreinsen/aktuelles/meldungsmedien/2015081 7Zwischenbericht-SoMaLI.pdf. Zugegriffen: 15. Juli 2019

Horváth I, Gerritsen, B, Rusák Z (2010) A new look at virtual engineering. In: Proceedings of Mechanical Engineering Conference, S 1–12

Huth T, Vietor T (2020) Systems Engineering in der Produktentwicklung: Verständnis, Theorie und Praxis aus ingenieurswissenschaftlicher Sicht. Gr Interakt Org 51:125–130. https://dx.doi.org/10.1007/s11612-020-00505-1

Inkermann D (2019) Towards Model-based Process Engineering. In: Proceedings of the 22nd International Conference on Engineering Design (ICED19), The Design Society, Delft, Netherlands, 5–8 August 2019

Kauffeld S (2007) Jammern oder Lösungsexploration – Eine sequenzanalytische Betrachtung des Interaktionsprozesses in betrieblichen Gruppen bei der Bewältigung von Optimierungsaufgaben. Z Arbeits- Organisationspsychol 51:55–67. https://doi.org/10.1026/0932-4089.51.2.55

Kauffeld S (2020) Räumlich und zeitlich verteilt mobil im Team arbeiten. In Kneips F, Pfaff H (Hrsg.) BKK Gesundheitsreport 2020 (in press)

Kauffeld S, Güntner AV (2018) Teamfeedback. In: Jöns I, Bungard W (Hrsg) Feedbackinstrumente im Unternehmen. Springer Gabler, Wiesbaden

Kauffeld S, Handke L, Straube J (2016) Verteilt und doch verbunden: Virtuelle Teamarbeit. GrInterakt Org 47:43–51

Kauffeld S, Paulsen H (2018) Kompetenzmanagement in Unternehmen. Kompetenzenbeschreiben, messen, entwickeln und nutzen. Kohlhammer, Stuttgart

Knight AP (2015) Mood at the midpoint: affect and change in exploratory search over time in teams that face a deadline. Organ Sci 26:99–118

Knight AP, Eisenkraft N (2015) Positive is usually good, negative is not al-ways bad: the effects of group affect on social integration and task performance. J Appl Psychol 100:1214–1227

Lanting CJM, Lionetto A (2015) Smart systems and cyber physical systems paradigms in an IoT and Industrie/ie4.0 context. In: Paper presented at the 2nd International Electronic Conference on Sensors and Applications

Lipnack J, Stamps J (1998) Virtual teams. people working across boundaries with technology. Wiley, New York

Maguire M (2014) Socio-technical systems and interaction design – 21st century relevance. Appl Ergon 45:162–170

Mathieu JE, Heffner TS, Goodwin GF, Salas E, Cannon-Bowers JA (2000) The influence of shared mental models on team process and performance. J Appl Psychol 85:273–283

Negele H, Fricke E (1997) ZOPH – a systemic approach to the modeling of product development systems. INCOSE International Symposium 7:266–273

Pasmore W, Winby S, Mohrman SA, Vanasse R (2019) Reflections: sociotechnical systems design and organization change. J Change Manage 19:67–85

Paulsen HFK, Klonek FE, Schneider K, Kauffeld S (2016) Group affective tone and team performance: a week level study in project teams. Front Commun 1:7

Paulsen H, Zorn V, Inkermann D, Reining N, Baschin J, Vietor T, Kauffeld S (2020) Soziotechnische Analyse und Gestaltung von Virtualisierungsprozessen: Ein Fallbeispiel zur virtuellen Inbetriebnahme. Gr Interakt Org 51:81–93

Robin V, Rose B, Girard P (2007) Modelling collaborative knowledge to support engineering design project manager. Comput Ind 58:188–198. https://dx.doi.org/10.1016/j.compind.2006.09.006

Rouse WB, Morris NM (1986) On looking into the black box: prospects and limits in the search for mental models. Psychol Bull 100:349–363

Ruel HJ, Bondarouk TV, Van der Velde M (2007) The contribution of e-HRM to HRM effectiveness: results from a quantitative study in a Dutch Ministry. Empl Relat 29:280–291

Schleidt B, Eigner M (2010) Competency management approach for cross enterprise product design. In: Proceedings of the DESIGN 2010/11th International Design Conference. The Design Society, Glasgow, S 11183–1188. Dubrovnik, Croatia, 17–20. Mai 2010

Schulze J, Krumm S (2017) The "virtual team player": a review and initial model of knowledge, skills, abilities, and other characteristics for virtual collaboration. Org Psychol Rev 7:66–95

Sträter O, Bengler K (2019) Positionspapier Digitalisierung der Arbeitswelt. Z Arbeitswissenschaften 73:243–245

Talas Y, Gzara L, Le Dain M-A, Merminod V, Frank AG (2017) Which are the limitations of ICT tools for collaborative design with suppliers?. In: Proceedings of the ICED'17/21st International Conference on Engineering Design, The Design Society 8:289–298, Vancouver, Canada, 21–25 August 2017

Törlind P, Larsson A (2002) Support for informal communication in distributed engineering design teams. In: Annals of 2002 International CIRP Design Seminar, Hong-Kong, 16–18 Mai 2002

Tuckman BW (1965) Developmental sequences in small groups. Psychol Bull 63:348–399

Ulich E (2013) Arbeitssysteme als soziotechnische Systeme: eine Erinnerung. J Psychol Alltagshandelns 6:4–12

Wallace K, Clegg C, Keane A (2001) Visions for engineering design: a multidisciplinary perspective. In: Proceedings of the ICED'01/13th International Conference on Engineering Design, Glasgow, UK, S 107–114, 21.–23. August 2001

Zäh MF, Wünsch G, Hensel T, Lindworsky T (2006) Nutzen der virtuellen Inbetriebnahme: Ein Experiment. ZWF Z wirtschaftlichen Fabrikbetrieb 101:595–599

Zorn V, Baschin J, Berg A-K, Vietor T, Kauffeld S (2020) Digitale Hilfsmittel für digitale Arbeit? Ein praktischer Ansatz zur Etablierung eines digitalen Hilfsmittels für digitalisierungsbedingte Veränderungen. In: Gesellschaft für Arbeitswissenschaft e. V. Dortmund (Hrsg) Digitaler Wandel, digitale Arbeit, digitaler Mensch? (Beitrag A.9.7), GfA-Press, Dortmund

Open Access Dieses Kapitel wird unter der Creative Commons Namensnennung 4.0 International Lizenz (http://creativecommons.org/licenses/by/4.0/deed.de) veröffentlicht, welche die Nutzung, Vervielfältigung, Bearbeitung, Verbreitung und Wiedergabe in jeglichem Medium und Format erlaubt, sofern Sie den/die ursprünglichen Autor(en) und die Quelle ordnungsgemäß nennen, einen Link zur Creative Commons Lizenz beifügen und angeben, ob Änderungen vorgenommen wurden.

Die in diesem Kapitel enthaltenen Bilder und sonstiges Drittmaterial unterliegen ebenfalls der genannten Creative Commons Lizenz, sofern sich aus der Abbildungslegende nichts anderes ergibt. Sofern das betreffende Material nicht unter der genannten Creative Commons Lizenz steht und die betreffende Handlung nicht nach gesetzlichen Vorschriften erlaubt ist, ist für die oben aufgeführten Weiterverwendungen des Materials die Einwilligung des jeweiligen Rechteinhabers einzuholen.

Auf der Suche nach dem digitalen Arbeitsplatz

Thomas Hardwig und Marliese Weißmann

Unternehmen, die mit dynamischen Wettbewerbsbedingungen konfrontiert sind, entwickeln in der Regel eine flexible und dezentralisierte Arbeitsorganisation, die auf Teams und Projekten basiert. Da die Anforderungen jedoch weiter steigen, Unsicherheit zu bewältigen, auf neue Situationen zügig zu reagieren und komplexe Aufgaben zu lösen, wird eine „collaborative organisation" (Beyerlein et al. 2003) als Lösung diskutiert, welche durch eine flexible sowie temporäre, oftmals informelle Vernetzung von Personen oder Teams die Reaktionsfähigkeit steigern könne. Tatsächlich lässt sich ein historischer Trend von „konventionellen" hierarchischen und funktional differenzierten zu stärker virtuell und als Netzwerk gestalteten„neuen" Organisationsformen verzeichnen (Aroles et al. 2019; Child 2015). Diese Entwicklung wird sehr stark durch die technologischen Möglichkeiten des flexiblen, orts- und zeitunabhängige Arbeitens angetrieben (Warner und Witzel 2004) und nutzt Formen des *„temporären Organisierens"* (Braun und Sydow 2017).

Vor diesem Hintergrund werden zunehmend kollaborative Anwendungen eingesetzt, die als Arbeitsplattformen der Zusammenarbeit eine flexible Arbeitsorganisation in den Unternehmen unterstützen soll. Bei Kollaborationsplattformen handelt es sich um integrierte Anwendungen, die vielfältige Funktionen für die raum- und zeitunabhängige virtuelle Zusammenarbeit von Teams, Projekten sowie den firmenweiten Austausch an einem virtuellen Ort im Netz zur Verfügung stellen. Mit dieser übergeordneten

T. Hardwig (✉)
Kooperationsstelle Hochschulen und Gewerkschaften, Georg-August-Universität Göttingen, Göttingen, Deutschland
E-Mail: thomas.hardwig@uni-goettingen.de

M. Weißmann
Soziologisches Forschungsinstitut Göttingen e. V., Göttingen, Deutschland
E-Mail: marliese.weissmann@sofi.uni-goettingen.de

© Der/die Autor(en) 2021
179

S. Mütze-Niewöhner et al. (Hrsg.), *Projekt- und Teamarbeit in der digitalisierten Arbeitswelt*, https://doi.org/10.1007/978-3-662-62231-5_9

technischen Infrastruktur ist auch die flexible Einbindung von Externen möglich. Diese Anwendungen, die unter ganz verschiedenen Begrifflichkeiten diskutiert werden (Hardwig et al. 2020), unterscheiden sich von bisherigen Groupware-Anwendungen, die auf E-Mail basieren, wesentlich (McAfee 2009), indem sie Potenziale für eine teamübergreifende, netzwerkartige Zusammenarbeit bieten (siehe Kap. 10 in diesem Band).

Bisherige Forschungen führen vor Augen, dass eine reine technische Bereitstellung von Software nicht ausreicht: Eine effiziente Nutzung von Kollaborationsplattformen verlangt vielfältige organisationale, räumliche, technische sowie soziale Voraussetzungen zu schaffen (Greeven und Williams 2017). Durch die Möglichkeiten von mehr Selbstorganisation der Teams durch den Einsatz dieser Plattformen werden insbesondere hierarchische Arbeits- und Organisationsstrukturen herausgefordert. Unser Beitrag knüpft hier an. Wir werden an drei Fallbeispielen die vielschichtigen Entwicklungsprozesse in der Arbeitsgestaltung[1] nachzeichnen, die Unternehmen auf der Suche nach dem digitalen Arbeitsplatz mit Kollaborationsplattformen machen. Die Implementierung passender technischer Infrastruktur für die Organisation und Arbeit lässt sich als ein vielgestaltiger kollektiver Such- und Entwicklungsprozess fassen. Entwicklungsrichtungen werden abgebrochen und Neuanfänge gesucht, Ansätze werden verfolgt, überdacht und in anderer Form weiterverfolgt.

Wir gehen davon aus, dass sich dies nicht alleine mit fehlenden Kompetenzen der an der Arbeitsgestaltung beteiligten Menschen, systematischen Problemen mit der Gestaltung des Einführungsprozesses oder mit Fehlern in der technischen Auslegung der Systeme erklären lässt. Unsere These ist vielmehr, dass die mit den Implementierungsprozessen verbundenen Suchbewegungen unvermeidlicher Ausdruck der Notwendigkeit sind, eine tragfähige Lösung für ein komplexes Problem zu entwickeln. Die Komplexität resultiert aus der Vielzahl sozialer, organisatorischer und technischer Einflussfaktoren, welche die Gestaltung der Nutzung von Kollaborationsplattformen bestimmen, und ihre kaum antizipierbaren Wechselbeziehungen. Damit die betrieblichen Akteure die Bedingungen gestalten können, müssen sie sich auf einen Such-, Lern- und Entwicklungsprozess einlassen, dessen Ergebnis nicht im Voraus geplant werden kann, sondern durch die Akteure gefunden werden muss.

Unser Beitrag gliedert sich wie folgt: Zunächst stellen wir die empirischen Grundlagen unserer Analyse sowie die Unternehmen, die als Fallbeispiele dienen, kurz vor. Im Anschluss daran beschreiben wir, in einer verdichteten Form, wer die Verantwortung

---

[1]Wir arbeiten in diesem Beitrag mit einem deskriptiven Begriff von Arbeitsgestaltung, der die Maßnahmen der Verantwortlichen zur Gestaltung der Arbeitsbedingungen unabhängig davon beschreibt, wie professionell sie nach arbeitswissenschaftlichen Standards vorgehen. Arbeit wird nach unserer Auffassung immer gestaltet, im Guten wie im Schlechten. Inwieweit die Ziele Persönlichkeitsentwicklung und Gesundheitsförderung systematisch und fachlich angemessen verfolgt worden sind, können wir nicht bewerten. Es ging nach Bekunden der Verantwortlichen um eine Verbesserung der Arbeit nach mitarbeiterorientierten und wirtschaftlichen Zielsetzungen.

für Fragen der Arbeitsgestaltung übernommen hat, wie das Unternehmen die Nutzung der Kollaborationsplattformen gestaltet hat und welche Entwicklungsprozesse sich in den drei Jahren, die wir sie begleitet haben, beobachten ließen. In einem abschließenden Teil reflektieren wir, was wir aus diesen Entwicklungsprozessen für eine systematische Gestaltung der Arbeit mit Kollaborationsplattformen lernen können und kommen zu Empfehlungen für eine prozessorientierte, agile Arbeitsgestaltung.

9.1   Methodische Grundlagen und Datenbasis

Empirische Grundlage für die folgende Ergebnisdarstellung bilden drei Fallstudien aus mittelgroßen Unternehmen. Diese verfügen bereits über mehrjährige Erfahrungen mit kollaborativen Anwendungen und zeichnen sich durch eine avancierte Nutzung von Kollaborationsplattformen aus. Wir beobachten also nicht die erstmalige Einführung, sondern die Weiterentwicklung der Nutzung (verbunden mit der Einführung neuer IT-Werkzeuge). Das Unternehmen „C" ist ein Consulting-Unternehmen (ca. 90 Beschäftigte), das für Kunden den „digitalen Arbeitsplatz" implementiert. „S" ist ein Unternehmen für kundenspezifische Software-Entwicklung (ca. 250 Beschäftigte). Der Sondermaschinenbauer M (ca. 380 Beschäftigte) stellt Automationsanlagen zur Montage und Prüfung mechatronischer Bauteile für unterschiedliche Branchen her. Alle drei stehen vor der Herausforderung, die räumlich verteilte Zusammenarbeit im Unternehmen mit dem Einsatz von Kollaborationsplattformen zu unterstützen (Hardwig 2019).

Die Empirie wurde im Rahmen des Verbundprojektes *CollaboTeam* in den Jahren 2017 bis 2020 erhoben.[2] Grundlage der Auswertung bilden 88 leitfadengestützte Interviews von ca. 90 min Dauer und 12 zweistündige Gruppendiskussionen (35 Interviews 2017, acht Interviews 2018, 43 Interviews sowie 12 Gruppendiskussionen 2019 und ein Interview 2020). Befragt wurden Beschäftigte und Personen aus dem Management, die mit kollaborativen Anwendungen arbeiteten und/oder für die Gestaltung des Einsatzes der Kollaborationsplattformen verantwortlich waren. Es handelt sich dabei vor allem um höherqualifizierte Angestellte mit Berufen aus dem Ingenieurswesen, Informatik, Betriebswirtschaft oder den Sozialwissenschaften, die im Bereich der Wissensarbeit tätig sind. Weitere Datenquellen sind Beobachtungen und Gespräche, die im Rahmen der wissenschaftlichen Begleitung entstanden.

---

[2]Das Forschungs- und Entwicklungsprojekt CollaboTeam wird im Rahmen des Programms „Zukunft der Arbeit" (Förderkennzeichen 02L15A060 und 02L15A061) vom Bundesministerium für Bildung und Forschung (BMBF) und dem Europäischen Sozialfonds (ESF) gefördert und vom Projektträger Karlsruhe (PTKA) betreut. Die Verantwortung für den Inhalt dieser Veröffentlichung liegt bei Autor und Autorin. Informationen zum Projekt: www.collaboteam.de.

9.2   Such- und Entwicklungsprozesse: Drei Fallbeispiele

In den drei im Mittelpunkt stehenden Unternehmensfällen wurden zum Beginn der wissenschaftlichen Begleitung 2017 unterschiedliche Ansätze verfolgt, mit der sie die Arbeit mit einer Kollaborationsplattform weiterentwickeln wollten, wobei sie versuchten, sich der Vision eines *„digitalen Arbeitsplatzes"* anzunähern.

Das Maschinenbau-Unternehmen M, hatte sich eine Kollaborationsplattform zum Ziel gesetzt, mit der sich Arbeitsprozesse automatisieren lassen. Dabei stellten sie die Unterstützung der Beschäftigten bei der Erfüllung von Aufgaben ins Zentrum. Sie verfolgten das Ziel, mit einer Plattform Prozesse unterschiedlich komplexer Aufgaben abzubilden, die sie in drei Stufen einteilten und in einem Pyramidenmodell darstellten: Dessen Basis bilden einfache Routineprozesse (z. B. Angebotsprozess einer Anlage), die nächste Schicht vielschichtige Projektprozesse sowie an der Spitze komplexe Managementaufgaben. Die Grundüberlegung der Verantwortlichen war, dass alle Prozesse im Kern aus Aufgaben bestehen und sich daher durch die gleiche Grundstruktur auszeichnen, entsprechend könnten sie mit der gleichen Anwendung abgebildet werden. Während die Routineprozesse stärker durch Vorgaben gesteuert und gezielt mit Formularen, Daten und weiteren Informationen unterstützt werden können, sind die Prozesse der höheren Ebenen offener, weshalb die Nutzerinnen und Nutzer über größere Freiheitsgrade verfügen müssen. Zudem wurde bewusst nicht das Team ins Zentrum gestellt, sondern die Aufgabe, weil Teams zwar eine Aufgabe haben, aber nicht alle Prozesse in einer Organisation durch Teams erfüllt werden.

Das IT-Consulting-Unternehmen C, ein Beratungsdienstleister zur Umsetzung von Digital Workplace-Lösungen, hatte sich aus strategischen Gründen bereits vor Projektbeginn für einen Wechsels in der IT-Ausstattung von einer IBM- zu einer Microsoft-Architektur entschieden. Entsprechend waren die technischen Grundlagen bereits gelegt worden. Für das Projekt wurde als Ziel formuliert, schrittweise den Wechsel im Einsatz der Anwendungen vorzunehmen, um die O 365 Cloudlösung als „digitalen Arbeitsplatz" zu realisieren. Oberflächlich betrachtet, sollten die Beschäftigten lediglich zu funktional äquivalenten Anwendungen eines anderen Herstellers wechseln. Genau besehen waren die Lotus-Anwendungen jedoch unternehmensspezifisch konfiguriert und mit den Kernprozessen des Unternehmens eng verknüpft. Während die neue Architektur nun durch Standardsoftware gestellt wurde, welche sich durch einen hohen Grad an Integration einer Vielzahl von Einzelanwendungen sowie Cloud-Services auszeichnet. Fraglich war also, wie der Wechsel der Anwendungen in den unterschiedlichen Arbeitsbereichen so umgesetzt werden konnte, dass die Zusammenarbeit mit den neuen Werkzeugen optimal unterstützt werden konnte.

Das Unternehmen S, das kundenspezifische Unternehmenssoftware entwickelt, hatte Jahre vor dem Projekt einen Strategiewechsel vollzogen. Bis dahin waren sie als IT-Dienstleister aufgetreten, dessen Beschäftigte bei den Kunden tätig waren. Dies bedeutete für jene, dass sie in die Kundenteams integriert und vier bis fünf Tage die

Woche dort auch tätig waren. Der Strategiewechsel beinhaltete eine Spezialisierung und Neuausrichtung zum Anbieter für Individualsoftware-Entwicklung mit einem agilen Arbeitskonzept (Schwaber und Sutherland 2017). Zudem wurde, um das Unternehmen für Fachkräfte attraktiv zu machen, auf die abnehmende Reisebereitschaft der hochqualifizierten Beschäftigtengruppen reagiert, indem ein Konzept räumlich verteilter Zusammenarbeit realisiert wurde. Dies hatte den Vorteil, dass die Beschäftigten überwiegend an ihrem Heimatstandort eingesetzt werden konnten. Es stellt aber die Anforderung, dass nun die Möglichkeiten geschaffen werden mussten, dass die agilen Software-Entwicklungsteams über mehrere Standorte hinweg arbeiten konnten. Denn in den meisten Fällen wurden die Projekte weiterhin in gemeinsamen Teams mit Mitarbeiterinnen und Mitarbeitern aus den Kundenunternehmen realisiert. Eine räumlich verteilte Zusammenarbeit wird bei agiler Softwareentwicklung zumeist vermieden (Tietz und Mönch 2015), denn für den Erfolg wird eine gemeinsame Vorstellung von allen Facetten des Entwicklungsauftrages sowie ein laufender Wissensaustausch zwischen allen Mitgliedern des interdisziplinären Teams als notwendig angesehen. Dies kann nur durch intensive laufende Kommunikation (z. B. Daily Meetings) sowie eine intensive Reflexion der Zusammenarbeit (z. B. Retrospektiven) (Schwaber und Sutherland 2017) gesichert werden. Diese Intensität der Kollaboration war bis dahin nur in einem Präsenzteam vorstellbar, aber das Unternehmen musste nun damit beginnen, eine räumlich verteile, agile Zusammenarbeit in virtuellen Teamräumen systematisch zu entwickeln. Im Unterschied zu den beiden anderen Unternehmen geht die Entwicklung nicht von einer Veränderung der Technik aus, obwohl kollaborative Anwendungen auch hier einen unverzichtbaren Beitrag für die verteilte Zusammenarbeit leisten.

Soweit die Ausgangsposition, wie stellten sich die Entwicklungsprozesse jeweils dar?

9.2.1 Leitungsgetriebene Entwicklung – das Maschinenbau-Unternehmen M

Die Federführung für die Entwicklung des digitalen Arbeitsplatzes im Maschinenbau-Unternehmen M lag bei dem geschäftsführenden Unternehmer, der dies gemeinsam mit einem Leiter einer Stabstelle realisiert, der quasi die Funktion eines Industrial Engineering wahrnimmt und über Erfahrungen in der Prozessoptierung und der Implementierung sowie Entwicklung von Software verfügt. Beide hatten seit langer Zeit neue Möglichkeiten der Unterstützung des betrieblichen Wissensmanagements und der innerbetrieblichen Kommunikation erprobt und realisiert. In dieser Konstellation wurden Fachabteilungen wie v. a. die IT bedarfsweise hinzugezogen.

Für die Entwicklung einer Plattform zur Prozessautomatisierung wurden auf Basis langjähriger Erprobungen und Erfahrungen, die Anforderungen an eine geeignete Software formuliert und auf dieser Grundlage systematisch die verfügbaren Softwareprodukte bewertet. Im Frühjahr 2017 wurden dann zwei Produkte von BPM Software (Business-

Process-Management) identifiziert, die versprachen Workflows, ohne langwieriges Programmieren direkt modellieren zu können. In einem halbjährigen intensiven Prozess erfolgten Auswahl, Investitionsentscheidung und Implementierung und zum Jahresende liefen interne Qualifizierungen und Tests mit zehn ausgewählten Führungs- und Fachkräften, die als Prozessmodellierer von ihnen verantwortete Prozesse exemplarisch modellieren sollten.

Anfang 2018 trat Ernüchterung ein, denn die BPM-Software erfüllte die Anforderungen nicht ausreichend, die Zielgruppe konnte das Programm keineswegs intuitiv bedienen und sie war auch damit überfordert, die von ihr verantworteten Prozesse fachlich angemessen so zu modellieren, dass sie mithilfe des Programms zu gestalten waren. Im Sommer 2018 waren fünf Prozesse (z. B. Rechnungsprüfung, Investitionsantrag, Einstellungsprozess) mit dem BPM Programm abgebildet und nach zahlreichen Versuchen, die Probleme in den Griff zu bekommen, wurde das Projekt abgebrochen.

> „Die wichtigste Erfahrung (…) dass wir einen Mega-Fail hingelegt haben… und dass wir aber aus diesem Mega-Fail so viel gelernt haben und zwar in einer Systematik gelernt haben, die wir in dieser Form aus meiner Sicht in Ablauf und der Qualität und in der Tiefe …noch nie gemacht haben." (M1997b-12 Führungskraft)

Und zwar hätten sie nicht nur über die Bedingungen für die Gestaltung der Plattform, sondern auch über die Anforderungen durch ihre Arbeitsorganisation sehr viel gelernt.

Die Zielsetzung und das dreistufige Modell der zu unterstützenden Prozesse wurden jedoch bekräftigt und stattdessen beschlossen, eine Anwendung selbst zu programmieren – ein Ansatz, die bereits vor der Anschaffung der Software bestand – welche die Anforderungen besser erfüllen sollte. Dafür wurden sogar Software-Entwickler neu eingestellt. Zudem wurde 2019 eine Innovationsorganisation mit spezialisierten Businessprocess-Consultants aufgebaut, welche die Aufgabe der professionellen Prozessmodellierung an Stelle der Führungskräfte übernehmen sollten. Ende 2019 war der Start der Arbeit mit der Prozessplattform und die ersten Freigaben der optimierten Prozesse vorgesehen, die Planungen verzögerten sich immer wieder. Die konkreten Umsetzungen bezogen sich zunächst auf einfache Prozesse.

Da früh erkennbar wurde, dass eine baldige Unterstützung durch das BPM-System für die Projektplanung (zweite Stufe des Modells) nicht zu erwarten war, wurde bereits Anfang 2018 mit externer Unterstützung ein eigenes Projekt zur Optimierung der Projektplanung gestartet. Ebenfalls 2018 wurde MS Teams getestet, obwohl diese Anwendung nicht mit dem Zielkonzept vereinbar war, da es auf dem Prinzip einer Teamplattform basierte und nicht die Aufgabe ins Zentrum stellte. Aber die Standorte in Übersee sollten digital an den deutschen Standort angebunden werden. Da das Unternehmen Office 365 im Einsatz hatte, stand MS Teams im Unterschied zur BPM-Anwendung zur Verfügung. Aufgrund des wahrgenommenen Handlungsdrucks in der internationalen Zusammenarbeit machte es der dafür zuständige Geschäftsführer zu seiner persönlichen

Angelegenheit, MS Teams in diesem Bereich selbst zu erproben. Er bestimmte die ersten Teams und entwickelte die entsprechenden Regeln für die Nutzung der Anwendungen und die künftige Zusammenarbeit in den internationalen Projekten. Dabei beteiligte er fallweise weitere Expertinnen oder Experten aus dem Unternehmen oder Projektmitglieder an der Erprobung und Weiterentwicklung dieser Regularien. Im Zentrum stand ein Verhaltenskodex, in dem die Benutzung der Plattform und die Organisation der Zusammenarbeit geregelt wurden.

> „Richtig, wir haben den Kodex aufgeschrieben, wir haben geschult, wir haben gefragt: Ist das okay für euch? Wir haben ihn ausprobiert, wir haben ihn verteidigt, wir haben ihn weiterentwickelt … also wir leben den, wir (…) behandeln Problemfälle, (…) die werden dann angesprochen, (…) und ohne diesen Kodex, der das alles zusammenhält, passiert da gar nichts." (M1997a -25 Führungskraft).

Nach einer ersten Pilotphase wurde die Nutzung schnell ausgeweitet und die entwickelten Bedienungshinweise und Nutzungsregeln in halbtägigen Schulungen an weitere Mitarbeiterinnen und Mitarbeiter vermittelt. Diese Schulungen wurden überwiegend durch den Geschäftsführer persönlich geleitet, unterstützt durch seinen Assistenten. Im Hintergrund leistet die IT-Abteilung entsprechende Zuarbeiten, um technischen Funktionalitäten und die Datensicherheit zu gewährleisten.

Aufgrund der sich hinziehenden Umsetzung der BPM-Plattform und der ersten Erfolge der MS Teams Nutzung entwickelte sich Ende 2018 eine Art Wettbewerb, welche der beiden Ansätze die Grundlage für den digitalen Arbeitsplatz bilden könnte. Dies wurde im Management kontrovers diskutiert. Denn weiterhin gingen die Verantwortlichen davon aus, dass eine Anwendung das Zentrum des digitalen Arbeitsplatzes bilden sollte, die jeweils andere könnte darin unter Umständen als App integriert werden.

Die Reaktion aus dem Management und von Beschäftigten beschleunigte dann jedoch die Umsetzung von MS Teams. Durch die O 365 Cloud-Lösung hatte die IT-Abteilung erst einmal den Schock zu verarbeiten gehabt, dass *„Microsoft das ermöglicht, dass jeder x-beliebige Mitarbeiter x-beliebige Daten teilen kann mit x-beliebigen Leuten. Und die müssen nicht alle im Unternehmen sein. Das mussten wir erst mal alles verrammeln, weil wir gar nicht das steuern können, wo Daten abfließen." (M1878-IT)* Diese ersten Erfahrung schlug sich in dem Bild vom „Wildwuchs" nieder, dass von neun Interviewpartnern unabhängig voneinander gebraucht wurde. Die Konsequenz des Managements war eine starke Reglementierung der Nutzung, welche aber auch auf deutliche Kritik stieß.

> „[B4:] Ausschließlich er legt fest und gibt frei, wer ein Team haben darf. (…). Ähm (…) genau um diesen Wildwuchs sozusagen (…) auch ein bischen einzufangen (…) Kollegen haben dann gefragt, wieso können wir denn das nicht nehmen und das nicht nehmen und wir haben hier das mal ausprobiert und puh ja, ne? Unverständnis. Unverständnis. (…) Er hat zu mir gesagt, ich habe es den Kollegen versprochen, jetzt müssen wir liefern, ja? Die wollen arbeiten, die wollen tun, ja? Äh ja und daran sind wir ja jetzt." (M1986-447 Gruppendiskussion Manager)

Insbesondere die Frage der Berechtigung der Nutzung wurde heiß diskutiert und ein Umsetzungsdruck entstand, MS Teams breiter zur Verfügung zu stellen.

> „[B2:] Also in meinem Team wird schon gefragt, wann kriegen wir denn das endlich. So weil (...) das hat ja schon schöne Funktionen. Also ich würde es gerne auch nutzen, um Aufgaben zu sehen die wir verteilt haben. (…) ist halt derzeit nicht freigegeben und das stößt natürlich auch ein bisschen auf Unmut." (M1986-449 Gruppendiskussion Manager). [B3:] „Ich find ja die Regel auch okay, wenn mir jemand sagt, du darfst da kein wildwuchsmäßiges Teams anlegen. Aber wenn ich sage, ich hätte gerne ein Team aus folgenden Gründen und dann krieg ich das nicht, das find ich irgendwie nicht nachvollziehbar". (M1996-304 Gruppendiskussion Mitarbeiter)

Die Geschäftsführung reagierte darauf, indem sie die Nutzung von MS Teams schrittweise erweiterte. Zum einen wurde die Koordination der wöchentlichen Steuerungsrunde der laufenden Projekte mit MS Teams unterstützt, zum anderen sollten Organisationsbereiche jeweils einen Teamraum bekommen, um die bereichsinterne Zusammenarbeit zu verbessern.

Am Ende des Beobachtungszeitraums Anfang 2020 war folgender Stand erreicht: Die ursprüngliche Zielsetzung des digitalen Arbeitsplatzes wurde weiterverfolgt, jedoch wurde nun davon abgesehen die drei Ebenen des Pyramidenmodells mit einer Kollaborationsplattform abbilden zu wollen. Die Geschäftsführung plante eine parallele Nutzung der digitalen Prozessautomatisierungsplattform, von MS Teams und weiteren Applikationen. Denn auch die selbst entwickelte digitale Prozessautomatisierungplattform hatte sich in den Augen des Geschäftsführers schließlich bewährt. Da die Abbildung von sechs Prozessen (z. B. Zeiterfassung, Auftragsdurchlauf, Einstellungsprozess) erhebliche Wirtschaftlichkeitseffekte (u. a. Wegfall von Suche- und Wartezeiten; geringerer Aufwand der Bearbeitung; Automatisierung von Prozessschritten) sichtbar gemacht hatte, sollte dieser Weg konsequenter Prozessautomatisierung fortgesetzt werden. Beide Anwendungen tragen zur Realisierung des Pyramidenmodells bei, die Prozessautomatisierung gestaltet die routinisierteren Prozesse, MS Teams unterstützt die Koordination der Projektarbeit und die Zusammenarbeit von Teams mit komplexeren Aufgaben. Interessant ist, dass nun auch die Weiterentwicklung eines seit vielen Jahren genutzten Wiki-Systems als eigenständige Anwendung auf die Tagesordnung gesetzt wurde. Es sollte global aufgesetzt und zudem überprüft werden, ob ein besser geeignetes Produkt dafür einsetzbar wäre.

Die Arbeitsgestaltung in diesem Prozess wird durch zwei Akteursgruppen vorangetrieben: Die Industrial Engineering Funktion gestaltet die klassische Prozessoptimierung und übernimmt zunächst Auswahl und Implementierung der Prozessoptimierungsplattform und schließlich die hauseigene Entwicklung der IT-Werkzeuge. Die Geschäftsführung und ihr Stab verantworten die Einführung von MS Teams in Projektbereichen. Dabei beschränkte sie sich auf der Grundlage der technischen Betreuung durch die IT Abteilung zunächst auf die Bildung von Teams, die Entwicklung und Festlegung von Berechtigungskonzepten sowie Nutzungsregeln. Zudem führten sie Schulungen durch. In weiteren Schritten wurde dann die Nutzung von MS Teams auf die wöchentliche Planungsrunde des Managements und die Zusammenarbeit im Top Management ausgeweitet. Dabei haben die Beschäftigten mit ihrer Einforderung einer stärkeren Autonomie bei der Nutzung und Transparenz der Inhalte auf der Projektplattform nicht unwesentlich zu ihrer Verbreitung beigetragen. Es entstand zwar eine größere Diskussion, inwieweit die Kollaborationsplattform geöffnet werden soll, der Modus der Top-down Umsetzung und die strenge Reglementierung der Nutzung blieben jedoch bestehen.

9.2.2   Schrittweises Vorgehen – das IT-Consulting Unternehmen C

Bei der IT-Consulting Firma C zielte das Umsetzungsprojekt darauf, schrittweise auf das Arbeiten mit Office 365 umzustellen. Betreut wurde die Umsetzung durch ein Projektteam aus Expertinnen und Experten unterschiedlicher Bereiche (Technik, Consulting), das für bestimmte Projektaufgaben auf zusätzliche Ressourcen zurückgreifen konnte.

Da die gesamte Firma bereits seit Jahren mit kollaborativen Anwendungen verschiedener Hersteller gearbeitet hatte, war das örtlich flexible und in hohem Maße transparente Arbeiten mit einer Kollaborationsplattform bereits fest etabliert. Bei einer Befragung der wissenschaftlichen Begleitung ergab sich der Durchschnittswert von 33 % der Arbeitszeit im Homeoffice, 14 % auf Reisen oder bei Kunden. Die Transparenz wurde sowohl durch unternehmensweit fungierende Social Media Tools (Messenger, Foren, Wiki-System) als auch durch ein Customer-Relationship-Management-System (CRM) sichergestellt, das Projektmitarbeiterinnen und Projektmitarbeitern vollen Einblick in alle Projektunterlagen ermöglichte. Das Zusammenspiel der verschiedenen Anwendungen wurde sehr stark durch programmierte Workflows unterstützt, wie z. B. die automatisierte Ablage von Emails in Kundenakten des CRM. In der Vergangenheit hatte das Management sehr viel Wert darauf gelegt, die Nutzung der verschiedenen Anwendungen (was wofür) und die Vorgehensweisen der Dokumentation und Ablage von Wissen (wie) mittels Regelungen festzulegen, die auch beim Eintritt neuer Mitarbeiterinnen oder Mitarbeiter intensiv vermittelt und in einem hohem Maße verbindlich gehandhabt worden sind.

Das Projektteam machte keine mehrjährige Umsetzungsplanung, sondern nahm sich nach einer Bestandsaufnahme für eine erste Phase des Wechsels von der IBM- zur Microsoft-Architektur den Austausch von Lotus Notes und Sametimes durch Outlook und Skype vor. Mit dem Anschalten der neuen Anwendungen zum Stichtag, standen die alten nicht mehr zur Verfügung. Es musste daher ein Übergangskonzept erarbeitet werden, das für alle Mitarbeiterinnen und Mitarbeiter in kürzester Zeit den kompletten Wechsel bei voller Arbeitsfähigkeit vorsah. Zwar lag der größte Aufwand sicherlich in der technischen Vorbereitung des Systemwechsels und der Planung der schrittweisen Umstellung der einzelnen Arbeitsplätze, doch als größte Herausforderung wurde vom Management die Kommunikation des Sinns des Wechsels und die konkrete Unterstützung der Beschäftigten in der Situation des Wechsels gesehen:

„Die wichtigsten Schritte aus meiner Sicht war, dass wir rechtzeitig kommuniziert haben, dass wir Unterlagen geschaffen haben, wo die Mitarbeiter nachgucken konnten, und dass wir (…) ich sag mal (…) Plattformen geschaffen haben, also mit Skype-Besprechungen den Mitarbeitern gezeigt haben, was auf sie zukommt. Und dabei präpariert waren, als die Umstellung dann passiert ist, dass wir ne Community hingestellt haben, wo sie dann zeitnah sich (…) melden konnten und Hilfe bekommen haben. Also dass man vom ersten Tag an nen möglichst guten Support hat. Das ist wichtig." (C1917-74 Führungskraft).

Da dieser Wechsel ohne größere Probleme bewältigt worden war, einigte man sich nach einer Phase der Klärung des Projektinhaltes für die zweiten Phase auf die Einführung von MS Teams in den Projektbereichen und in der Verwaltung, d. h. sämtliche Projekt-vorgänge sollten ab diesem Zeitpunkt nur noch über diese Plattform abgewickelt werden. Da im Unterschied zur ersten Phase die bisherigen Anwendungen nicht abgeschaltet werden konnten, musste hier Überzeugungsarbeit geleistet werden. So bedeutete es für einen Teil der Beschäftigten, dass sie sich mit der neuen Kollaborationsplattform erst-mals vertraut machen mussten, für den anderen Teil ergab sich keine Veränderung, weil sie halboffiziell zuvor bereits damit gearbeitet hatten. Insbesondere in Bereichen wo die Kunden dieses Werkzeug im Einsatz hatten, war MS Teams schon eineinhalb Jahre früher verfügbar. Gemessen an der Befürchtung des Managements, dass die Bereiche mit einer Präferenz für IBM-Produkte an ihrer bisherigen Anwendung festhalten könnten, gelang der Wechsel aber ziemlich reibungslos. Geholfen hat sicher die Beteiligung der Beschäftigten und gezielte Unterstützung durch das Projektteam:

„Bei Teams geht es so weiter, dass wir eine Umfrage gemacht haben, die sehr detailliert war, mit ganz vielen verschiedenen Fragen. War auch ganz cool, haben irgendwie von 75 Leuten ... 49 teilgenommen immerhin. (…) Dann haben wir ne zweite Umfrage gemacht, wo es darum ging, (…) weil dann haben wir die Ergebnisse der Umfrage vorgestellt und haben noch mal so paar Tipps und Tricks gemacht, also all die Sachen, die angesprochen wurden, was schlecht sind, haben wir dann versucht, in einem Termin aufzuzeigen, wie sie es besser machen können. Dabei ist aber herausgekommen, dass sich die einen oder anderen Kollegen doch noch mehr Dokumentation wünschen beziehungsweise ... unterschiedlichen Bedarf an Unterstützung haben." (C1921-95 Projektteam)

Zum anderen lässt es sich damit erklären, dass die Beschäftigten die Entscheidung des Managements letztlich anerkannten, auf die Marktentwicklung zu reagieren und selbst die Anwendungen zu nutzen, die sie Kunden verkaufen:

„Also bei mir war das so, wo ich immer gedacht hab, wieso? Wieso soll ich jetzt eine schlechtere Lösung wählen als die, die ich habe? (…) Das würde doch kein normaler Mensch machen. (…) aber es ist dann eben tatsächlich nicht so einfach, weil man, wenn man alle Aspekte zusammenführt und sagt, unterm Strich können wir gar nichts als diesen Wandel mitmachen und – auch wenn er für uns persönlich – an manchen Ecken eben einen Rückschritt bedeutet, (…) ist es perspektivisch und strategisch dennoch wichtig und richtig, das zu tun. (…) Also das muss in einem reifen und äh bis man sagt: Ja, stimmt, vielleicht ist es tatsächlich so, dass es nicht immer nur nach vorne geht, sondern in manchen Ecken auch nen kleinen Schritt zurück, damit man insgesamt nach vorne geht, sich nach vorne bewegt." (C1929-78 Consultant)

Sowohl die individuellen und kollektiven Lernprozesse als auch die Auseinandersetzung mit dem Sinn der Veränderung benötigen eine gewisse Zeit.

Jedoch hatte man im Vorfeld zwei Unternehmensbereiche von der Umsetzung zunächst ausgeklammert, weil deren Nutzungsbedürfnisse sich mit einer Team-Standardsoftware nicht gut genug abbilden ließen; zum einen den Vertrieb, für den ein eigenes Customer-Relationship-Management (CRM) geeigneter erschien; zum anderen einen Service-Bereich, der ein Ticketsystem zur detaillierten Dokumentation von Service-Fällen nutzte. Diese Bereiche sollten in einer dritten Phase (nach Ende des Beobachtungszeitraums) umgestellt werden.

Die gesamte Umsetzungsphase wurde von Diskussionen geprägt, welche der bestehenden und von bestimmten Bereichen benutzten Anwendungen neben O 365 weiterhin zur Verfügung stehen sollte und wie das Zielszenario für die unterschied-lichen Anwendungen aussehen könnte. Zwei Beispiele: Die vollständige Ablösung der IBM Architektur wurde durch das Festhalten an IBM Connections deutlich verzögert. Die darüber betriebenen Foren und Communities hatten viele aktive Gruppen mit einem länger bestehenden Wissensaustausch und zudem galt das Werkzeug auch als sehr gut bedienbar. Selbst das Projektteam setzte beim Wechsel auf MS Teams lieber auf die ver-traute Anwendung, um Learning-Communities zu realisieren. MS Teams erschien für diese Zwecke als weniger praktikabel. Nach zwei Jahren konnte sich das Management schließlich durchsetzen und schaltete das Werkzeug vollständig ab. Eine andere Dis-kussion bezog sich auf die Möglichkeiten, die Plattform für das Projektmanagement Jira durch Planner aus dem Office 365 Paket zu ersetzen. Hier spielte das Management wohl mit dem Gedanken, eine weniger leistungsfähige O 365 Lösung einheitlich für alle durchzusetzen oder für die Beschäftigten aus dem Service (Ticketsystem) sowie denjenigen, die aufwendigere Projekte bearbeiteten, Jira vorzusehen. Am Ende setzte sich hier die zweite Alternative durch und es wurde sogar in die Programmierung einer Schnittstelle zum ERP-System investiert, um den Prozess zu optimieren.

Während es in den Projektteams möglich gewesen war, neue Projekte konsequent in der neuen Anwendung zu starten, war die Verwaltung viel stärker abhängig von der Nutzung älterer Datenbestände. Entsprechend wäre für die Verwaltung ein sehr viel größerer Aufwand entstanden und zudem wurde eine dauerhafte Verschlechterung der Arbeitsprozesse befürchtet. Entsprechend formulierten die Beschäftigten aus dem Ver-waltungsbereich deutliche Kritik und es entstand eine spürbare Unruhe, sodass das Management die Verwaltung doch aus der allgemeinen Lösung zunächst ausnahm. Noch zum Zeitpunkt der Verfassung des vorliegenden Beitrags wurde nach einer besseren Lösung gesucht.

Am Ende des Beobachtungszeitraums war festzustellen, dass die Umstellung in den Projektbereichen erfolgreich bewältigt worden war, aber nicht alle der ursprünglich geplanten Bereiche umgestellt waren. Es gab eine Zielplanung für den Wechsel in der Verwaltung und für die Bereiche Vertrieb und Service waren neue Lösungen avisiert. Erneut kann festgehalten werden, dass am Ende eine größere Vielfalt an kollaborativen Anwendungen im Einsatz waren als mit dem Zielszenario „Digitaler Arbeitsplatz" zwei

Jahre zuvor angestrebt worden war. Auch die Abschlussbilanz des Projektverantwortlichen war ambivalent: Zwar wäre ihnen die *„Technologie-Ablösung"* gut gelungen, aber
sie hätten aus der Umsetzung mehr rausholen können, wenn sie auch das Thema *„anders
Arbeiten"* und die *„Kultur der Selbststeuerung"* intensiver bearbeitet hätten. *„Nur weil
ein CEO sagt ‚ihr dürft' ist noch nicht klar, dass die Leute das wollen, können und tun."*
   Welche Aktivitäten der Arbeitsgestaltung steckte hinter dieser „Technologie-
Ablösung"? In einer ersten Phase wurden einerseits die Technik und andererseits die
künftige Nutzung vorbereitet, indem das Projektteam zusammen mit ausgewählten
Beschäftigten sinnvolle Nutzungsfälle („Use-Cases") identifizierte.

> „Also die größte Arbeit war … in der Vorbereitungsphase, weil wir uns da halt schon ein
> bisschen intensiver hingesetzt haben und diese Usecases halt ausgearbeitet haben (…) Und
> da war eigentlich wirklich die größte Arbeit, das vorher, was die Kollegen uns alles an
> Nachrichten geschickt haben, zu analysieren quasi und zu schauen, okay, wie kann man es
> denn abbilden?" (C1923-203 Projektteammitglied)

Dann erfolgte eine Phase der Umsetzung, die in erster Linie die Kommunikation des
Wechsels und die organisatorische Regelung der weiteren Nutzung beinhaltete. Hinzu
kamen noch Programmierleistungen zu Gestaltung von Schnittstellen zu anderen
Programmen. Aufwendig war die Kommunikation der Notwendigkeit dieses Wechsels,
denn – wie bereits erwähnt – er war hauptsächlich strategisch motiviert (Marktver-
änderungen) und durchaus auch mit Einschränkungen in der Benutzerfreundlich-
keit der Anwendungen verbunden. Das Standardprodukt konnte nicht so stark an
den eigenen Workflow angepasst werden wie man es von der alten Lösung gewohnt
war. Auf der anderen Seite ergaben sich jedoch auch Vorteile durch z. B. eine bessere
Integration der Web-Konferenz Funktion. Bei den organisatorischen Regelungen fiel
auf, dass das Management in Folge eines Vorstandswechsels nun bewusst darauf ver-
zichtete, die Nutzung von MS Teams so detailliert zu regeln wie in der Vergangenheit.
Die Leitung erklärte, dass das Unternehmen als Organisation agiler werden wolle und
die Beschäftigten mehr Spielräume bei der Nutzung der Kollaborationsplattform erhalten
sollten. Als verbindliche Richtlinie wurden lediglich fünf Regeln für die Nutzung von
MS Teams erlassen, wie z. B., dass für jeden Kunden nur ein MS Teams gebildet werden
dürfe und die Projekte jeweils einem Kanal eines MS Teams zugeordnet werden sollten.
Ein ganz deutlicher Impuls zu mehr Selbstorganisation. Aber der bloße Verzicht auf
detaillierte Regelung scheint – wie die Äußerung des Projektverantwortlichen belegt –
eine explizite Gestaltung der neuen Form der Zusammenarbeit nicht ersetzen zu können.

9.2.3 Partizipative Entwicklung – das Software-Entwicklungshaus S

Das Arbeitskonzept und die damit verbundene kollaborative Plattform für die verteilte
Software-Entwicklung, das bereits zu Beginn des Förderprojektes für erste Kunden-
projekten umgesetzt war, mutete recht spektakulär an: Im Teamraum, indem vier oder

fünf Personen tätig sind, sind sehr große Bildschirme angebracht, welche eine laufende Direktübertragung aus einem parallelen Arbeitsraum liefern, der beim Kunden angesiedelt ist und in dem weitere Teammitglieder an ihren Arbeitsplatzrechnern sitzen. Es wird eine Situation der Präsenz simuliert, als ob zwei Räume nur durch eine Glasscheibe getrennt wären. Teammitglieder der verschiedenen Standorte können jederzeit miteinander sprechen, müssen dazu aber den Ton erst anschalten. Daneben ist ein Touch-Bildschirm platziert, der den Stand der Aufgabenbearbeitung an einem Task-Board transparent macht und beim morgendlichen „Stand up" von beiden Teams bedient werden kann. Die Zusammenarbeit wird mit weiteren kollaborativen Anwendungen unterstützt (u. a. Whiteboard auf Touchbildschirmen zur Anwendung von Kreativitätstechniken; bilaterale Web-Konferenzen; Wissensaustausch im Wiki-System). Die eigentliche Aufgabe, die Software-Programmierung, erfolgt in verteilten Entwicklungsumgebungen.

Dieser enorme Aufwand für den verteilten Teamraum wird als notwendig angesehen, um die hohe Intensität der Zusammenarbeit und des Wissensaustausches im Team auch auf Distanz sicherzustellen. Entstanden ist es auf der Suche nach einer Lösung der verteilten Zusammenarbeit:

> „Wir standen vor der Herausforderung, wir haben mehrere Standorte und wie kann man das denn lösen? Ne, und dann kam halt die Idee mit der Video-Konferenz-Anlage und damals mit dem [elektronischen Task]-Board. Naja, und dann hat man das dann halt einfach mal eingesetzt, ausprobiert, also das ist halt immer der pragmatische Ansatz: wir probieren was aus, reflektieren die Arbeit, hat das funktioniert? Und darauf sind Erfahrungswerte entstanden..." (S1738-320 Mitglied Expertenteam).

Das Förderprojekt sollte nun dazu genutzt werden, das so gefundene Arbeitskonzept für die agile räumlich verteilte Software-Entwicklung systematisch in Iterationen weiterzuentwickeln und im Unternehmen auszurollen.

Zur Umsetzung wurde ein Expertenteam gebildet, das v. a. von Scrum-Mastern (m + w) (Schwaber und Sutherland 2017) besetzt wurde, die in der Weiterentwicklung der Plattform die Coaching-Rolle für die verteilten Teams übernehmen sollten. Als Coach sollten sie die vorhandenen Erfahrungen an die Teams in räumlich verteilten Projekträumen weitergeben und diese bei der Arbeitsgestaltung fachlich unterstützen. Für die Arbeitsgestaltung blieben die Scrum-Master und die Teams selbst mit verantwortlich: Die Teams reflektierten nach jedem Sprint von ca. drei, vier Wochen in einer Retrospektive die Qualität ihrer Zusammenarbeit und die Einflussfaktoren, welche ihre Zusammenarbeit behinderten. Sie waren insofern für die schrittweise Optimierung ihrer Arbeitsbedingungen zuständig – ähnlich wie die ersten Schritte zum hier vorgestellten Bildschirm-Konzept. Für die Umsetzung der Verbesserungen jeglicher Art (organisatorisch, administrativ, technologisch) waren dann die Scrum-Master zuständig. Die aus der großen Autonomie der Teams resultierende Tendenz, dass jedes Software-Entwicklungsteam seine individuellen Lösungen entwickelt, wurde dadurch abgemildert, dass die Scrum-Master sich in Methodenentwicklung, Technikeinsatz und Vorgehensweisen abstimmen sollten.

Desintegrierende Effekte und eine große Herausforderung für die Arbeitsgestaltung ergaben sich aus dem Umstand, dass es sich um gemischte Teams mit Kunden handelt. Zwar hat sich das Konzept der verteilten Zusammenarbeit mit dem sichtbaren Bildschirm in vielen Anbahnungsprozessen auch als ein attraktiver Marketingfaktor erwiesen. Doch wurden i. d. R. eher die von den Kunden präferierten Systeme für die Kollaboration über die Unternehmensgrenzen hinweg (z. B. Entwicklungsumgebungen, Projektsteuerung, Projektdokumentation) genutzt. Damit erhöhte sich die Vielfalt der im Unternehmen S aktiv genutzten Anwendungen.

Zu Beginn des Forschungsprojekts lag bereits eine sehr umfassende schriftliche Dokumentation der bisherigen Erfahrungen mit der Arbeitsgestaltung räumlich verteilter Software-Entwicklung vor. Sie war vom hauptsächlichen Verantwortlichen für das Arbeitsgestaltungskonzept verfasst worden, der das Unternehmen in der Zeit verlassen und den Auftrag der Wissenssicherung erhalten hatte. Dieses Konzept basiert auf vier Säulen.

- **Verteilter Projektraum:** Beschreibt wie Projekträume eingerichtet werden können, um die Zusammenarbeit bestmöglich zu unterstützen. Hier gibt es beispielsweise Erfahrungswerte zur optimalen Platzierung des Bildschirms, zur Anordnung der individuellen Arbeitsplätze oder zur Gestaltung der Akustik.
- **Optimierte Prozesse und Rollen:** Klärung der bei der agilen Software-Entwicklung vorgesehenen Rollen (Scrum-Master, Product Owner usw.) sowie Arbeits- und Kommunikationsprozesse (z. B. Sprint Planning, Retrospektive).
- **Werkzeuge und Technologien:** Ausführungen beziehen sich auf die Eignung und Nutzung von Kollaborationsanwendungen (z. B. Task Board, virtuelle Retrospektive, Whiteboards) und Entwicklungswerkzeugen sowie technischen Lösungen für den Projektraum (Geräte-Setup für die Videoübertragung).
- **Team:** Beschreibt vielfältige Handlungsmöglichkeiten und Methoden zur Teamentwicklung. Dabei wird im Anschluss an agile Konzepte davon ausgegangen, dass die Leistungsfähigkeit eines Teams durch gemeinsam geteilte Werte maßgeblich bestimmt wird.

Die vier Dimensionen, die in der betrieblichen Praxis durch die systematische Reflexion der Projekterfahrungen in verteilten agilen Entwicklungsprojekten zusammengetragen worden waren, ergeben im Zusammenspiel ein ganzheitliches Gestaltungskonzept, welches den Konzepten sozio-technischer Systemgestaltung durchaus nahe kommt (Clegg 2000; Ulich 2011), ohne darauf explizit Bezug zu nehmen.

Dieses Konzept wurde nun in den unterschiedlichen Entwicklungsteams angewendet, je nach den spezifischen Bedingungen der jeweiligen Teams (Anzahl der Standorte, Kundensituation, Ausprägung des agilen Vorgehens, Reife des Teams usw.). Aus Interviews wissen wir, dass sich die wesentlichen Umsetzungsaktivitäten in den jeweiligen Teams auf die Schärfung des Rollenkonzepts, die Optimierung der Zusammenarbeit sowie auf die Teamentwicklung bezogen, die sich maßgeblich am Wertekonzept orientierte. Besonders intensiv wurde daran gearbeitet, eine integrierte Arbeitsweise zwischen den Team-Standorten sicherzustellen, d. h. Prozesse der Subgruppen-Bildung, die Spezialisierung einzelner Standorte sowie die Entstehung von „Wissens-inseln" systematisch zu verhindern. Auch die Vorgehensweisen des Aufstartens neuer Kundenprojekte mit gemeinsamen Teams wurde mit Bezug auf ein Gruppenphasen-modell methodisch weiterentwickelt. Zudem gab der Aufbau des ersten Standortes im europäischen Ausland 2018 einen weiteren Entwicklungsimpuls, sich zusätzlich mit kulturellen Differenzen in den Teams zu beschäftigen, um die neuen Mitarbeiterinnen und Mitarbeiter nicht als verlängerte Werkbank, sondern als gleichberechtigte Mitglieder in die Firma zu integrieren.

Im Konzept spielte die permanente Sichtbarkeit zwar eine zentrale Rolle, aber sie wurde nicht in allen Teams, wo dies möglich gewesen wäre, konsequent realisiert. Eine Rolle mag dabei gespielt haben, dass das Konzept offenbar nicht als ein verbindlicher, betrieblicher Standard für gute Projektgestaltung verstanden worden ist, sondern eher als ein Methodenbaukasten, der je nach den Wünschen der Teams benutzt werden konnte: *„Die Videoverbindung ist dabei kein Muss, sondern lediglich ein Element aus dem Bau-kasten des (…) gebräuchlichen Tool-Kits für verteiltes Arbeiten."* (Interner Blogbeitrag 2020). Eine durch das Unternehmen durchgeführte Befragung im Sommer 2019 von 168 Beschäftigten ergab, dass die dauerhafte Sichtbarkeit zwar ein Diskussionspunkt sei, aber eine deutliche Mehrheit sich dafür ausspreche. Auch in unseren Interviews haben die Befragten eine Vielzahl von positiven Effekten auf die Kommunikation und den Teamzusammenhalt zur Sprache gebracht. Das Konzept wurde in vielen Teams aktiv umgesetzt:

> „Also da, wo es Sinn macht und konstant entsprechend viele Leute da sind, versuchen wir das. Ja. [Interviewer2:] Aber daraus kann man schließen, dass Ihnen die Bildübertragung schon wichtig ist, ne? Auch in dieser zersplitterten Situation bringt Ihnen das was? [B1]: Ja. [B2]: Finde ich auch. Ich kenne es nicht anders, muss ich ehrlich sagen. Seit ich hier arbeite habe ich eigentlich permanent immer Videoübertragung mit dabei. Ich kann mir aber gut vorstellen, dass es schon was anderes ist, wenn man sich halt einfach sieht. Halt irgendwie permanent einen Kontakt hat zu den anderen, wenn es auch nur visuell ist und nicht unbedingt nur über …also Ton machen wir aus, dann sieht man sich quasi nur und hört sich jetzt nicht unbedingt immer. Aber wenn man jetzt völlig isoliert ist und quasi auch niemanden mehr sieht, dann ist das schon was anderes beim Arbeiten." (Gruppendiskussion S1960G-82f)

Es gab jedoch auch einzelne Befragte, die erklärten, bewusst vermieden zu haben, in einem solchen Team zu arbeiten.

Die interne Befragung löste einen kleinen Schock bei den Verantwortlichen aus: Von den Beschäftigten mit Erfahrungen der verteilten Zusammenarbeit kannten nach 2 Jahren 19 % der Befragten das Konzept gar nicht und nur 26 % benannten ein Mitglied des Experten-Teams oder dieses selbst als Ansprechpartner. Die ausführliche Dokumentation im Wiki-System, in dem das Experten-Team Empfehlungen, Methoden und Werkzeuge geteilt hat, haben nur 42 % aller Befragten schon einmal genutzt. Diese Zahlen haben die Projektverantwortlichen zum Anlass genommen, die Anwendung des Gestaltungskonzeptes in den verteilten Teams noch gezielter zu hinterfragen und zu verbessern.

Insgesamt erweist sich die Projektentwicklung in diesem Unternehmen im Wesentlichen als ein Entwicklungsprozess, bei dem sich die Such- und Lernprozesse der Entwicklung der verteilten Zusammenarbeit dezentral ergeben. Dadurch hängt es vom Expertenteam ab, wieweit die im Unternehmen aufgebaute Kompetenz und Expertise für die Arbeitsgestaltung ausgetauscht und angewendet wird. Auf Anforderung der Geschäftsleitung, das Arbeitskonzept stärker zu integrieren und zu vereinheitlichen, wurde die Befürchtung formuliert, Teams *„gleichzuschalten"* (Scrum Master), d. h. die Autonomie der Teams bei der Gestaltung ihrer Zusammenarbeit unnötig einzuschränken und z. B. die durch die Kunden bedingten großen Unterschiede in der Arbeitsweise und der Technikunterstützung nicht genug zu beachten.

Zwei externe Ereignisse haben diesen dezentralen, iterativen Such- und Lernprozess der Arbeitsgestaltung partiell überlagert, indem sie eine firmenweite Gestaltungsaktivität erforderlich machten und weitere Akteure auf den Plan riefen: Das eine war der Markterfolg von MS Teams ab 2017, das andere die Corona Pandemie 2020.

Mit Blick auf die positive Resonanz von MS Teams im Markt erhielt ein Software-Entwicklungsteam des Unternehmens Anfang 2018 den Auftrag, diese Anwendung als Werkzeug zu erproben. Das Team empfahl daraufhin, diese teambezogene Kommunikationslösung zeitnah einzuführen, weil sie viele alltägliche Arbeitsabläufe erleichtere und Lücken im Kommunikationsverlauf schließen könne. Insbesondere wurde auf den Aspekt hingewiesen, dass durch das Teilen von Informationen in zentralen Kanälen die standortübergreifende Einbindung der Teammitglieder und die Transparenz erhöht und die Entstehung von Wissensinseln vermieden werden könnte. Wir wissen nicht genau welchen Einfluss diese Empfehlung auf die weitere Entwicklung genommen hat und was andererseits durch die weitere Zunahme der aktiven Standorte und der Gründung des Auslandsstandortes bedingt war. Zu beobachten war jedenfalls, dass die Frage wie teamübergreifende firmeninterne Kommunikation intensiviert werden könnte, im ersten Jahr noch kein Thema, 2018 dann plötzlich sehr intensiv diskutiert wurde.

Im Sommer 2018 wurde ein internes Projekt (*„Strategische Initiative"*) damit beauftragt, einen digitalen Arbeitsplatz als zentralen Einstieg für die Mitarbeiterinnen und Mitarbeiter in die Community des Unternehmens zu entwickeln. Das Projekt zeichnet sich durch eine beteiligungsorientierte und grundsätzliche Herangehensweise aus. Zum einen wurde allen Beschäftigten die Gelegenheit geboten, sich für dieses Projekt zu bewerben, wobei bei der Besetzung darauf geachtet wurde, dass alle im Unternehmen vertretenen Rollen und Ebenen repräsentiert waren. Zum anderen wurde der Projektauftrag sehr grundlegend formuliert, produktunabhängig den Bedarf zu erheben und dann in mehrmonatigen Sprints iterativ eine Lösung zu entwickeln. Als Kunde fungiert bei diesem strategischen Projekt das Geschäftsleitungsteam, das die im Sprint Null partizipativ entwickelten Zielsetzungen freigab. Die Firmenöffentlichkeit wurde über den Fortgang der Arbeit laufend informiert (u. a. in Strategy Stand-ups).

Ein wesentlicher Grund für dieses Vorhaben war der Wunsch nach stärkerer Intensität und Vernetzung der innerbetrieblichen Zusammenarbeit:

> „Wir haben auf allen Ebenen im Unternehmen (…) Teams gebildet, die interdisziplinär bereichsübergreifend miteinander zusammenarbeiten und das eigentlich (…) auch noch standortverteilt (…). Und jetzt kam der Punkt Intranet. Also das Ziel, trotzdem eine (…) Community auszubilden, also dass wir trotzdem, trotz der Standortverteilung als Unternehmen eine Community sind." (S1846-17 Führungskraft)

Ein weiterer Grund waren Effizienzprobleme durch die Nutzung einer Vielzahl von funktional äquivalenten Anwendungen, so sollte der *„Zoo von Anwendungen"* besser *„orchestiert"* werden:

> „Unser Intranet hat sich sehr auseinanderdividiert, also wir (…) setzen viele Werkzeuge ein, unter anderem Sharepoint. Mittlerweile haben wir auch Confluence eingeführt als Wiki, haben Yammer, haben Jira, haben so viele verschiedene Tools und Werkzeuge (…), also das war vielleicht auch noch nie orchestriert, aber es ist zumindestens mal nicht dieser zentrale Einstieg mehr für die Mitarbeiter, wie es eigentlich sein sollte. (…) das hat eigentlich dann auch alles nicht mehr so richtig zusammengepasst." (S1846-6 Führungskraft)

Das Projekt hat daher in mehreren Sprints nach einer möglichst guten Passung der arbeitsbezogenen Bedürfnisse der Anwenderinnen und Anwender zu einsetzbaren Anwendungen zur Unterstützung der Zusammenarbeit gesucht. Mit der Ende 2019 präsentierten „Zielarchitektur Digitaler Arbeitsplatz" wurde zwar eine fundierte Systematik und Struktur für die geplante Dienste und Anwendungen entwickelt, eine substanzielle Reduzierung der verschiedenen kollaborativen Anwendungen konnte aber nicht erreicht werden.

Die zweite extern bedingte Herausforderung war die Corona-Pandemie, da schlagartig alle Beschäftigten ins Homeoffice geschickt werden mussten. Das galt zwar für alle drei Fall-Unternehmen, doch für S bedeutete dies, dass das entwickelte Arbeitskonzept der virtuellen Projekträume plötzlich nicht mehr anwendbar war. Stattdessen saß jedes Teammitglied nun allein am Notebook zu Hause und die Teams mussten sich neu finden. Da die Kollaborationsplattform MS Teams diese Arbeitssituation gut unterstützte, hat sich in Abweichung zur geplanten Zielarchitektur deren Nutzung deutlich beschleunigt und intensiviert. Realisiert wurde die Arbeitsgestaltung durch das Expertenteam, dessen Mitglieder in ihrer Rolle als Scrum Master ihre Teams bei der plötzlichen Anpassung des Arbeitsgestaltungskonzeptes unterstützten. Es ist eine offene Frage, wie es nach der Corona-Pandemie mit dem digitalen Projektraum weitergehen wird.

9.3   Diskussion der Ergebnisse: Such- und Entwicklungsprozesse prozessorientiert und agil gestalten

Die Fallbeispiele verdeutlichen, dass Change-Prozesse in den Unternehmen zumeist einen anderen Ausgang nehmen als die Akteure es zu Beginn geplant haben. Viele Einflussfaktoren und Wechselbeziehungen sind im Vorhinein kaum zu antizipieren und es kommt daher zu zahlreichen Brüchen in der Umsetzung und zu Neuausrichtungen. Dabei beeinflussen auch externe Faktoren das Tempo und die Richtung der Entwicklungen, wie etwa der Markterfolg bestimmter Produkte oder die Corona-Pandemie. Im Folgenden möchten wir auf die internen Dynamiken und Einflüsse fokussieren, die sich in den Entwicklungsprozessen durch die spezifischen Herausforderungen in der Nutzung und Gestaltung kollaborativer Anwendungen herauskristallisierten. Um herauszufinden, in welcher Weise den komplexen Anforderungen an die Arbeitsgestaltung begegnet werden kann, systematisieren wir fallübergreifende zentrale Themen der Gestaltung in den Entwicklungsprozessen der Unternehmen, um so Empfehlungen für die Arbeitsgestaltung abzuleiten.

Was waren denn Gründe für Abbrüche oder Neuorientierungen in den Fällen? Im Unternehmen S hat die Unternehmensentwicklung das Thema der übergreifenden Zusammenarbeit gegen die anfänglichen Erwartungen so bedeutsam werden lassen, dass neben dem verteilten Teamraum ein aufwendiges Entwicklungsprojekt zu einem zentralen digitalen Arbeitsplatz aus der Taufe gehoben wurde. Bei M hat sich erst in der Nutzung der Plattform gezeigt, dass die Erwartungen an die technische Leistung und Bedienungsfreundlichkeit der geplanten Plattform nicht erfüllt werden konnten. Zudem offenbarte sich eine Überforderung des Managements bei der Anforderung, professionelle Prozessgestaltung zu leisten. Es kam deshalb zum einen zu einer Schleife in der Entwicklung, weil eine neue Kollaborationsanwendung gesucht bzw. selbst entwickelt, und zum anderen zu einer erheblichen Erweiterung, da eine Innovationsorganisation etabliert werden musste, um die Kompetenz in der Prozessgestaltung aufzubauen. Auch bei C, die ihr Projekt bewusst nicht durchgeplant, sondern in Etappen angelegt haben, wurde in der zweiten Phase die Umsetzung im Bereich der Administration zunächst abgebrochen. Anlass waren die Befürchtungen, dass die Arbeitsaufwände durch den geplanten Wechsel der Plattform immens steigen würden, was zu Protesten der Betroffenen geführt hatte. Es sind also Einflussfaktoren der Unternehmensentwicklung und des Zusammenspiels von Menschen, Technik und Organisation, die eine Rolle gespielt haben.

Entsprechend dem Stand der Diskussion zur Notwendigkeit menschlicher Aneignung von Technologien (Orlikowski 2010) hat sich fallübergreifend als wesentlicher Einflussfaktor das Verhalten der Nutzerinnen und Nutzer und ihrer arbeitsbezogenen Bedürfnisse erwiesen. Es erklärt beispielsweise das Festhalten an der Nutzung von IBM Connections und Jira bei C, die Zurückhaltung bei der Vorgabe bestimmter Anwendungen bei S und die Ausweitung der Nutzung von MS Teams bei M. Insgesamt ist die Umsetzung in allen drei Unternehmen dadurch geprägt, dass das Management die Wirkung der Maßnahmen gezielt bewertet und auch verstärkt versucht, mit Beteiligungsprozessen und Befragungen ihrer Beschäftigten Informationen für die weitere Gestaltung zu erhalten. Insofern wird der Suchprozess nach einer tragfähigen Lösung auch mehr und mehr zu einem (organisationalen) Lernprozess.

Für die Arbeitsgestaltung kann man aus solchen Erfahrungen der Suche nach dem digitalen Arbeitsplatz zweierlei lernen: Eine professionelle Bestandsaufnahme und Analyse hat für die Umsetzung zwar grundsätzlich hohe Bedeutung, um möglichst viele Bedingungen bereits im Vorfeld zu erkennen. Aber die Möglichkeiten antizipierender Analyse findet deutliche Grenzen in der Komplexität des Gegenstandes. Für Digitalisierungsvorhaben wurde kürzlich empfohlen, auf die sozio-technisch fundierte MTO-Analyse (Strohm und Ulich 1997) der 1990er Jahre zurückzugreifen (Paulsen et al. 2020). Für einen Rückgriff auf sozio-technische Methoden spricht, dass die Brüche in den Fallbeispielen auf unerwartete Wechselbeziehungen zwischen Menschen, Organisation und Technik verweisen, die nur mit einer sozio-technischen Gestaltung zu meistern sind. Dies haben auch die Fallbeispiele unterstrichen. Dagegen spricht, dass das Instrument im Original extrem aufwendig ist, weil sieben Analyseschritte von geschulten Expertinnen und Experten durchzuführen sind, um alle Dimensionen systematisch zu analysieren. Selbst Paulsen et al.(2020) haben das Methodenset gegenüber dem Original deutlich abgespeckt, wohl um in einen Umsetzungsmodus zu kommen, bei dem Erkenntnisse in kürzeren Schleifen in der Praxis erprobt und weiterentwickelt werden können, was ein sinnvoller Umgang mit der Komplexität ist, die sich aus dem schwer antizipierbaren Wechselspiel von Menschen, Technik und Organisation ergibt.

Denn Kollaborationsplattformen bauen eine übergeordnete Infrastruktur auf, die in einer Vielfalt von Arbeitssystemen zum Einsatz kommt und über die Unternehmensgrenzen hinweg auch Kundensysteme integrieren kann. Zudem ist die Entwicklung von einer großen Dynamik und permanentem Wandel gekennzeichnet, der bei Software-as-a-service-Produkten nicht unmaßgeblich von den Anbietern der Plattformen getrieben wird. Es kommen also zu den Gestaltungsempfehlungen für räumlich verteilte Teams weitere Anforderungen hinzu. Bei räumlich verteilten Teams standen zumeist die Teamentwicklungsprozesse im Zentrum der Empfehlungen (Konradt und Hertel 2002; Boos et al. 2017; Herrmann et al. 2012), sie wurden nach und nach in Richtung auf die Auswahl geeigneter Medien und eine integrierte Personal- und Organisationsentwicklung erweitert (Boos et al. 2017; Herrmann et al. 2012). Die Aufgabe, integrierte Arbeitsprozesse zu unterstützen und eine übergeordnete Infrastruktur für die Zusammenarbeit im Unternehmen zu schaffen, geht darüber nun jedoch noch hinaus. Diese in unseren Fällen beobachteten Charakteristika machen auch eine Weiterentwicklung der klassischen sozio-technischen Systemgestaltung erforderlich (Pasmore et al. 2019).

Hinsichtlich Kollaborationsplattformen existiert derzeit wenig gesichertes Wissen, sodass die wenigen Akteure mit arbeitswissenschaftlicher Kompetenz in den Unternehmen erst noch Erfahrungen mit der Gestaltung machen müssen. Wir halten es daher für unvermeidlich, dass selbst nach sorgsamer Analyse sich viele Wechselwirkungen und

Effekte erst im Umsetzungsprozess herauskristallisieren. Es lässt sich beobachten, dass die Fallunternehmen ob sie wollen oder nicht, eher zu einem „agilen" Vorgehen übergehen. Sie gehen stärker iterativ vor, nehmen sich also überschaubare Planungszyklen vor. Dabei nehmen sie auch Abbrüche in Kauf, *„schmeißen digitale Infrastrukturen weg"*, so ein Manager des Maschinenbau-Unternehmens, wenn sie in Sackgassen geraten, und versuchen neue Wege mit anderen kollaborativen Plattformen, mit Veränderungen der Arbeitsorganisation oder passen Lernformate an. Angesichts der Komplexität des Gestaltungsthemas scheint ein agiles, stärker auf Erproben und Reflektieren setzendes Vorgehen für die Anlage der Gestaltungsprozesse empfehlenswert zu sein. Dabei sind angesichts der hohen Bedeutung der Tatsache, dass sich die Nutzerinnen und Nutzer die kollaborativen Technologien aneignen müssen, intensiver Austausch und Beteiligung der unterschiedlichen Nutzungsgruppen zu empfehlen. Die in der Einleitung dieses Buches (siehe 1.3.2) getroffene Einschätzung, dass auch die Gestaltungskompetenzen der Beschäftigten vor Ort gestärkt werden müssen, bestätigt sich.

9.4   Empfehlungen für die Gestaltung des Arbeitens mit Kollaborationsplattformen

Im Rückblick fällt auf, dass im Veränderungsprozess drei zentrale Themen die Unternehmen besonders beschäftigt haben: Die Form der Zusammenarbeit, die Regelung des Einsatzzwecks und der Aufbau von Organisationsstrukturen für die Arbeitsgestaltung. (Weitere Gestaltungsdimensionen des Arbeitens mit Kollaborationsplattformen siehe Kap. 10 in diesem Band). Aus diesen Beobachtungen wollen wir Schlussfolgerungen für die Arbeitsgestaltung ziehen.

Form der Zusammenarbeit: Eine zentrale Gestaltungsfrage bezog sich auf die angestrebte Form der Zusammenarbeit, welche durch eine Kollaborationsplattform unterstützt werden soll, und die Auswahl der passenden Anwendung. Dabei handelt es sich um einen komplexen Abwägungsprozess, bei dem die Interessen der unterschiedlichen Rollen und Beschäftigtengruppen berücksichtigt werden müssen, die sich erst bei Beschäftigung mit den Chancen und Risiken des neuen Arbeitens konkret artikulieren.

Wir wissen aus Interviews, dass die Bereitschaft die Kollaborationsplattform zu nutzen, davon abhängig ist, dass die Beschäftigten erwarten, dass sie bei ihrer Aufgabenerfüllung wirksam unterstützt werden. Dies entspricht im Übrigen auch Erkenntnissen des „Task-technology fit model" (Teo und Men 2008) und des „Technology acceptance model" (Schillewaert et al. 2005). Die Software-Produkte sind aber Standardlösungen und auf eine bestimmte Vorstellung von Zusammenarbeit ausgelegt. Beispielsweise zielt MS Teams auf eine Optimierung der Zusammenarbeit in Projektteams. Das gerade sehr in Mode kommende Werkzeug wurde in typischen Projektbereichen in allen drei Unternehmen sehr schnell aufgenommen und von den Beschäftigten genutzt. Bereiche mit einer Form der Zusammenarbeit, die von diesem Werkzeug hingegen nicht optimal unterstützt wurden, und die erwarteten, dass anderen Anwendungen eine höhere

Produktivität für ihre Arbeit boten, akzeptierten es hingegen nicht für ihre Kernaufgaben. So konnten zwei Bereiche bei C schon vor der Umsetzung eine eigene Lösung aushandeln, weil erwartet wurde, dass das „Opportunity-Management" im Vertrieb und das „Ticket-System" im Service mit anderen Anwendungen besser unterstützt würde. Die Einigung auf ein Werkzeug für alle Bereiche und Tätigkeiten bietet Vorteile, aber bringt auch mit sich, dass Bedürfnisse bestimmter Rollen oder Tätigkeitsgruppen nicht optimal erfüllt werden (siehe die Diskussion zu Jira bei C). Da eine zu große Vielfalt der aktiven Anwendungen ebenfalls mit Nachteilen verbunden ist, muss eine gute Balance gefunden werden zwischen größtmöglicher Einigung auf ein Werkzeug und möglichst guter Passung von Werkzeug und arbeitsbezogenen Bedürfnissen, was zum Teil vorab, aber oftmals erst im Laufe einer praktischen Erprobung möglich wird.

Ergebnis dieser Entwicklungsprozesse war in allen Fällen, dass die Zahl der aktiv im Einsatz befindlichen kollaborativen Anwendungen sich nicht wie geplant deutlich reduzieren ließ. Wir haben dabei den Eindruck gewonnen, dass die technischen Möglichkeiten der Kollaborationsplattformen bei Planungen überschätzt und die organisatorischen Restriktionen (z. B. Uneinheitlichkeit der Unternehmensprozesse; Vielfalt der Nutzungsbedürfnisse; Sicherheits- und Datenschutzinteressen), die einer effektiven Nutzung entgegenstehen, stark unterschätzt werden. Solche Fehleinschätzungen müssen dann bei der Nutzung im Sinne eines aktiven Gestaltungsprozesses korrigiert werden.

Regelungen des Einsatzzwecks: Intensiv bearbeitetes Thema in allen drei Unternehmen war der geplante Einsatzzweck der Anwendung. Hier haben wir zwei gegensätzliche Ansätze beobachtet: Im Unternehmen M wurde darauf geachtet, die Nutzung von MS Teams betrieblich genau zu regeln, d. h. die Berechtigung für die Nutzung einzelner virtueller Teamräume zu definieren und die Regeln der Zusammenarbeit (was wird wie dokumentiert, wo werden Dateien abgelegt) genau vorzugeben. Argument dafür war die Sicherung der Qualität der Zusammenarbeit. Diese strengen Regelungen wurden eher akzeptiert als die fehlende Freiheit, das Werkzeug für selbst definierte (dienstliche) Zwecke zu nutzen. Diejenigen, die einen weitergehenden Nutzen und mehr Autonomie erwarteten, reagierten enttäuscht. In den Unternehmen C und S bestand die Möglichkeit, das Werkzeug neben den durch die Organisation vorgegebene virtuelle Teamräumen (z. B. durch Zugehörigkeit zu einem Kundenprojekt oder Organisationsbereich) auch für eine selbstorganisierte Vernetzung einzusetzen (z. B. für Expertenteams, thematische oder gruppenbezogene Communities). Der rege Gebrauch ermöglichte eine funktions- und gruppenübergreifende Vernetzung. Im Unternehmen C, die in der Vergangenheit noch verbindliche Prozessvorgaben für die Dokumentation bestimmter Inhalte gemacht hatten, bewerteten die einen Nutzerinnen und Nutzer die Aufforderung ehemals geregelte Aspekte nun selbstständig zu entscheiden, als fehlende Unterstützung, andere als Erfüllung von Freiheit und Autonomie.

Alles in allem ist für die Gestaltung der Form der Zusammenarbeit und des Einsatzzwecks die Konsequenz zu ziehen, erstens eine genaue Vorstellung davon zu entwickeln, worin der Nutzen des Einsatzes der Kollaborationsplattform genau liegen soll: Beschränkt er sich auf die konkrete Unterstützung einzelner Teams oder soll es mehr noch um die übergreifende Zusammenarbeit im Netzwerk gehen, um mit den verschiedenen Nutzungsgruppen in den Austausch zu treten? Zweitens geht es darum, organisationale Veränderungen in Richtung einer stärkeren Selbststeuerung der Teams mit weniger Nutzungsvorgaben durch eine begleitende Personal- und Organisationsentwicklung zu unterstützen, welche die neuen Anforderungen an die Zusammenarbeit und Arbeitskultur bearbeitet.

Aufbau von Organisationsstrukturen für die Arbeitsgestaltung: Kollaborationsplattformen werden in Arbeitsbereichen typischer Angestelltenarbeit eingesetzt und dem entsprechend liegt die Verantwortung zunächst bei den Führungskräften, für die Infrastruktur ihrer Beschäftigten zu sorgen und damit auch für die Arbeitsgestaltung. Nur im Industrieunternehmen M finden wir quasi eine Industrial Engineering Zuständigkeit, die sich professionell schon um die Prozessoptimierung gekümmert hat und daher auch die Plattform zur digitalen Prozessautomatisierung gestaltet.

Im Zuge der Nutzung der Kollaborationsplattform lässt sich ein Aufbau von Strukturen für die Arbeitsgestaltung beobachten: Zunächst geschieht dies über eine typische Projektorganisation, also eine temporäre Berufung verschiedener Kompetenzträger in ein Team sowohl bei C als auch bei S. Diese Projektteams holen sich gezielte Unterstützung beispielsweise bei der IT Abteilung oder bei Consultants. Da diese Unternehmen aus dem IT Bereich stammen, haben sie keine Schwierigkeiten im Betrieb Kompetenzträger zu finden, welche die unterschiedlichen Gestaltungsaspekte fachlich abdecken können (z. B. Qualitätsmanagement, Prozessverantwortliche, IT-Spezialisten, „Learning-Experts"; „Collaboration-Experts"). Zudem werden auch dauerhafte Strukturen geschaffen wie die neue Innovationsorganisation bei M oder das Expertenteam für die Konzeptentwicklung und Betreuung der Teams bei S. Im agilen Arbeitskonzept werden Arbeitsgestaltungsaufgaben an die operativen Teams übertragen, koordiniert von einem Scrum Master (Wolf 2015). Nach unseren Ergebnissen scheint der operativen Arbeitsgestaltung eine größere Bedeutung zuzukommen, denn auch bei C wird zunehmend auf firmenweite Regelungen verzichtet und auf die Selbststeuerung der Projekte und Teams bei der operativen Regelung der Zusammenarbeit gesetzt. Worauf hingegen verzichtet wird, ist die Bildung einer speziellen Abteilung für die Betreuung der Kollaborationsplattformen. Man mobilisiert eher eine verteilte Kompetenz im Netzwerk. Die Nutzungsregelungen und das gewonnene Wissen werden über Communities ausgetauscht und in Wiki-Systemen transparent dokumentiert und gemeinsam weiterentwickelt. Dies geschieht in unterschiedlichem Grad in allen Betrieben und auf diese Weise können – wie beim Konzept für den verteilten Projektraum bei S – auch fachlich anspruchsvolle, sozio-technisch begründete Konzepte entstehen. Auf solche Formen des Austausches und der Sicherung von Arbeitsgestaltungswissen sollte viel gezielter gesetzt werden. Zu fragen ist jedoch, wie sichergestellt wird, dass arbeitswissenschaftliche Kompetenz aufgebaut und z. B. Themen des Arbeits- und Gesundheitsschutzes und der Ergonomie in fachlich angemessener Weise zum Tragen kommen.

Wie erwartet hat sich das Vorhaben in den Unternehmen, die Zusammenarbeit von Teams und Projekten durch die Nutzung von Kollaborationsplattformen zu intensivieren, als eine komplexe Gestaltungsherausforderung erwiesen. Die Fallbeispiele unterstreichen die in der Einleitung dieses Buches getroffene Aussagen (siehe 1.3.2) , dass Gestaltungsprozesse „reflexiv, zyklisch und iterativ" anzulegen sind und unterschiedliche Ebenen der Gestaltung zu integrieren sind. Unternehmen müssen eine sozio-technisch fundierte Arbeitsgestaltungskompetenz aufbauen und systematisch ihren Erfahrungsschatz zum kollaborativen Arbeiten erweitern. Aufgrund der Mehrdimensionalität und fachlichen Vielfalt der Anforderungen sowie des Tempos der Entwicklung empfehlen sich Strukturen verteilter Kompetenz, in der sich die unterschiedlichen Expertinnen und Experten des Unternehmens vernetzen, um die Gestaltungsaufgabe „kollaborativ" zu lösen. Aus der Komplexität der mit der Nutzung von Kollaborationsplattformen angestoßenen Entwicklung ergibt sich notwendigerweise ein vielgestaltiger Such-, Lern- und Entwicklungsprozess. Dafür eignet sich ein agiler Gestaltungsansatz, der zwar an langfristigen Visionen orientiert ist, aber Gestaltungslösungen in kurzfristigeren Planungszyklen entwirft, testet und auf der Basis breiter Beteiligung der Beschäftigten iterativ weiterentwickelt.

Literatur

Aroles J, Mitev N, de Vaujany F-X (2019) Mapping themes in the study of new work practices. New Technol Work Employ 34:285–299

Beyerlein MM, Freedman S, McGee C, Moran L (2003) Beyond teams: building the collaborative organization. Josey-Bass/Pfeiffer, San Francisco

Boos M, Hardwig T, Riethmüller M (2017) Führung und Zusammenarbeit in verteilten Teams. Hogrefe, Göttingen

Braun T, Sydow J (2017) Projektmanagement und temporäres Organisieren. Kohlhammer, Stuttgart

Child J (2015) Organization; Contemporary principles and practices. Wiley, Hoboken

Clegg CW (2000) Sociotechnical principles for system design. Appl Ergon 31:463–477. https://dx.doi.org/10.1016/S0003-6870(00)00009-0

Greeven CS, Williams SP (2017) Enterprise collaboration systems: addressing adoption challenges and the shaping of sociotechnical systems. Int J Inf Syst Project Manage 5:5–23

Hardwig T (2019) Das integrative Potenzial „kollaborativer Anwendungen"; Drei Fallstudien aus mittelgroßen Unternehmen. Arbeits- und Industriesoziologische Studien 12:55–72

Hardwig T, Klötzer S, Boos M (2020) Software-supported collaboration in small and medium-sized enterprises. Meas Bus Excell 24:1–23

Herrmann D, Hüneke K, Rohrberg A (2012) Führung auf Distanz; Mit virtuellen Teams zum Erfolg. Springer Gabler, Wiesbaden

Konradt U, Hertel G (2002) Management virtueller Teams; Von der Telearbeit zum virtuellen Unternehmen. Beltz, Weinheim

McAfee A (2009) Enterprise 2.0; New collaborative tools for your organization's toughest challenges. Harvard Business Press, Boston

Orlikowski WJ (2010) The sociomateriality of organisational life: considering technology in management research. Camb J Econ 34:125–141

Pasmore W, Winby S, Mohrman SA, Vanasse R (2019) Reflections: sociotechnical systems design and organization change. J Change Manage 19:67–85. https://dx.doi.org/10.1080/14697017.20 18.1553761

Paulsen H, Zorn V, Inkermann D, Reining N, Baschin J, Vietor T, Kauffeld S (2020) Soziotechnische Analyse und Gestaltung von Virtualisierungsprozessen. Gr Interakt Org 51:81–93. https://dx.doi.org/10.1007/s11612-020-00507-z

Schillewaert N, Ahearne MJ, Frambach RT, Moenaert RK (2005) The adoption of information technology in the sales force. Ind Mark Manage 34:323–336. https://dx.doi.org/10.1016/j. indmarman.2004.09.013

Schwaber K, Sutherland J (2017) The scrum guide. Der gültige Leitfaden für Scrum: Die Spielregeln; Deutsche Ausgabe. https://www.scrumguides.org/docs/scrumguide/v2017/2017-Scrum-Guide-German.pdf. Zugegriffen: 14. Jan. 2020

Strohm O, Ulich E (Hrsg) (1997) Unternehmen arbeitspsychologisch bewerten; Ein Mehr-Ebenen-Ansatz unter besonderer Berücksichtigung von Mensch, Technik und Organisation. vdf Hochschulverl. an der ETH Zürich, Zürich

Teo TSH, Men B (2008) Knowledge portals in Chinese consulting firms: a task–technology fit perspective. Eur J Inf Syst 17:557–574. https://dx.doi.org/10.1057/ejis.2008.41

Tietz V, Mönch A (2015) Facing Fake-to-Fake. Lessons learned from distributed Scrum. Agile alliance experience report. https://agilealliance.org/wp-content/uploads/2015/12/ExperienceReport.2015.Tietz_.A.Monch_.Facing_Fake-to-Fake.pdf. Zugegriffen: 18. Apr. 2018

Ulich E (2011) Arbeitspsychologie. vdf Hochschulverl. an der ETH, Zürich

Warner M, Witzel M (2004) Managing in virtual organizations. Thomson Learning, London

Wolf HuK (2015) Was macht der Scrum Master den ganzen Tag? agile review: 31–38

Open Access Dieses Kapitel wird unter der Creative Commons Namensnennung 4.0 International Lizenz (http://creativecommons.org/licenses/by/4.0/deed.de) veröffentlicht, welche die Nutzung, Vervielfältigung, Bearbeitung, Verbreitung und Wiedergabe in jeglichem Medium und Format erlaubt, sofern Sie den/die ursprünglichen Autor(en) und die Quelle ordnungsgemäß nennen, einen Link zur Creative Commons Lizenz beifügen und angeben, ob Änderungen vorgenommen wurden.

Die in diesem Kapitel enthaltenen Bilder und sonstiges Drittmaterial unterliegen ebenfalls der genannten Creative Commons Lizenz, sofern sich aus der Abbildungslegende nichts anderes ergibt. Sofern das betreffende Material nicht unter der genannten Creative Commons Lizenz steht und die betreffende Handlung nicht nach gesetzlichen Vorschriften erlaubt ist, ist für die oben aufgeführten Weiterverwendungen des Materials die Einwilligung des jeweiligen Rechteinhabers einzuholen.

Das Arbeiten mit Kollaborationsplattformen – Neue Anforderungen an die Arbeitsgestaltung und interessenpolitische Regulierung

Thomas Hardwig und Marliese Weißmann

Für den Erfolg von Teams und Projekten kommt es darauf an, dass reibungslos kommuniziert und auf die erforderlichen Informationen und Ressourcen im richtigen Moment problemlos zugegriffen werden kann, um die gemeinsamen Ziele zu erreichen. In vielen Projekten wird die Leistung sogar unternehmensübergreifend zusammen mit Beschäftigten von Lieferanten oder Kunden erbracht. Vieles deutet darauf hin, dass die Anforderungen an die Zusammenarbeit nicht nur durch den zunehmenden Anteil räumlich verteilter Zusammenarbeit gestiegen sind (Boos et al. 2016), sondern sich insbesondere bei wissensintensiven Tätigkeiten auch der Anteil von Projektaufgaben erhöht hat (GPM 2015). Die zunehmende Komplexität von Aufgaben macht zudem mehr Kollaboration erforderlich, womit in der wissenschaftlichen Diskussion eine besonders intensive Form der Zusammenarbeit beschrieben wird, bei der soziale Einheiten (Teams, Unternehmen usw.) in gemeinsamen Arbeits- und Entscheidungsprozessen Ressourcen nutzen, um ein Ergebnis zu erzielen, welches arbeitsteilig nicht ohne Weiteres erzielt werden kann (Bedwell et al. 2012; Camarinha-Matos und Afsarmanesh 2008). Zwar umfasst diese hochintegrierte Form der Zusammenarbeit nur Episoden eines Arbeitstages (Hardwig et al. 2020), für ihren Erfolg kommt es aber besonders darauf an, dass die Beteiligten in ihrem gemeinsamen Arbeitsprozess auf geteilte Ressourcen (Dokumente, Wissen) zugreifen können und sie in ihrer Zusammenarbeit eine gemeinsame Team-Vorstellung von der Aufgabe entwickeln (Mohammed et al. 2010).

T. Hardwig (✉)
Kooperationsstelle Hochschulen und Gewerkschaften, Georg-August-Universität Göttingen, Göttingen, Deutschland
E-Mail: thomas.hardwig@uni-goettingen.de

M. Weißmann
Soziologisches Forschungsinstitut Göttingen e. V., Göttingen, Deutschland
E-Mail: marliese.weissmann@sofi.uni-goettingen.de

© Der/die Autor(en) 2021
S. Mütze-Niewöhner et al. (Hrsg.), *Projekt- und Teamarbeit in der digitalisierten Arbeitswelt*, https://doi.org/10.1007/978-3-662-62231-5_10

Kollaborationsplattformen bieten die technische Unterstützung dafür, indem sie einen virtuellen Ort anbieten, in dem ein großer Teil dieser Zusammenarbeit erfolgen kann. Dieser Ort verknüpft die Arbeit von Beschäftigten, die parallel in mehrere Teams und Projekte involviert sind, und erlaubt durch Social-Media-Anwendungen einen firmenweiten Austausch und eine flexible, netzwerkförmige Zusammenarbeit.

Durch die Nutzung von Kollaborationsplattformen verändert sich die Arbeit in Teams und Projekten, was sowohl Chancen als auch Risiken beinhaltet. Im Mittelpunkt dieses Beitrags stehen daher die Herausforderungen an die Arbeitsgestaltung und an die interessenpolitische Regulierung, die den Unternehmen durch den aktuellen Boom der Verbreitung von Kollaborationsplattformen gestellt werden (siehe unten). Mit Arbeitsgestaltung meinen wir die systematische Veränderung technischer, organisatorischer und (oder) sozialer Arbeitsbedingungen (Schaper 2019). Unter Regulierung wird die „kollektive Regelung der Beschäftigungs-, Arbeits- und Entlohnungsbedingungen" (Müller-Jentsch 1997) verstanden, die sowohl auf der Ebene von Management und Betriebsrat im Rahmen der institutionalisierten Mitbestimmung erfolgen kann, als auch unterhalb dessen auf der Ebene der direkten Aushandlung der Arbeitsbedingungen zwischen Management und Beschäftigten, bei der Regelungen sowie informelle Beziehungen und Normen institutionalisiert werden (Müller-Jentsch 1997).

Ziel dieses Beitrags ist es den spezifischen Bedarf an Arbeitsgestaltung und betrieblicher Regulierung der Arbeit mit Kollaborationsplattformen herauszuarbeiten. Denn Kollaborationsplattformen unterscheiden sich von früheren Formen von Informations- und Kommunikationstechnologien für Teams und Projekte in fünf wesentlichen Aspekten. Wir arbeiten diese Differenz heraus und zeigen sowohl die Chancen als auch die Risiken auf, die sich aus einer Nutzung von Kollaborationsplattformen ergeben können. Auf dieser Basis stellen wir sieben Gestaltungsdimensionen für die Arbeit mit Kollaborationsplattformen vor, die einen Gestaltungsspielraum für unternehmensspezifische Lösungen jeweils zwischen zwei Extrempolen eröffnen. Je nach betrieblichen Bedingungen und Bedarf müssen die betrieblichen Akteure ihre Gestaltungsziele festlegen. Weiterhin diskutieren wir die interessenpolitische Regulierung der Arbeit mit Kollaborationsplattformen. Abschließend ziehen wir die Schlussfolgerungen für die Arbeitsgestaltung.

Die hier präsentierten Ergebnisse diskutieren unsere Erfahrungen aus dem Verbundvorhaben *CollaboTeam*[1]. Es handelt sich zum einen um Erkenntnisse, die wir in der dreijährigen wissenschaftlichen Begleitung von drei Unternehmen gemacht haben, die sich durch eine avancierte Nutzung von Kollaborationsplattformen auszeichnen (siehe:

---

[1]Das Forschungs- und Entwicklungsprojekt CollaboTeam wird im Rahmen des Programms „Zukunft der Arbeit" (Förderkennzeichen 02L15A060 und 03L15A061) vom Bundesministerium für Bildung und Forschung (BMBF) und dem Europäischen Sozialfonds (ESF) gefördert und vom Projektträger Karlsruhe (PTKA) betreut. Die Verantwortung für den Inhalt dieser Veröffentlichung liegt bei Autor und Autorin. Informationen zum Projekt: www.collaboteam.de

Kap. 9). Zweitens werden Ergebnisse einer Befragung von Vertreterinnen und Vertretern des Managements von 101 KMU in Niedersachsen und Sachsen im Jahr 2017 genutzt (Paul 2018). Drittens gehen Ergebnisse aus Interviews und gemeinsamen Workshops mit Betriebs- und Personalräten aus unterschiedlichen Branchen und Betriebsgrößen mit ein. Und nicht zuletzt wird der Forschungsstand herangezogen.

Unser Beitrag zeichnet sich dadurch aus, dass wir die bislang unverbundenen Beiträge zur Arbeitsgestaltung (Greeven und Williams 2017; Schaper 2019) und zur interessen-politischen Regulierung im Rahmen der Mitbestimmung (BMAS 2015; Brandt et al. 2016; Carstensen 2016; Greve und Wedde 2014; z. B. Wallbruch et al. 2017) zusammen-bringen. Mittlerweile erfahren weniger als 40 % aller Beschäftigten in Deutschland die Vorteile der betrieblichen Mitbestimmung (Ellguth 2019). Auch in diesen betriebs- oder personalratslosen Unternehmen bzw. öffentlichen Einrichtungen bedarf es einer über-legten kollektiven Regelung der Arbeit mit Kollaborationsplattformen.

10.1 Kollaborationsplattformen, ein neuer Typ von Informations- und Kommunikationstechnologien

Um die Herausforderungen beim Arbeiten mit Kollaborationsplattformen zu verstehen, muss die Besonderheit der Werkzeuge gesehen werden. Bereits seit den 1990er Jahren werden Teams und Projekte technisch durch „Groupware" unterstützt, damit diese über einen virtuellen Ort verfügen, an dem die Informationen zusammenlaufen und alle Teammitglieder zu den gemeinsamen Arbeitsergebnissen beitragen können. Eine ganze Forschungsrichtung zur Computer-Supported-Collaborative-Work (CSCW) hat sich damit befasst (Schwabe et al. 2001). Groupware bedeutete in der Praxis vor allem E-Mail, firmenbezogene Kontaktverzeichnisse und Kalender (Sauter et al. 1995). Ent-sprechende Anwendungen sind in den Unternehmen breit zum Einsatz gekommen (Lotus Notes, Microsoft Exchange usw.). Auch für das Wissensmanagement stehen Anwendungssysteme seit den 90er Jahren bereit und wurden in den Unternehmen ein-gesetzt (Davenport and Prusak 1998).

Inzwischen verbreitet sich mit der Kollaborationsplattform ein neuer Typus von Anwendungssystemen zur Unterstützung der räumlich verteilten Zusammenarbeit in Teams bzw. Projekten. Sie unterscheiden sich von traditioneller Groupware oder von Wissensmanagementsystemen grundlegend (McAfee 2009), wir sehen fünf spezifische Eigenschaften:

1 **Transparenz:** Die firmen-öffentliche und dauerhafte Bereitstellung von Inhalten für ihre Mitglieder ist die zentrale Eigenschaft (McAfee 2009), dies ermöglicht eine bis-lang nicht gekannte Transparenz. Bei traditioneller Groupware mit ihrem zentralen Medium E-Mail werden Inhalte in privaten Kanälen zwischen Personen ausgetauscht.

Diese Inhalte bleiben privat, selbst wenn die Informationen für Dritte äußerst wertvoll wären, sind sie für diese nicht auffindbar. Zumeist ist es aber selbst für die in die Kommunikation einbezogenen Beteiligten nicht einfach, bestimmte Vorgänge in den E-Mail-Ketten nachzuvollziehen und zu nutzen. Bei Plattformen können permanent auf der Plattform bereitgestellten Inhalte prinzipiell von allen zugelassenen Nutzerinnen und Nutzern gefunden werden. Statt eine E-Mail zu einem Vorgang zu senden, wird in Team- oder Projekträumen ein schriftlicher Dialog zu diesem Vorgang geführt und ggf. mit beliebigen Dingen hinterlegt: Links, Dokumente, Ton- und Bilddateien usw. An diesem Ort ist der gesamte Vorgang nachvollziehbar und transparent.

2 **Soziales Netzwerk:** Kollaborationsplattformen zeichnen sich zweitens durch ihren Netzwerkcharakter aus: Alle zugelassenen Nutzerinnen und Nutzer können auf verschiedenen sozialen Ebenen (Person, Gruppe, Unternehmen) mittels Social Media in direkten Austausch miteinander treten, sodass sich ein soziales Netzwerk herausbildet. Während traditionelle Groupware sich durch organisierte, sozial begrenzte Austauschprozesse definiert, denn Personen müssen mindestens ihre E-Mail-Adresse kennen, können bei Kollaborationsplattformen auch bis dahin Unbekannte über Foren oder Themengruppen in die Kommunikation miteinbezogen werden. Traditionelle Groupware unterstützte insbesondere die Interaktion in Gruppen, die sich durch dichte soziale Beziehungen auszeichnen, nicht aber die Pflege „weicher" Netzwerkverbindungen (Granovetter 1973), dies erfolgte Face-to-face oder per Telefon. Eine der zentralen Potenziale von Kollaborationsplattformen ist die Unterstützung beim Knüpfen von Netzwerken, die sowohl aus engen (zu den Teammitgliedern) als auch aus weichen Verbindungen bestehen, welche Brücken bauen zu neuen Informationen oder Problemlösungen, was insbesondere bei Wissensarbeit wesentlich ist (McAfee 2009).

3 **Wachsende Strukturen:** Bei traditionellen Systemen werden Workflows, Entscheidungs- oder Informationsrechte durch hierarchische Organisationsstrukturen oder Prozesse vorgegeben; die Klassifikation für Inhalte werden im Wissensmanagement im Voraus spezifiziert. Im Unterschied dazu können sich auf Kollaborationsplattformen Strukturen von unten entwickeln: Arbeitsstrukturen wie zur Ablage von Inhalten gehen aus der Selbstorganisation von prinzipiell Gleichberechtigten (McAfee 2009, S. 69) in verschiedenen Gruppen hervor. Beispielgebend sind hier Wiki-Systeme, bei denen sich komplexe Strukturen aus selbstorganisierten Handlungen Einzelner entwickeln. Das nutzungsbasierte Tagging von Inhalten hat sich gegenüber einem vorgegeben Klassifikationssystem, dessen Logik allen Beteiligten vermittelt werden muss, als flexibler und anpassungsfähiger erwiesen (Alberghini et al. 2013).

4 **Gestaltungsbedürftigkeit:** Kollaborationsplattformen bieten eine große Offenheit für die Nutzung. Bei klassischer Business-Software wird die Nutzung durch die Programmierung viel stärker vorgegeben, sodass sich die Nutzerinnen und Nutzer quasi in einer Bedienungsrolle befinden, vordefinierte Use-Cases zu erfüllen. Dies

ist bei Kollaborationsplattformen anders (Greeven and Williams 2017; Richter and Riemer 2013): Die Nutzung ist nicht nur gestaltbar, sie ist in hohem Maße gestaltungsbedürftig. Teammitglieder müssen selbst aktiv werden, um aus der Vielfalt der Möglichkeiten z. B. ihre teamspezifische Lösung für die Struktur ihrer Dokumentenablage oder das Wiki zur Dokumentation ihres Wissens zu entwickeln. Sie müssen sich auch individuell eine Nutzungsweise aneignen, um ihre Informationen zu priorisieren, Gruppen, Diskussionen oder Personen auszuwählen, denen sie im Netzwerk folgen wollen, etc. Kollaborationsplattformen sind somit offen für sehr unterschiedliche Nutzungszwecke und Nutzungsweisen und insbesondere kollaborative Arbeitssituationen können vielfältig unterstützt werden. Dabei können verschiedene arbeitsbezogene Bedürfnisse mit der gleichen Technologie abgebildet werden.

5 **Integrierte Lösung:** Kollaborationsplattformen integrieren sehr verschiedene Funktionalitäten, die in einer zentralen Anwendung flexibel kombiniert werden können. Dank der Anpassung an unterschiedliche Bedarfe können sie zum hauptsächlichen Ort für die team- oder projektbezogene Zusammenarbeit werden. Dies ist ein Fortschritt gegenüber dem Einsatz von spezialisierten kollaborativen Anwendungen. Je stärker es gelingt, die für die Arbeit der Beschäftigten zentralen Anwendungen zu bündeln, desto näher kommt man der Vision eines „digitalen Arbeitsplatzes", also zu einem digitalen Ort im Netz, an dem die Arbeit stattfindet, an Stelle von vielfältigen Anwendungen, die den Zugriff auf Informationen zersplittern und die Aufmerksamkeit der Beschäftigten binden.

Diese fünf Eigenschaften verdeutlichen, dass der Unterschied der Kollaborationsplattformen zu traditionellen Groupware-Anwendungen nicht so sehr in der Weiterentwicklung der technischen Funktionen liegt, sondern eher in der inkorporierten Organisationslogik: In den neuen Unternehmensanwendungen werden die Möglichkeiten von Wikipedia (seit 2001) und den Sozialen Medien (Facebook, Twitter, Whatsapp) aufgenommen und Systeme bereitgestellt, die neue Möglichkeiten bieten, sich im Unternehmen selbst zu organisieren (Social Media-Elemente, Wiki-Systeme, Foren u. a.). Diese werden mit bestehenden Groupware-Funktionalitäten so verknüpft, dass die bisherige Beschränkung auf die Unterstützung von fest definierten Teams oder Projekten überwunden werden kann. Damit wird die „Fluidität" von Teams in Organisationen erleichtert (siehe Kap. 2). Für diesen neuen Typus an Technologie gibt es in der Literatur zahlreiche Bezeichnungen, die von „Enterprise 2.0" bis zu „Team Communication Platforms" reichen (Hardwig et al. 2019). Wir verwenden hier den Begriff Kollaborationsplattformen, weil er zum einen den Ort der virtuellen Zusammenarbeit treffend bezeichnet und zum anderen die unterschiedlichen sozialen Einheiten einschließt, auf die sich Kollaboration bezieht, auf Personen, Teams oder Organisationen.

10.2 Zunehmende Verbreitung mit sehr positiver Resonanz im Management

In deutschen Unternehmen nimmt die Verbreitung von „Social Media"[2] zwischen 2015 und 2019 von 38 % auf 48 % der Unternehmen mit Internetzugang zu (Destatis 2019). Laut einer Repräsentativbefragung von Beschäftigten kommunizieren 68 % der Beschäftigten über E-Mail, Smartphones und soziale Netze bei der Arbeit und 33 % arbeiten über das Internet mit verschiedenen Personen an gemeinsamen Projekten (Institut DGB-Index Gute Arbeit 2016). Es ist davon auszugehen, dass ein erheblicher Teil von Beschäftigten, die in Team- oder Projektarbeit tätig sind, Kollaborationsplattformen nutzen. Beide Quellen berichten von sehr starken Branchen-Unterschieden. Erhebungen des Projektes *CollaboTeam* zufolge sind kollaborative Anwendungen für Instant Messaging, Web-Konferenzen, das Datenmanagement o. a. auch bei kleinen und mittleren Unternehmen verstärkt im Einsatz (Paul 2018; Hardwig et al. 2020).

Auffällig ist, dass Befragte aus dem Management sowohl in Großunternehmen (Schubert and Williams 2015) als auch bei den Klein- und Mittelunternehmen (KMU) (Hardwig et al. 2020) eine ausgesprochen positive Bilanz ihrer bisherigen Erfahrungen mit dem Einsatz von kollaborativen Anwendungen ziehen. Als Vorteile benennt das Management der befragten KMU (Hardwig et al. 2020) den besseren Zugang zu Informationen (72 %), die Erweiterung der Arbeitsmöglichkeiten in räumlicher und zeitlicher Hinsicht (71 %), die Einsparung von Kosten und Zeit (66 %), mehr Transparenz (64 %) sowie eine Verbesserung der partnerschaftlichen Zusammenarbeit mit Kunden. Als wesentlichster Nachteil wird eine Gefährdung der Datensicherheit gesehen (50 %). Darüber hinaus werden Gründe beklagt, die eine Optimierung des „digitalen Arbeitsplatz" noch intensivieren dürften: die Mitarbeiterinnen und Mitarbeiter nutzen die Anwendungen nicht richtig (40 %), die Anwendungen sind nicht ausreichend integriert (35 %) und es ergibt sich eine Fragmentierung der Kommunikationskanäle (33 %). Angesichts der positiven Erfahrungen, die sich in den Befragungen zeigen, und der wachsenden Bedeutung von flexibler und mobiler Arbeit wie dem Homeoffice zu Zeiten der Corona-Pandemie ist davon auszugehen, dass es sich bei dem Boom nicht um ein kurzfristiges Strohfeuer, sondern um einen langfristigen Trend handelt.

An den Einsatz von Kollaborationsplattformen werden weitreichende Erwartungen geknüpft, wobei das Management davon ausgeht, dass auch die Beschäftigten davon eigentlich nur profitieren können (siehe Abb. 10.1): Zumindest rangieren eindeutig

---

[2]Kollaborationsplattformen fallen in der amtlichen Statistik unter den Begriff der „Social Media", sind aber nicht damit identisch: „Zu dem Oberbegriff Social Media (auch: Soziale Medien) werden alle digitalen Medien (Plattformen) und Technologien gezählt, die es Nutzern ermöglichen, sich untereinander auszutauschen. Einige Plattformen bieten zusätzlich die Möglichkeit, Inhalte einzeln oder in Gemeinschaft zu gestalten." Destatis (2017).

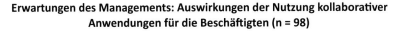

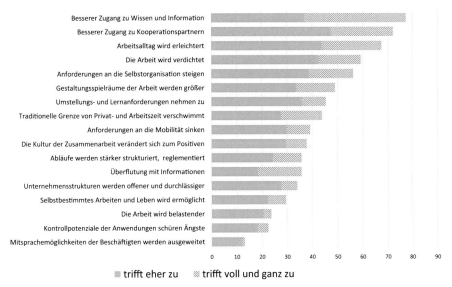

Abb. 10.1 Erwartungen des Managements an die Auswirkungen der Nutzung kollaborativer Anwendungen für ihre Beschäftigten. (Eigene Erhebung siehe Paul 2018)

negativ zu bewertende Auswirkungen in der Tabelle eher auf den hinteren Plätzen: Das Management erwartet zwar mehrheitlich eine Verdichtung der Arbeit (59 %), aber lediglich etwa ein Drittel geht von einer stärkeren Strukturierung und Reglementierung der Arbeit (36 %) oder einer Überflutung mit Informationen aus (36 %). Eine stärkere Arbeitsbelastung nehmen nur 24 % der Befragten an, 23 % erwarten steigende Kontrollängste aufseiten ihrer Belegschaften.

Diese insgesamt sehr positive Sicht des Managements auf den Nutzen von Kollaborationsplattformen steht in einem deutlichen Gegensatz zu den bei Repräsentativbefragungen artikulierten Erfahrungen von Beschäftigten mit der Digitalisierung der Arbeit im Allgemeinen (Institut DGB-Index Gute Arbeit 2016): Von den Befragten, die sich von der Digitalisierung der Arbeit in hohem Maße betroffen sehen, erleben 56 % eine Zunahme der gleichzeitig zu bewältigenden Vorgänge und 54 % der zu bewältigenden Arbeitsmenge, 46 % erwarten eine steigende Arbeitsbelastung und 46 % eine stärkere Überwachung und Kontrolle ihrer Arbeitsleistung – und es gibt nur Minderheiten, die hier gegenteilige Erfahrungen artikulieren. Als überwiegend positive Effekte wird von größer werdenden Entscheidungsspielräumen (27 % ja, 13 % nein) und einer besseren Work-Life-Balance berichtet (21 % ja, 11 % nein). Allerdings handelt es sich bei diesen Einschätzungen der Beschäftigten um allgemeine Digitalisierungserfahrungen und nicht um eine Befragung von Nutzerinnen und Nutzern von Kollaborationsplattformen. Die konkreten Auswirkungen und Erfahrungen mit ihrer

Nutzung liegen noch im Dunklen. Es sollen daher im nächsten Abschnitt anhand der bisher vorliegenden Erfahrungen mit Kollaborationsplattformen die Chancen und Risiken ihres Einsatzes genauer betrachtet werden.

10.3 Chancen und Risiken der Nutzung von Kollaborationsplattformen

Die eingangs in einer idealtypischen Charakterisierung herausgearbeiteten fünf spezifischen Eigenschaften von Kollaborationsplattformen treten in der betrieblichen Praxis selten in Reinform auf. Bei der aktuellen Nutzung in den Unternehmen ist eine große Spannweite zwischen einer stark eingeschränkten bis hin zur vollen Ausschöpfung der mit dem Technikeinsatz verbundenen neuen Potenziale zu beobachten. Bei eingeschränkter Nutzung, die durch die firmenbedingten Kontexte wie etwa die Produkte oder die Firmenkultur begründet sein können, ist kaum ein bedeutsamer Unterschied zu einer auf Telefon und E-Mail basierenden Kommunikation zu beobachten. Bei voller Ausprägung der Eigenschaften von Kollaborationsplattformen wird eine neue, räumlich verteilte und zeitliche flexible netzwerkförmige Art der Teamarbeit möglich, wie sie in der Diskussion um „New Work" beschrieben wird (Lake 2015). Dabei ist „New Work" durchaus mit Risiken verbunden (Popma 2013) und nicht automatisch mit „guter Arbeit" gleichzusetzen. Dies hängt – wie immer – von der konkreten Arbeitsgestaltung ab und dem Grad, mit dem die betrieblichen Akteure sich mit den spezifischen Chancen und Risiken von Kollaborationsplattformen auseinandersetzen.

10.3.1 Transparenz

Die mit der öffentlichen Bereitstellung von Inhalten im Netzwerk verbundenen Chancen liegen darin, dass sich durch die wechselseitige Bereitstellung von Inhalten der Informations- und Wissensaustausch verbessert. Doppelarbeit kann durch transparente Arbeitsstände vermieden oder die Arbeit aufgrund der beiläufig wahrgenommen schriftlichen Diskussionen z. B. via Instant Messaging erleichtert werden. Durch die Lokalisierung aller team- oder projektbezogenen Inhalte in Teamräumen wird die Aufmerksamkeit stärker auf diese Inhalte gelenkt („Attention allocation", Anders 2016). Wer sich mit einem Projekt beschäftigt, findet dann alle Inhalte in einem virtuellen Raum und alle Inhalte zu einem anderen Team in einem anderen. Insbesondere im Vergleich zu E-Mails wird von erheblichen Produktivitätsvorteilen durch Teamplattformen berichtet (Anders 2016). Durch Teamräume auf der Kollaborationsplattform kann die aufgabenbezogene Interaktion zwischen den Teammitgliedern intensiviert werden und diese können mehr Kontextinformationen wahrnehmen. Insbesondere bei räumlich verteilter bzw. zeitlich versetzter Zusammenarbeit steigen die Chancen, dass Teams aufgrund dessen mehr gemeinsames Wissen und eine Identität ausbilden (Hardwig 2019; Wilson et al. 2008), was insbesondere bei kollaborativen Aufgaben wesentlich ist.

Das größte Risiko der Transparenz besteht darin, dass sich mehr Möglichkeiten der Verhaltens- und Leistungskontrolle durch Vorgesetzte ergeben, aber auch mehr Kontrolle durch die Beschäftigten selbst (z. B. bei firmenöffentlicher Einsicht in die Kommunikation anderer Teams). Die laufenden Aktivitäten werden für alle Beteiligten im Netzwerk sichtbar und die Inhalte werden dauerhaft gespeichert. Die digitalen Aktivitäten werden unvermeidlich technisch aufgezeichnet und sind daher grundsätzlich auswertbar und zwar sowohl von Führungskräften als auch von Beschäftigten. Manche Plattformen bieten sogar explizite Auswertungsmöglichkeiten an, indem sie beispielsweise quantifizieren, wer wie viele Beiträge geleistet hat oder am häufigsten Erwähnung findet. Auch bei Kollaborationsplattformen bestehen zudem Risiken der Transparenz im Datenschutz (Wedde 2017).

Es verändert sich durch die größere Öffentlichkeit der Beiträge im Netzwerk auch die Qualität der Kommunikation v. a. im Vergleich zur E-Mail. Beschäftigte überlegen sehr genau, wie offen Fehler oder Probleme angesprochen werden können und welche Konsequenzen die größere Offenheit haben kann. Führungskräfte registrieren, dass im internen Netz sich schnell auch mal negative Stimmungen aufschaukeln können. Es kommen auch Verleumdungen und Belästigungen in internen Netzwerken vor („Cyber-Mobbing") und es können sich auch Team-Konflikte in der Teamplattform Bahn brechen.

Durch die Vielzahl an offen zugänglichen Informationen droht die Gefahr der Ablenkung und der kognitiven Überlastung sowie der steigenden Arbeitsbelastung. Effizienzverluste treten ein, wenn eine große Menge an verfügbarer Information mit geringer Qualität verbunden ist (vgl. Papsdorf 2019, S. 150). Dies ist jedoch abhängig von der Berechtigung der Nutzerinnen und Nutzer, sich selbst zu organisieren, und der entwickelten Kompetenz, mit dem höheren Maß an Transparenz und der Gleichzeitigkeit von Informationen umgehen zu können. Die richtige Balance zwischen Verfügbarkeit von Inhalten und Überforderung zu finden, stellt eine der größten Herausforderungen für die Gestaltung der Arbeit mit Kollaborationsplattformen dar (Anders 2016).

10.3.2 Soziales Netzwerk

Kollaborationsplattformen haben Netzwerkpotenzial, wenn Nutzerinnen und Nutzern die Kommunikation nach eigenen Bedürfnissen gestalten und sich selbst organisieren, indem sie zum Beispiel thematische Gruppen bilden oder sich über organisationale Grenzen wie Abteilungen oder Standorte hinweg an der Entwicklung einer Problemlösung beteiligen dürfen. Dadurch können Innovationen entstehen, wenn Inhalte quer durch das Unternehmen und auch über die Betriebsgrenzen hinweg ausgetauscht werden. Der Einsatz von Social Media im Unternehmen kann dazu beitragen, dass der soziale Zusammenhalt gestärkt wird, indem durch intensivere informelle Kommunikation und arbeitsbezogenen Austausch die Umgebung stärker wahrgenommen wird (Forsgren and Byström 2018).

Zentrales Risiko des selbstorganisierten Austauschs liegt in der strukturellen Überforderung der Beteiligten, ihre Aufgaben selbst zu steuern und alle verfügbaren Informationen zu priorisieren. Es ist möglich, dass gefragte Experten von zu vielen Teams angefragt werden und bei diesen eine erhöhten Arbeitsbelastung auslösen. Eine Arbeitsbelastung kann auch durch Selbstüberforderung entstehen: Zum einen durch gesteigerte Kommunikation und Information, zum anderen durch die räumliche und zeitliche Entgrenzung, die generell ein „technisch-mediales Kernmerkmal digitaler Kommunikation" (Papsdorf 2019, S. 125) darstellt.

10.3.3 Wachsende Strukturen

Der Verzicht auf die Vorgabe von Strukturen schafft Raum für die Selbstorganisation der Teams. Die daraus erwachsenden Chancen liegen in der Flexibilität, sich gemäß den arbeitsbezogenen Bedürfnissen und auch unabhängig von vorgegebenen Team- oder Abteilungszuordnungen oder Prozessverantwortung organisieren zu können. So können problemangemessene flexible Strukturen für den Austausch von Wissen wachsen. Damit können sich etwa Experten zu bestimmten Themen oder Interessierte in Communities sammeln, wo sich Teammitglieder einbringen oder Expertise einholen können, womit die Team- und Projektarbeit insgesamt profitieren kann. Solche selbstorganisierten Strukturen ermöglichen eine Anpassung an sich schnell verändernde Anforderungen.

Mit der Selbstorganisation ist andererseits das Risiko verbunden, dass die verschiedenen Aktivitäten ein Eigenleben entwickeln und das Gesamtsystem desintegriert. Beispielsweise wenn abgestimmte Regeln oder Guidelines zur Nutzung fehlen oder unklar sind. Es können sich unterschiedliche Nutzungspraktiken entwickeln, die die Zusammenarbeit erschweren können. Dies betrifft sowohl unterschiedliche Praktiken in einem Team, als auch Unterschiede zwischen den Teams. Jene zwingen Personen, die in unterschiedlichen Teams tätig sind, dazu ständig umschalten. Weiterhin stellt sich die Frage, wie aus der Kommunikation mit Instant Messaging oder Communities das potenziell dauerhaft nützliche Wissen bewahrt und das dezentral erzeugte Wissen langfristig in der Organisation gesichert werden kann. Die möglichen Potenziale der Selbstorganisation werden zudem nur ausgeschöpft, wenn die Beteiligten zur Kollaboration und zum Teilen von Wissen bereit sind (Alberghini et al. 2013). Die Bedingungen dafür werden durch eine auf Offenheit und Vertrauen basierende Unternehmenskultur sowie eine Arbeitsorganisation gelegt, die die Autonomie und Kompetenzen der Beschäftigten entwickelt statt auf hierarchische Kontrolle zu setzen.

10.3.4 Gestaltungsbedürftigkeit der Nutzung

Kollaborationsplattformen bieten aufgrund ihrer Gestaltungsoffenheit eine sehr große Vielfalt an unterschiedlichen Nutzungsweisen und teamspezifischen Lösungen. Dies fordert sowohl von den einzelnen Teams als auch vom Unternehmen eine laufende, aktive Beschäftigung mit der Weiterentwicklung und mit der teamübergreifenden Abstimmung ihrer Nutzung. Sicherzustellen ist, dass die unterschiedlichen Lösungen in den einzelnen Teams untereinander kompatibel sind und Projektteammitglieder sich nicht bei paralleler Arbeit in unterschiedlichen Teams auch in unterschiedlichen Welten bewegen müssen.

Diese Gestaltungsbedürftigkeit stellt insofern ein Risiko dar, als in den Unternehmen in der Regel wenig Ressourcen bereitstehen, um in den operativen Bereichen laufend „die Axt zu schärfen". Kollaborationsplattformen erfordern einen erweiterten Gestaltungsansatz des „Infrastructuring", bei dem die klassische Trennung zwischen der Planung durch die IT-Abteilung und der Aneignung durch die Nutzerinnen und Nutzer in einem ganzheitlichen Ansatz überwunden wird, indem die kreativen Leistungen letzterer bei der Nutzung gezielt zur Weiterentwicklung der Systeme genutzt werden (Pipek and Wulf 2009). Wenn es nicht gelingt, dass die Nutzerinnen und Nutzer sich das Arbeiten mit einer Plattform aktiv aneignen, bleiben vorherige Ergebnisse ungenutzt, Wissen versandet oder geht verloren. Denn es muss systematisch aufgearbeitet werden entweder von Nutzerinnen und Nutzern oder von Personen, die die Plattform betreuen. In den Betrieben beobachten wir zudem, dass es kaum gelingt, bisherige Anwendungen abzuschalten, wodurch sich der Aufwand der Informationsbeschaffung verdoppelt, weil man nicht nur auf der Plattform nachschauen, sondern auch weiter seine E-Mails im Blick behalten muss.

10.3.5 Integrierte Lösung

Die Kollaborationsplattform integrieren vielfältige Funktionen und sind für unterschiedliche Nutzungszwecke anpassbar. Dies kann erhebliche Vorteile für die Benutzungsfreundlichkeit haben. Ein Beispiel aus einem Unternehmen: Der Wechsel von einer solitären Web-Konferenz-Anwendung zur integrierten Lösung auf einer Plattform hat zu einem deutlichen Rückgang der Nutzung des Telefons geführt, weil die Kontakte auf der Kollaborationsplattform viel schneller verfügbar waren. Statt zu telefonieren wurden Web-Konferenzen gemacht, was zudem aufgrund erhöhter, wechselseitiger Sichtbarkeit soziale Bindungseffekte nach sich ziehen kann. Der Hauptvorteil der Integration in ein Produkt eines Herstellers liegt in der Kompatibilität der verschiedenen Anwendungen, was beispielsweise Medienbrüche vermeidet, sowie in der einheitlichen Bedienbarkeit. Es entstehen weniger Schnittstellen und dennoch ist es möglich, die Funktionalitäten für die verschiedenen Gruppen, die die Technik im Unternehmen nutzen (Vertrieb, Verwaltung, Kundenprojekte, Entwicklung), differenziert zu gestalten.

Bei aller Vielfalt möglicher Funktionen handelt es sich doch um Standardsoftware und nicht um eine spezifische Anpassung an bestimmte Arbeitsprozesse. Eine Kollaborationsplattform zu nutzen, die verschiedene Anwendungen integriert, kann im Vergleich zu spezialisierten Anwendungen bedeuten, schlechtere Leistung für einzelne Funktionen in Kauf zu nehmen. Eine Plattform bietet nicht für alle Tätigkeiten eine gute Unterstützung. Insbesondere für Tätigkeiten, bei denen wenig kooperative Bezüge existieren, dürfte die Einbeziehung in vielfältige Diskussionen eher zu Leistungseinschränkungen bei der eigentlichen Tätigkeit führen. Der Preis der Integration in ein Produkt ist zudem die Abhängigkeit von einem Hersteller. Es handelt sich i. d. R. um proprietäre Software, deren Quellcode nicht offengelegt wird und deren Funktionsweise daher weder kontrollierbar noch an betriebliche Lösungen einfach anpassbar ist. Da Software heutzutage zumeist als Software-as-a-Service bzw. Cloudservice angeboten wird, besteht vielmehr ein zunehmender Zwang aller Beteiligten, sich an kurzfristige, durch den Hersteller veranlasste technische Veränderungen des Produkts anzupassen, ohne darauf noch irgendwie Einfluss nehmen zu können. Dies verkürzt die Reaktionszeiten der betrieblichen Arbeitsgestaltung.

10.4 Gestaltungsanforderungen der Arbeit mit Kollaborationsplattformen

In vielen Unternehmen wird die aufgezeigte Komplexität der Veränderung der Arbeit durch die Einführung einer Kollaborationsplattform unterschätzt. Oftmals glaubt man nur eine weitere „App" einzuführen, ohne zu sehen, dass es sich um einen Prozess der Arbeitsgestaltung handeln muss. Dies hängt auch damit zusammen, dass die Arbeitsgestaltungskompetenz in den Angestelltenbereichen anders als in der Produktion i. d. R. nicht institutionalisiert, sondern verstreut angesiedelt ist und nicht miteinander vernetzt zum Einsatz kommt (Kötter 2006). Da technikzentrierte Ansätze dominieren, spielen zudem sozio-technische Sichtweisen in der betrieblichen Praxis kaum eine Rolle (Baxter and Sommerville 2011).

Im Grunde sollte die Arbeitsgestaltung bei der Einführung oder der Erweiterung der Nutzung von Kollaborationsplattformen, zunächst mit einem Entscheidungsprozess beginnen, wie weitreichend die aufgezeigten Potenziale von Kollaborationsplattformen genutzt werden sollen. Dafür zeigt sich in unserem Verbundvorhaben *CollaboTeam* nicht nur die Beteiligung von verschiedenen Funktionen, die fachlich zur Arbeitsgestaltung beitragen können, sondern auch die aktive Partizipation von Beschäftigten als nützlich.

Zur Orientierung für diese Entscheidung unterscheiden wir zwei idealtypisch zu verstehende Extrempole der Arbeitsgestaltung: Auf der einen Seite eine eher konventionelle Steuerung von oben durch vorgegebene Nutzungsweisen und Strukturen, auf der anderen Seite ein Konzept der Selbstorganisation, das in besonderer Weise auf die Nutzung der aufgezeigten Potenziale der Nutzung dieser Technologie zielt. Zwischen diesen Extrempolen sind in der Praxis viele Zwischenstufen denkbar. Beispielsweise haben wir in den wissenschaftlich begleiteten Unternehmen unterschiedliche Handhabungen gefunden, wieweit die Team- bzw. Projekträume für Nicht-Teammitglieder offen zugänglich sind. Es ist eine betriebliche Entscheidung, inwieweit auch virtuelle Orte für den bereichsübergreifenden, firmenweiten Austausch angeboten werden. Bei dieser Entscheidung sollte der zu erwartende Nutzen für die Aufgabenerfüllung der verschiedenen Beschäftigtengruppen und die Qualität der Zusammenarbeit im Mittelpunkt stehen – und nicht überkommene hierarchische Führungsleitbilder und Organisationsvorstellungen. Diese Entscheidungen werden nicht ein für allemal getroffen, sondern sind Teil eines Aushandlungsprozesses über die Zeit zwischen verschiedenen Akteuren, innerhalb des Managements sowie zwischen Management und Beschäftigten, in dem sich auch Lernerfahrungen im Umgang mit den neuen Möglichkeiten Ausdruck verschaffen (siehe Kap. 9).

Als Ergebnis unserer Arbeit im Verbundprojekt *CollaboTeam* empfehlen wir für diese Entscheidung sieben Gestaltungsdimensionen zu beachten.

Form der Zusammenarbeit – Informationsaustausch oder Kollaboration?
Ziel sollte es sein, die Zusammenarbeit in Teams und Projekten möglichst gut zu unterstützen. Für Teams, die eine hochintegrierte Form der Zusammenarbeit (Kollaboration) realisieren, ist die neue, netzwerkförmige Form der Zusammenarbeit mit Kollaborationsplattformen viel wertvoller, als für Projekte mit klar definierten Arbeitspaketen, die arbeitsteilig bearbeitet und am Ende zusammengeführt werden können. Entsprechend ist zu klären, ob der übergreifende Austausch zwischen Teams oder die firmenweite Nutzung von Wissen im Zentrum steht oder die Unterstützung von Teams und Projekten, die nur gemeinsam in enger Abstimmung erfolgreich sein können. Im ersten Fall werden Social Media-Elemente wichtiger, im zweiten der Aufbau von Teamplattformen, gemeinsame Dokumentenablagen oder Wiki-Systeme o. ä. Die gewünschte Form der Zusammenarbeit sollte den Einsatz der Technik bestimmten, nicht die verfügbaren technischen Features.

Einsatzzweck – Vorgegebene Nutzung oder selbstgesteuerte Nutzung?
Die Nutzungsweisen einer Kollaborationsplattform können vorgegeben werden oder sich anhand der Nutzungsbedürfnisse auch differenziert entwickeln. Dies bezieht sich sowohl auf die Definition von Arbeitsprozessen, bei denen Vorgehensweisen, Entscheidungsalternativen, Formulare usw. im Programm vorgegeben werden können, als auch auf organisatorische Festlegungen, die bezüglich z. B. der Nutzung der Aufgaben- und Dokumentverwaltung in den verschiedenen Teams getroffen werden. Mit dem Einsatz eines Wiki-Systems entscheidet man sich z. B. für eine stärker selbstgesteuerte Nutzung.

Im Zusammenhang mit dem Einsatzzweck steht die Bedienungsfreundlichkeit der Kollaborationsplattform („Usability"). Hier geht es in erster Linie um die generelle Passung zwischen den auszuführenden Tätigkeiten und den unterstützenden Funktionalitäten der Plattform. Häufig bieten die Plattformen Standardsoftware mit einem präferierten Nutzungsfall wie z. B. für Projektarbeit in Teams. Diese passen jedoch weniger für Vertriebstätigkeiten, bei denen Verkaufsoptionen gesteuert werden oder für Verwaltungstätigkeiten, die Routineprozesse abbilden wollen. Entsprechend muss entschieden werden, für welchen Einsatzzweck die Kollaborationsplattform in welcher Form für welche Beschäftigtengruppen oder Tätigkeiten jeweils konfiguriert wird und welche Nutzungsweisen vorgesehen werden.

Autonomie – Definierte Zuordnung zu Gruppen oder freie Wahl?
Entschieden werden muss zudem, welche Handlungsspielräume Nutzerinnen und Nutzer einer Kollaborationsplattform erlangen. Haben sie wie am Beispiel des Wiki-Systems die volle Berechtigung Inhalte zu ändern – ohne Freigabe durch eine Führungskraft oder eine Redakteurin? Bei Kollaborationsplattformen lässt sich der Grad der Autonomie auch am Prinzip der Gruppenbildung ablesen. Geringe Autonomie besteht, wenn die Leitung die Teamräume einrichtet und die Berechtigungen auf die Teamräume begrenzt. Bei hoher Autonomie haben die Nutzerinnen und Nutzer die Freiheit, sich im Netzwerk zu bewegen, selbstorganisiert Communities zu bilden oder auch bei Bedarf selbstständig Teamräume einzurichten.

Transparenz – Begrenzte Sichtbarkeit von Inhalten oder freier Zugang zu Inhalten?
Passend zum Grad der Autonomie muss auch über die Transparenz der Inhalte entschieden werden. Hier ist zum einen über die firmenweiten Communities zu entscheiden, zum anderen stellt sich die Frage nach der Offenheit von Teamräumen: Soll sich die Sichtbarkeit von Inhalten auf den eigenen Teamraum beschränken oder soll die Möglichkeit bestehen, auch die Ergebnisse anderer Teamräume wahrzunehmen (und nach welchen Regeln). Kollaborationssysteme bieten im Übrigen differenzierte Rechte- und Regelsysteme an, bei denen bei manchen Systemen bis zum Einzeldokument entschieden werden kann, für welche Rollen es sichtbar wird oder nicht.

Kontrolle – Hierarchische Kontrolle oder Selbstkontrolle?
Eine Kontrolle der Zielerreichung kann in unterschiedlicher Weise erfolgen. Im Modus der hierarchischen Kontrolle, bei der Vorgesetzte Arbeitsprozess, Verhalten und Ergebnisse direkt kontrollieren oder durch eine Kontextsteuerung, bei der Teams oder Projekte selbstverantwortlich arbeiten und ihre Ergebnisse indirekt kontrolliert werden. *„Hierbei steuern Betriebe das Arbeitsverhalten der Beschäftigten, indem sie Ziele definieren, Ressourcen zuteilen und Arbeitssysteme gestalten. Innerhalb eines betrieblich abgesteckten Kontextes bleibt es den Beschäftigten überlassen, wie sie diese Ziele erreichen."* (Gerst 2006). Über den Kontrollmodus sollte eine Verständigung erfolgen und geklärt werden, welche Auswertungen von Daten zulässig sind. Kollaborationsplattformen können dazu genutzt werden, sowohl hierarchische „Fremdkontrolle" durch das Management, als auch die Selbstkontrolle durch ein Team im Rahmen einer Kontextsteuerung zu unterstützen.

Partizipation – Gesetzte Regeln oder gemeinsam entwickelte Regeln?

Mit Blick auf Nutzungsweisen und -regeln können diese eher hierarchisch gesetzt oder von Beschäftigten mitgestaltet werden. Partizipation kann sich auf die Einführung, die Entwicklungsphase, auf die Umsetzung und auch auf die Anpassungen bei laufender Nutzung beziehen, z. B. bei technischen Änderungen. Durch die Einbeziehung von Beschäftigten können die verschiedenen Bedürfnisse der mit der Kollaborationsplattform arbeitenden Beteiligten berücksichtigt, bessere Lösungen gefunden werden und zudem erhalten Regeln durch Beteiligung eine größere Legitimationsgrundlage.

Lernen – Definierte Nutzung schulen oder Vermitteln von Nutzungsmöglichkeiten?

Gerade weil Kollaborationsplattformen Gestaltungsspielräume bieten und von den konkreten Aktivitäten der Nutzerinnen und Nutzern leben, müssen diese in die Lage versetzt werden, die entsprechenden Fähigkeiten für die neue Arbeitsweise zu erwerben. Zunächst muss jedes einzelne Teammitglied z. B. Gruppen gezielt bilden, vorhandene Informationen selektieren, Informationskanäle gezielt abonnieren und die Zeitpunkte bestimmen, zu denen es Informationen zur Kenntnis nimmt. Aber Teammitglieder sind beim Management von Informationen in hohem Maße voneinander abhängig, daher muss auch eine entsprechende Team- oder Organisationskompetenz entwickelt werden. Es empfiehlt sich daher auf teambezogene Lernformate zu setzen, damit die notwendigen Selbststrukturierungs- und Selbststeuerungsfähigkeiten gelernt werden. Je nachdem wie die Gestaltung ausfällt, eher recht konventionell oder sehr stark auf Selbstorganisation setzend, verändert sich der Charakter des dafür erforderlichen Lernens: Hat sich das Unternehmen für ein Konzept vorgegebener Nutzung entschieden, dann liegen Schulungen im Sinne formaler Qualifizierung nahe, in der die gewünschte Nutzungsweise vermittelt wird. Setzt das Unternehmen hingegen auf eine selbstgesteuerte Nutzung, dann müssen eher Lernformen angeboten werden, welche das selbstgesteuerte Lernen unterstützen. Hierfür eignen sich dann Lernformate wie Communities und Foren, Videos u. ä.

In diesem Entscheidungsprozess darüber, wie weitreichend die Selbstorganisationspotenziale der neuen Form der Zusammenarbeit über Kollaborationsplattformen ausgeschöpft werden sollen, fließen weitere Argumente mit ein: das Führungsverständnis im Unternehmen, die bisherige und zukünftig gewünschte Kultur der Zusammenarbeit, die Ziele der Organisationsveränderung, die verfügbaren Erfahrungen und Kompetenzen für die neuen Form der Zusammenarbeit oder auch die gemeinsame sozio-technische Vorgeschichte der Arbeitsgestaltung. Und es versteht sich von selbst, dass sich aufgrund von Erfahrungen mit der Praxis der Zusammenarbeit auf der Kollaborationsplattform die Präferenzen und Zielsetzungen im Zeitverlauf weiterentwickeln werden.

Aufgrund der Komplexität der durch den Einsatz von Kollaborationsplattformen angestoßenen Prozesse der Veränderung der Arbeit (siehe Kap. 9) erscheint es notwendig, die Arbeitsgestaltung prozesshaft und iterativ anzulegen. Das Erreichte sollte gemeinsam reflektiert, aus Ergebnissen gelernt und neue Lösungen ausgehandelt und realisiert werden. In diesem Aushandlungs- und Gestaltungsprozessen kommen – wie der vorherige Abschnitt gezeigt hat – eine Reihe von spezifischen Gestaltungsthemen auf die Agenda der Verantwortlichen für die Arbeitsgestaltung: Berechtigungskonzepte und Transparenz; integrierende Nutzungsregeln und Guidelines; Kompetenzentwicklung für Teams und ihrer Mitglieder für das neue Arbeiten; Aufmerksamkeitslenkung und Informationsüberlastung, die Analyse der Gefährdungen psychischer Gesundheit. Die klassischen Themen der Arbeitsgestaltung wie z. B. Arbeitsintensität, Ressourcenverfügbarkeit, Arbeitszeit bleiben damit allerdings weiterhin von großer Wichtigkeit.

10.5   Anforderungen an die interessenpolitische Regulierung

Eine interessenpolitische Regulierung der Arbeit erfolgt auch in Unternehmen ohne Betriebsrat, nur finden zumeist keine expliziten Verhandlungen statt, die in kodifizierte Verträge münden, wenn kollektive Regelungen zur Arbeit mit Kollaborationsplattformen entstehen. Wir haben in den wissenschaftlich begleiteten Unternehmen wahrnehmen können, dass das Management bei der Einführung von Kollaborationsplattformen keine einsamen Entscheidungen trifft, sondern sich in vielfältige Rückkopplungen mit der Belegschaft begibt. Dabei handelt es sich mal um die fachliche Einbindung betrieblicher Expertinnen und Experten (z. B. bei der Konsultation zur bestimmten Fragestellungen), mal um die selektive Einbindung von Beschäftigten (z. B. bei der Bedarfserhebung, bei Tests, in Pilotgruppen) oder auch um organisierte Beteiligungsprozesse (z. B. bei der Evaluation der Nutzung; bei einer Projektgruppe für die Einführung). Man sollte zudem nicht übersehen, dass relevante Beschäftigtengruppen an der Nutzung von Kollaborationsplattformen hochgradig interessiert sind und deren Nutzung auch dezidiert einfordern. Andererseits gibt es auch Beschäftigte mit ablehnenden Haltungen dazu. Das Management reagiert mit seinen Maßnahmen auf die wahrgenommenen und für relevant gehaltenen Bedürfnisse der Beschäftigten.

Der implizite Charakter der Aushandlungsprozesse erschwert es genauer nachzuvollziehen, was genau verhandelt und aus welchen Gründen gemacht oder verworfen wird. In den Bereichen der Wissensarbeit, in denen Kollaborationsplattformen vorwiegend zum Einsatz kommen, verfügen die Beschäftigten über eine nicht unwesentliche Primärmacht und sind häufig direkt in die Gestaltung involviert. Die Unternehmenskultur ist in diesen Bereichen eher vertrauensvoll und integrativ. Daher ist oftmals zu beobachten, dass das Management sich darum bemüht, die Bedürfnisse der Beschäftigten durch dezidierte Befragungen oder organisierte Beteiligungsprozesse aufzunehmen, um mehr Sicherheit in der Einschätzung der weiteren Entwicklung zu bekommen.

In den Unternehmen, welche der Mitbestimmung unterliegen und die über einen Betriebsrat verfügen, bestehen aufgrund der Betriebsverfassung verbindlichere Möglichkeiten, den Einsatz neuer Technologien und andere interessenpolitische Themen im Rahmen von Regelungsabreden und Betriebsvereinbarungen zu regeln (Wedde 2017). Durch das Gremium Betriebsrat entsteht gegenüber den erwähnten direkten Beteiligungsformen eine zusätzliche Aushandlungsarena, welche sowohl für das Management als auch für die Beschäftigten Vorteile bringt. Denn jetzt werden heikle Themen offiziell verhandelt und es wird besser nachvollziehbar was warum entschieden wird. Das Management bekommt einen Partner, der die Belegschaft vertritt und diesbezüglich kontinuierlicher und auch berechenbarer handelt als Beschäftigte in direkten Beteiligungsformen. Die Beschäftigten gewinnen betriebsverfassungsrechtlich abgesicherte Regelungen mit größerer Verlässlichkeit, was mehr Sicherheit gibt und den Aufbau von Vertrauen erleichtert. Wieweit diese Möglichkeiten in der Praxis erreicht werden, hängt jedoch auch von den konkreten Bedingungen ab, z. B. wie gut das Gremium in seiner Belegschaft verankert ist und wie die Beziehungen zwischen Management und Betriebsrat gestaltet sind.

Betriebs- und Personalräte haben in dem Themenbereich durch die Betriebsverfassung, Arbeitsschutzgesetze sowie Betriebssicherheits- und Datenschutzgrundverordnung sehr weitreichende Beteiligungs- und Mitbestimmungsrechte. Ein erzwingbares Mitbestimmungsrecht (z. B. § 87 BetrVG) ergibt sich bei der Einführung von Kollaborationsplattformen, daher kann das Gremium auf dem Abschluss einer Betriebsvereinbarung (§ 77 BetrVG) bestehen (s. Beispiel).

In Betriebsvereinbarungen zu Kollaborationsplattformen werden in etwa folgende Themen geregelt

Grundlegendes

- Zwecke der Nutzung, Freiwilligkeit und Beschränkung auf die Arbeitszeit
- Verantwortlichkeiten bezüglich der Inhalte und Vertraulichkeit
- Transparenz und der Ausschluss der Leistungs- und Verhaltenskontrolle
- Einführungsprozess, Auswertung von Piloterfahrungen, Evaluierung der Nutzung
- Mitbestimmung und Einbindung des Betriebsrates bei Veränderungen

Nutzungsweise

- Verfügbare Funktionen, Nutzungsbedingungen und Nutzungsmöglichkeiten
- Rollen und Berechtigungen
- Speicher- und Löschkonzept
- Vorgehen bei Ausscheiden eines Beschäftigten
- Schnittstellen zu anderen Anwendungen
- Information, Qualifizierung, Betreuung der Nutzerinnen und Nutzer ◄

Zu Betriebsvereinbarungen hinzu kommen Verweise auf und Anpassungen von parallelen Regelungen wie den datenschutzrechtlichen Bestimmungen, Regelungen zum Beschäftigtendatenschutz, zu Arbeits- und Ruhezeiten, zur mobilen Arbeit oder zum Gesundheitsschutz. Über all diese Punkte eine informierte Entscheidung zu treffen und sich zu einigen, ist ein umfangreiches Arbeitsprogramm für die Betriebsparteien. Außerdem können wir beobachten, dass gegenüber dem, was bei der Arbeitsgestaltung und impliziter Regulierung ohne Betriebsrat geregelt wird, noch weitere Aspekte dezidiert zu beachten sind: Es geht um Fragen der Leistungs- und Verhaltenskontrolle, den Umgang mit Entgrenzung, Arbeits- und Ruhezeiten sowie das Thema Gesundheitsschutz und psychische Belastungen. Diesen wird nach unseren Einschätzungen in Unternehmen ohne Betriebsrat noch wenig Raum geschenkt.

Betriebsvereinbarungen sind das zentrale Mittel der Regulierung, jedoch wird es für Betriebsräte in der Digitalisierung schwieriger, es einzusetzen (Matuschek and Kleemann 2018). Spezifische – in der Digitalisierung liegende – Gründe dafür sind die Überforderung von Arbeitgebern und Betriebsratsgremien durch die Geschwindigkeit des technologischen Wandels sowie durch das fehlende Wissen über die Folgen des Technologieeinsatzes für die Beschäftigten. Entsprechend fällt es schwer, tragfähige Betriebsvereinbarungen abzuschließen. Eine „prozedurale Lösungsstrategie" (Matuschek and Kleemann 2018) sowie gemeinsame Arbeitsgruppen zwischen den Sozialpartnern scheinen Ansätze zu sein, die auf diese Problematik eingehen und eine eher prozesshaft angelegte Gestaltung der Arbeit unterstützen (Haipeter et al. 2018).

Es wäre jedoch ein Fehler, bei der Frage, wie sich die Arbeit mit Kollaborationsplattformen gestalten und interessenpolitisch regulieren lässt, nur an Betriebs- oder Dienstvereinbarungen zu denken. Zum einen findet ein wichtiger Teil der interessenpolitischen Regulierung direkt zwischen Management und Beschäftigten statt. Zum anderen könnte man auch in betriebs- und personalratslosen Unternehmen den Vorteil nutzen, den verbindliche institutionalisierte Regelungen bieten: Es gibt viele Beispiele dafür, dass Unternehmen eine verbindliche Selbstverpflichtung eingehen: Sie verpflichten sich selbst mittels Unternehmenswerten, Leitbildern oder einer Charta darauf, bestimmte Werte, Normen und Vorgehensweisen einzuhalten. Und sie sorgen durch verbindliche Regelungen dafür, dass die Einhaltung kontrolliert werden kann und bei Verstößen auch Sanktionen erfolgen, z. B. wenn Nutzungsweisen der Plattform von Vorgesetzten unzulässigerweise für die Leistungsbewertung herangezogen werden. Dies kann das Vertrauen bei den Beschäftigten befördern, dass ihre Interessen bei der Nutzung von Kollaborationsplattformen gewahrt werden. Denn das Potenzial der Arbeit mit Kollaborationsplattformen besteht wesentlich darin, dass möglichst transparent und selbstgesteuert gearbeitet werden kann. Dafür bilden der Schutz vor Überwachung und Kontrolle sowie das wechselseitige Vertrauen aller Beteiligten die wesentliche Grundlage.

10.6   Empfehlungen für die Arbeitsgestaltung und Regulierung

Arbeitssysteme müssen durch eine integrierte, aufeinander bezogene Entwicklung von sozialem und technischem System gestaltet werden, um die Vielfalt an Herausforderungen zu bewältigen (Greeven and Williams 2017). Dabei dürfte der verstärkte Einsatz von Kollaborationsplattformen nicht nur die Kommunikation und Zusammenarbeit in der Team- und Projektarbeit sehr weitreichend verändern, sondern auch eine Organisationsentwicklung in Richtung auf ein stärker netzwerkförmiges Arbeiten befördern (Hardwig and Weißmann 2020), bei dem Beschäftigte sich auch selbst flexibel in Gruppen organisieren, um ihre Arbeit zu bewältigen bzw. zu organisieren. Hier existiert eine enge Wechselbeziehung. Ein rein teambezogener Gestaltungsansatz reicht somit nicht mehr aus, es ist notwendig stärker das Gesamtsystem in den Blick zu nehmen (Pasmore et al. 2019). Auch eine Unterscheidung zwischen Arbeitsgestaltung und Regulierung ergibt bei Kollaborationsplattformen wenig Sinn. Beides beschreibt die Veränderung technischer, organisatorischer und sozialer Arbeitsbedingungen durch weitgehend identische Akteure mit weitgehend gleichen Zielsetzungen. Arbeitsgestaltung ist stärker die Perspektive von Professionals mit arbeitswissenschaftlicher Expertise, während Management und Betriebsräten im Rahmen der Mitbestimmung eher regulierend aktiv werden. Es erscheint aber sinnvoll diese Perspektiven stärker zu integrieren. Mit diesem Ziel werden abschließend fünf Empfehlungen für die Arbeitsgestaltung und Regulierung der Arbeit mit Kollaborationsplattformen formuliert:

Erstens sollten Unternehmen die Kompetenz und Expertise für eine professionelle Arbeitsgestaltung gezielt aufbauen, um das Arbeiten mit Kollaborationsplattformen systematisch zu entwickeln. Das Projekt *CollaboTeam* wird zur Unterstützung ein Gestaltungsmodell für die Arbeit mit Kollaborationsplattformen entwickeln, welches den Prozess von der Zielformulierung und Analyse der konkreten Arbeitssituation bis zur Gestaltung der spezifischen Handlungsfelder beschreiben wird (Hardwig and Weißmann i. E.).

Zweitens sollte die Nutzung der Kollaborationsplattform in geeigneter Form mit den Beschäftigten verhandelt werden. Sie funktionieren nur bei entsprechender Eigenmotivation der Beteiligten, die sich in hohem Maße die neue Form des Arbeitens aktiv aneignen müssen. Damit dies gelingt, müssen auch die möglichen interessenpolitischen Folgewirkungen des Einsatzes für die Beteiligten akzeptabel sein. Für die Aushandlung der Interessen sollten gezielt direkte Partizipationsformen eingebaut werden und passende sowohl virtuelle als auch in Präsenz realisierbare Beteiligungsformen entwickelt werden.

Drittens muss aufgrund der Schnelligkeit der Entwicklung der Technologie und der Handlungsbedingungen in den Unternehmen sowie der fehlenden Erkenntnisse der konkreten Wirkungen der Arbeit mit Kollaborationsplattformen auf die Arbeitssituation der Beschäftigten ein ganzheitlicher Ansatz der Arbeitsgestaltung verfolgt werden, der prozesshaft angelegt ist. Statt einer Vorgehensweise nach dem Modell der Analyse,

Planung, Umsetzung muss nun ein iteratives Vorgehensmodell der stetigen Weiterentwicklung verfolgt werden, welches bewusst Übergangslösungen zulässt und Experimente, Reflexionsschleifen und Lernprozesse vorsieht. Auch Betriebsvereinbarungen müssen Anpassungs- und Lernmechanismen vorsehen (Sonnen-Aures 2020).

Viertens sollte das Management von Unternehmen und öffentlichen Einrichtungen mit Mitbestimmung ihre Betriebs- oder Personalräte sehr frühzeitig in die Planung einbeziehen, die Nutzung von Kollaborationsplattformen mit Betriebsvereinbarungen regeln und diese als eigenständigen Regelungsgegenstand behandeln.

Die fünfte Empfehlung dieses Beitrags lautet, dass Unternehmen ohne Mitbestimmungsorgane durch die Selbstverpflichtung auf bestimmte Werte, Normen und Vorgehensweisen (z. B. in einer Charta oder in Unternehmenswerten) sowie durch die Herstellung von Transparenz und Überprüfbarkeit der Einhaltung von Regelungen das Vertrauen bei den Beschäftigten befördern – also aus der Mitbestimmung lernen können.

Die besonderen Potenziale von Kollaborationsplattformen und die Reichweite der durch ihren Einsatz bedingten Veränderungen in der Team- und Projektarbeit stellen nicht nur die professionelle Arbeitsgestaltung vor neue Aufgaben. Es dürfte deutlich geworden sein, dass es für eine nachhaltige, menschenorientierte Gestaltung der Digitalisierung der Arbeit wesentlich ist, auch die interessenpolitischen Implikationen wahrzunehmen, aufzugreifen und zu gestalten.

Literatur

Alberghini E, Cricelli L, Grimaldi M (2013) KM versus enterprise 2.0: a framework to tame the clash. Int J Inf Technol Manage 12:320–336. https://doi.org/10.1504/IJITM.2013.054799

Anders A (2016) Team communication platforms and emergent social collaboration practices. Int J Bus Commun 53:224–261

Baxter G, Sommerville I (2011) Socio-technical systems: from design methods to systems engineering. Interact Comput 23:4–17. https://doi.org/10.1016/j.intcom.2010.07.003γ

Bedwell WL, Wildman JL, DiazGranados D, Salazar M, Kramer WS, Salas E (2012) Collaboration at work: an integrative multilevel conceptualization. Human Resour Manage Rev 22:128–145. https://doi.org/10.1016/j.hrmr.2011.11.007

BMAS (2015) Gute Praxis. Zeit- und ortsflexibles Arbeiten in Betrieben: Sammlung betrieblicher Gestaltungsbeispiele. Stand November 2015. Bundesministerium für Arbeit und Soziales, Berlin

Boos M, Hardwig T, Riethmüller M (2016) Führung und Zusammenarbeit in verteilten Teams: Praxis der Personalpsychologie, Bd 35. Hogrefe, Göttingen

Brandt A, Polom L, Danneberg M (2016) Gute Digitale Arbeit. Auswirkungen der Digitalisierung im Dienstleistungsbereich. WISO Diskurs, Bd 16. Friedrich-Ebert-Stiftung, Bonn

Camarinha-Matos LM, Afsarmanesh H (2008) Concept of collaboration. In: Putnik G, Cruz-Cunha MM (Hrsg) Encyclopedia of networked and virtual organizations. IGI Global, Hershey, S 311–315

Carstensen T (2016) Social Media in der Arbeitswelt: Herausforderungen für Beschäftigte und Mitbestimmung. Forschung aus der Hans-Böckler-Stiftung, Bd 184. Transcript, Bielefeld

Davenport TH, Prusak L (1998) Wenn Ihr Unternehmen wüßte, was es alles weiß…: Das Praxishandbuch zum Wissensmanagement. Verlag Moderne Industrie, Landsberg/Lech

Destatis (2017) Unternehmen und Arbeitsstätten. Nutzung von Informations- und Kommunikationstechnologien in Unternehmen – 2017. Statistisches Bundesamt, Wiesbaden

Destatis, (2019) Statistisches Jahrbuch 2019. Statistisches Bundesamt, Wiesbaden

Ellguth P (2019) Ist die Erosion der betrieblichen Mitbestimmung gestoppt? IAB-Forum

Forsgren E, Byström K (2018) Multiple social media in the workplace: Contradictions and congruencies. Inf Syst J 28:442–464. https://doi.org/10.1111/isj.12156

Gerst D (2006) Von der direkten Kontrolle zur indirekten Steuerung: Eine empirische Untersuchung der Arbeitsfolgen teilautonomer Gruppenarbeit, 1. Aufl. Hampp, München

GPM (2015) Makroökonomische Vermessung der Projektwirtschaft in Deutschland. Deutsche GesellschaftfürProjektmanagement e. V., Nürnberg

Granovetter MS (1973) The Strenght of Weak Ties. AJS 78(6):1360–1380

Greeven CS, Williams SP (2017) Enterprise collaboration systems: adressing adoption challenges and the shaping of sociotechnical systems. Int J Inf Syst Proj Manage 5:5–23

Greve S, Wedde P (2014) Social-Media-Guidelines: Betriebs- und Dienstvereinbarungen. Analyse und Handlungsempfehlungen. Betriebs- und Dienstvereinbarungen. Bund-Verlag GmbH, Frankfurt a. M.

Hardwig T, Weißmann M (Hrsg) (i. E.) Eine neue Qualität der Zusammenarbeit im Unternehmen – Die Arbeit mit Kollaborationsplattformen gestalten. Kooperationsstelle Hochschulen und Gewerkschaften, Göttingen

Haipeter T, Korflür I, Schilling G (2018) Neue Koordinaten für eine proaktive Betriebspolitik. WSI-Mitteilungen 71:219–226

Hardwig T (2019) Das integrative Potenzial „kollaborativer Anwendungen": Drei Fallstudien aus mittelgroßen Unternehmen. Arbeits- und Industriesoziologische Studien 12:55–72

Hardwig T, Weißmann M (2020) „New Work" dank kollaborativer Anwendungen? Arbeitsgestaltung als Treiber oder Hemmnis für neue Arbeitsformen. In: GfA (Hrsg) Frühjahrskongress 2020: Digitaler Wandel, digitale arbeit, digitaler Mensch? Beitrag A 9.3

Hardwig T, Klötzer S, Boos M (2019) The Benefits of Software-supported Collaboration for Small and Medium Sized Enterprises: A literature review of empirical research papers. In: IFKAD (Hrsg) Proceedings. Knowledge Ecosystems and Growth: 14th International Forum on Knowledge Asset Dynamics. Arts for Business Institute, University of Basilicata, Basilicata, S 1024–1034

Hardwig T, Klötzer S, Boos M (2020) Software-supported collaboration in small and medium-sized enterprises. Measuring Bus Excellence 24:1–23

Institut DGB-Index Gute Arbeit (2016) DGB-Index Gute Arbeit. Der Report 2016: Wie die Beschäftigten die Arbeitsbedingungen in Deutschland beurteilen. Themenschwerpunkt: Die Digitalisierung der Arbeitswelt – Eine Zwischenbilanz aus der Sicht der Beschäftigten. Institut DGB-Index Gute Arbeit, Berlin

Kötter W (2006) Arbeitsgestaltung und Organisationsberatung. In: Bamberg E (Hrsg) Beratung, Counseling, Consulting. Hogrefe, Göttingen, S 307–328

Lake A (2015) SmartWorking. The handbook 2. Aufl. www.flexibility.co.uk.

Matuschek I, Kleemann F (2018) „Was man nicht kennt, kann man nicht regeln": Betriebsvereinbarungen als Instrument der arbeitspolitischen Regulierung von Industire 4.0 und Digitalisierung. WSI-Mitteilungen 71:227–234

McAfee A (2009) Enterprise 2.0: New collaborative tools for your organization's toughest challenges. Harvard Business Press, Boston

Mohammed S, Ferzandi L, Hamilton K (2010) Metaphor no more: A 15-year review of the team mental model construct. J Manag 36:876–910. https://doi.org/10.1177/0149206309356804

Müller-Jentsch W (1997) Soziologie der industriellen Beziehungen: eine Einführung, 2., erw. Aufl. Quellen und Studien zur Sozialgeschichte, Bd 16. Campus, Frankfurt a. M.

Papsdorf C (2019) Digitale Arbeit. Eine soziologische Einführung. Campus, Frankfurt / New York

Pasmore W, Winby S, Mohrman SA, Vanasse R (2019) Reflections: sociotechnical systems design and organization change. J Change Manag 19:67–85. https://doi.org/10.1080/14697017.2018.1 553761

Paul G (2018) Die Befragung von KMUs zur Kollaborativen Team- und Projektarbeit. SOFI, Göttingen

Pipek V, Wulf V (2009) Infrastructuring: toward an integrated perspective on the design and use of information technology. J Assoc Inf Syst 10:447–473

Popma J (2013) The Janus face of the „New Way of Work“: rise, risks and regulation of nomadic work. Working Paper 2013.07. European Trade Union Institute, Brussels

Richter A, Riemer K (2013) Malleable end-user software. Bus Inf Syst Eng 5:195–197. https://doi.org/10.1007/s12599-013-0260-x

Sauter C, Morger O, Mühlherr T, Hutchinson A, Teufel S (1995) CSCW for strategic management in Swiss enterprises: an empirical study. In: Marmolin H, Sundblad Y, Schmidt K (Hrsg) Proceedings of the fourth European Conference on Computer-Supported Cooperative Work ECSCW 95, 10–14 September 1995, Stockholm, Sweden. Springer Netherlands, Dordrecht, S 117–132

Schaper N (2019) Arbeitsgestaltung in Produktion und Verwaltung. In: Nerdinger FW, Blickle G, Schaper N (Hrsg) Arbeits- und Organisationspsychologie, 4. Aufl. Springer, Berlin, S 411–434

Schwabe G, Streitz N, Unland R (2001) CSCW-Kompendium: Lehr- und Handbuch zum computerunterstützten kooperativen Arbeiten. Springer, Berlin

Sonnen-Aures K-T (2020) Betriebsratsarbeit in der Transformation: Anregungen für neue Gestaltungsformen – DB Systel GmbH. https://www.mitbestimmung.de/html/anregungen-fur-neue-gestaltungsformen-14502.html. Zugegriffen: 8 Juli 2020

Wallbruch S, Hess K, Weddige F (2017) Mobile Arbeit, computinganywhere…: Neue Formen der Arbeit gestalten! Technologieberatungsstelle beim DGB NRW e. V., Dortmund

Wedde P (2017) Beschäftigtendatenschutz in der digitalisierten Welt. WISO Diskurs, Bd 9. Friedrich-Ebert-Stiftung, Bonn

Wilson JM, Boyer O'Leary M, Metiu A, Jett QR (2008) Perceived proximity in virtual work: explaining the paradox of far-but-close. Organ Stud 29:979–1002. https://doi.org/10.1177/0170840607083105

Open Access Dieses Kapitel wird unter der Creative Commons Namensnennung 4.0 International Lizenz (http://creativecommons.org/licenses/by/4.0/deed.de) veröffentlicht, welche die Nutzung, Vervielfältigung, Bearbeitung, Verbreitung und Wiedergabe in jeglichem Medium und Format erlaubt, sofern Sie den/die ursprünglichen Autor(en) und die Quelle ordnungsgemäß nennen, einen Link zur Creative Commons Lizenz beifügen und angeben, ob Änderungen vorgenommen wurden.

Die in diesem Kapitel enthaltenen Bilder und sonstiges Drittmaterial unterliegen ebenfalls der genannten Creative Commons Lizenz, sofern sich aus der Abbildungslegende nichts anderes ergibt. Sofern das betreffende Material nicht unter der genannten Creative Commons Lizenz steht und die betreffende Handlung nicht nach gesetzlichen Vorschriften erlaubt ist, ist für die oben aufgeführten Weiterverwendungen des Materials die Einwilligung des jeweiligen Rechteinhabers einzuholen.

Printed in the United States
By Bookmasters